動物虐待とホロコースト

永遠の絶滅収容所

チャールズ・パターソン 著
戸田清 訳

緑風出版

ETERNAL TREBLINKA
OUR TREATMENT OF ANIMALS AND THE HOLOCAUST

Eternal Treblinka

Our Treatment of Animals and the Holocaust

by Charles Patterson

Japanese Translation right arranged with

Charles Patterson, U.S.A.

through Maria Lydia Tanabe SASA Japan, in Tokyo

本書をアイザック・バシェヴィス・シンガー（一九〇四〜九一）の思い出に捧げる。

彼の思考のなかで、ヘルマンは、彼と生涯の一部を共有し、彼ゆえに地上を去ったマウスのための追悼の辞を語った。「こうした学者たち、哲学者たち、世界の指導者たちが、お前のような者について、何を知っているというのか？　彼らは、あらゆる生物種のなかで最悪の罪人である人間が神の創造の精華だと信じてきた。他のあらゆる被造物は単に人間に食糧や生皮を提供し、拷問され、絶滅させられるために創造されたのだ。彼ら（人間以外の生物）との関係で言えば、すべての人々はナチスである。動物たちにとって、それは永遠のトレブリンカである」。

——アイザック・バシェヴィス・シンガー『手紙の書き手』

訳注　アイザック・バシェヴィス・シンガー　ポーランド生まれの米国の作家。一九〇四～九一。ノーベル文学賞（一九七八年）は、イディッシュ語作家としては初めてだった。亡くなるまでの三十五年間、熱心なベジタリアンであった。『イエントル』はフェミニスト小説で、『愛のイエントル』の題名でバーブラ・ストライサンド主演により映画化された（『ウィキペディア』）。邦訳は『愛のイエントル』、『悔悟者』、『よろこびの日』、『やぎと少年』、『お話を運んだ馬』など多数。

目次

永遠の絶滅収容所

動物虐待とホロコースト

序文

『永遠の絶滅収容所』において、われわれはナチスのジェノサイドと、現代社会による人間以外の動物に対する奴隷化と殺戮の共通の根源を、これまでにないほど詳細に示されるだけでなく、米国における動物搾取とヒトラーの最終的解決(訳注1)のあいだの大いに困惑させられる結びつきについて、広範な証拠をつきつけられるのである。さらに、パターソン博士は、ナチスのホロコーストにおける人間の虐殺にモデルとして貢献した屠畜場(訳注2)という典型的にアメリカ的な制度の実践が、現代に至るまで繁栄していることを、われわれが忘れることを許さない。

しかしながら、『永遠の絶滅収容所』はそこでとどまることはない。ヒトラーがしばしば例とし言及したアメリカの主流文化にしみこむ人種差別を探究することによって、本書は人間の優生学と強制断種手術に対するアメリカの支援と、それらの唱道者たちが最終的解決への貢献において演じた役割を、詳細に示すのである。こうした吟味は長く待ち望まれてきたものである。それなしには、アメリカ文化がそれを人類史上最も動物搾取的な文明にしてきた価値観を問い直すことは、ありそうにないからである。

『永遠の絶滅収容所』で暴露されていることを読み進めると心をかき乱されるのであるが、本書のメッセージは希望を与えてくれる。本書の最後の部分は、犠牲者として、そして加害者としてホロコーストにかかわった経験が、動物解放の擁護者への道を歩むうえで助けになった人々の物語を語るために、心を砕いている。もし苦しみの経験が何か良いものを生みだしうるとしたら、苦しみの記憶に突き動かされて他者の苦しみを和らげようとする人々の仕事も有益なものであろう。

私自身の両親も、その苦しみの経験が他者の苦しみを和らげようとする気持ちをおしつぶさなかった個人の例である。彼らはどちらも、動物を熱愛し、彼らの苦境に深く心を痛めている。父にとっては、その共感は馬に対するものである。彼の普通でない軍歴のある時点で、彼は人を乗せるように馬に強制することが耐えられなくなり、乗馬を永久にやめた。母は今日まで、人通りの多いマンハッタンで出会うすべてのイヌと長い挨拶を交わすのであるが、もっと多様な関心も持っている。毛皮におおわれた小さな動物たちと昆虫の大きなコロニーがクイーンズ行政区の至る所に見られた時期に、彼女は他のことをしている姉妹や私を定期的に呼び寄せて、リスやミミズがしている新しい驚くべき偉業を私たちに見せるのであった。そして動物の生活にあまり関心のない両親がいるまわりの家族でさえイヌやネコを飼っているというのに、コンパニオン・アニマル（ペット）が欲しいという私たちの要求は断固として拒絶されたのである。

いつも示される理由は、結局死んだり殺されたりする生き物に愛着を持つようになるのは勧められないというものであった。両親は、喪失と深い悲しみを経験しなければならない状況に不必要におかれるべきではないと言って譲らなかった。時間がたってようやく、私は過剰な保護主義を彼らが身につけるようになったのは、ナチス時代に彼ら自身が経験した喪失が途方もなく大きいものであったからだと理解するようになった。私はやがて、父がかつて二人の幼い娘と妻を眼の前で殺され、そのすぐあとアウシュヴィッツ―ビルケナウを含む七ヵ所の強制収容所を転々とさせられたことを知った。母はまだ若い新婚のときに、一九四四年のブダペストで家族から引き離され、強制労働のために移送され、そこでSS（ナチス親衛隊）の制服と記章を修理する芸術的才能を活用してようやく生き延びたのである。この二人の追い立てられ、疲れ切った魂がザルツブルクの難民キャンプで出会い、なんとか新生活を始める決意をした多くのサバイバーと同様に、すぐに結婚したのである。

両親は私と二人の姉妹が何の苦労もない生活を送ることを望んだのであるが、彼らの受難への感情移入に促されて、虐げられた者たちを元気づけようとする道義に引きつけられるのは避けられなかった。結局、私が地上の人間以外の動物たちへの抑圧が、両親の苦しい体験さえ上回るものであることを理解するようになると、動物の擁護者としての私の運命は確実なものになったのである。アニマルライツ運動に有給の仕事を見つけられる弁護士がほとんどいない時期に、私は「動物の倫理的な扱いを求める人々の会（PETA）」の調査法律顧問として数年間働く幸運を得たのである。現在では、私は行政の分野に入ったので、動物の苦しみは私の選択をこれからも方向づけていくであろう。

動物解放のための仕事をしているあいだに、私はノーベル賞作家アイザック・バシェヴィス・シンガーの傑作の数々に、数え切れないほど元気づけられてきた。『永遠の絶滅収容所』は、私にとっても他の多くの人々にとっても、現代文学における最も心の優しい動物の擁護者であるこの天才作家の多大な貢献をみごとに詳述した最初の本である。

人類史を通じて人間が動物に絶え間なく与えてきた苦しみは、人間がお互いに与えて来た苦しみとまったく変わらない、ということを理解するのを恐れないすべての人は、本書を繰り返して読まなければならない。

ルーシー・ローゼン・カプラン
メリーランド州ボルティモア

訳注1　ナチスはホロコースト（大量殺戮）を「ユダヤ人問題の最終的解決」と呼んだ。

訳注2　slaughter の訳語として従来から「屠殺」「屠畜」「畜殺」がある。『新英和大辞典』第六版（研究社二〇〇二年）では「畜殺」、『小学館ランダムハウス英和大辞典』第二版（一九九四年）では「と畜」を採用している。日本の法律の名称は「と畜場法」（一九五三年制定、最終改正は二〇〇三年）である。

まえがき

ニューヨークのコロンビア大学大学院で勉強していたとき、私は、ナチス政権下の六年間の生活で心の傷を受けたドイツ系ユダヤ人女性と知り合いになった。彼女の物語に心を深くゆり動かされたので、私はもっと学ぶために関連の科目を受講し、広範な読書を始めた。『彼らは反撃した：ナチ支配下の欧州におけるユダヤ人の抵抗の物語』の著者ユーリー・ザールと、『ウッジ・ゲットー年代記 一九四一〜一九四四年』の編者であるＹＩＶＯユダヤ研究所のリュシアン・ドブロジッキーの仕事は特に有益だった。

その後歴史学の教師になってから、学生が読むのに適したホロコースト(訳注1)の背景についての参考書を探したが見つからなかったので、自分で『反ユダヤ主義 ホロコーストへの道とその後』を執筆した。その本を出版した次の夏、私はエルサレムのヤッド・ヴァシェム・ホロコースト教育研究所を訪れ、そこでエフダ・バウエル、デヴィッド・バンキエ、ロベルト・ウィストリッチその他のホロコースト研究者からさらに多くを学んだ。米国に帰国すると、現在はヤッド・ヴァシェム国際協会から隔月刊で出ている『殉教と抵抗』のために書評活動を始めた。

私たちの社会における動物の搾取と殺戮《さつりく》の領域に気づいたのは、もっと最近のことである。私たちの社会がどれほど動物に対する制度化された暴力のうえに築かれているかに気づかないままに私は成長し、大人になってからの多くの時間を過ごしてきたのである。長いあいだその背景にある実践や態度に対して異議申し立てどころか、問題設定することさえ、私にはまったく思い浮かばなかった。亡くなったエイズおよび動物問題活動家のスティーヴン・シモンズはその態度を次のように描いている。「動物たちは、ある生命は他の生命よりもっと価値があり、強者は弱者を搾取する資格があり、弱者はより大きな善のために犠牲にならなければならないという世界観の、罪なき犠牲者なのである」。これがホロコーストの背景にあるのと同じ態度なのだと気づくと、私は本書の主題である両者の結びつきを探索し始めた。

私は本書を偉大なイディッシュ語の作家アイザック・バシェヴィス・シンガー（一九〇四～九一）に捧げる。彼はわれわれの動物に対する「ナチス」的扱い方に大きな焦点をあてた最初の著述家であった。本書の最初の二つの部分（第1章～第5章）は歴史的観点から問題を扱っており、最後の部分（第6章～第8章）では、その動物擁護活動が少なくともある程度はホロコーストに影響を受けた人物――ユダヤ人とドイツ人――のプロフィルを描いている。

「著述家の責任は、自らのために語ることのできない者たちのために語ることにある」というアルベール・カミュ(訳注2)の信念は、本書の執筆作業をやり抜くうえで助けになった。そしてこれを刊行する勇気のある出版社を見つけることができないかのように思えたときには（一部の人々は本書が「あまりに辛辣だ」

と述べた）、フランツ・カフカ(訳注3)の次のような見方から慰めを得た。「われわれは、自分たちに噛みつき、苛むような本だけを読むべきだと思う。読む本が脳天への一撃のようにわれわれを揺り動かして目覚めさせるものでないのなら、そもそもなぜわざわざ本を読むのか？　われわれを幸福にするかもしれないからか？　おお神よ、本なんかまったくないほうが幸福だろう。……本はわれわれの内なる凍った海に対する斧のようなものでなければならない」。

もし十九世紀のアメリカで人間奴隷制の問題が焦点になったように、動物の搾取と殺戮の問題が注目を集めるならば――私はそうなると思うのだが――私の希望は本書が論争の渦中におかれることである。

訳注1　ホロコーストは、ナチスによるユダヤ人大虐殺。約六〇〇万人と言われる。あるいは転じて大量虐殺。

訳注2　アルベール・カミュ　アルジェリア生まれのフランスの作家。一九一三～六〇。一九五七年にノーベル文学賞。『異邦人』（一九四二年）、『ペスト』（一九四七年）など。

訳注3　フランツ・カフカ　チェコ系ユダヤ人の作家。ドイツ語で小説を書く。一八八三～一九二四。『変身』（一九一二年）、『審判』（一九一四年）など。

第1部

根本的な崩壊

人間の真の善良さは、いかなる力をも提示することのない人にのみ純粋にそして自由にあらわれうるのである。人類の真の道徳的テスト、そのもっとも基本的なものは（とても深く埋もれているので、われわれの視覚では見えない）人類にゆだねられているもの、すなわち、動物に対する関係の中にある。そして、この点で人間は根本的な崩壊、他のすべてのことがそこから出てくるきわめて根本的な崩壊に達する。

——ミラン・クンデラ『存在の耐えられない軽さ』（千野栄一訳、集英社）

われわれは人類最初のハンターが槍を携えて原始林に踏み込んだとき以来、他の生き物たちとの戦争状態にある。人類の帝国主義はあらゆるところで、動物たち（animal peoples）を奴隷化し、抑圧し、殺害し、傷つけてきた。われわれのまわりにあるものはすべて、われわれが仲間の生き物たちのためにつくった奴隷キャンプであり、畜産工場であり、生体解剖実験室であり、征服された種のダッハウやブッヘンヴァルトである。(訳注) われわれは動物を食べるために畜殺し、娯楽のためにばかげた芸をするように強制し、スポーツの名において射殺したり釣針にかけたりする。われわれは彼らの住処《すみか》だった野生の地を切り裂いてきた。種差別はわれわれの内面に、性差別よりさらに深く浸透している。

——ロン・リー（「動物解放戦線」創設者）

訳注　ダッハウ、ブッヘンヴァルトはいずれもナチスドイツの強制収容所の所在地。

第1章　大いなる分断　人間の優越性と動物の搾取

ジグムント・フロイトが一九一七年に次のように書いたとき、人間の優越性の問題を考察していた。「文化へ向けての発展の過程で、人間は動物界の仲間に対する支配的な位置を獲得した。しかしながらこの優越性には満足せず、人間は自分の本性と人間以外の動物の本性のあいだに深淵を設定し始めた。彼は他の動物が理性を持っていることを否定したが、自らは不死の魂を持っており、神の子孫であるから動物界との絆を根絶することが許されるのだと考えた」(原注1)。フロイトは地球の他の生物に対して人間がお手盛りで設定した支配権を「人間の誇大妄想」と呼んだ(原注2)。

その数世紀前にフランスのミシェル・モンテーニュ（一五三三〜九二）は『エセー』第二巻一二章で」「人間が他の生物に対して持つと想定しているこれら過剰な特権」について同様の考えを表明した。彼は人間の「生れつきの病気」は思い上がりであると信じていた。「あらゆる被造物のなかで最もみじめで脆いが、最も傲慢なのは人間である。……この自らの主人でさえないあわれで惨めな生き物が自らを宇宙の主人と呼ぶことほど笑うべき事態を他に想像できるだろうか？(原注3)」。彼の結論は次のようなものだった。

「正しい判断によってではなく、馬鹿げたプライドと頑固さによって、われわれは人間を動物より優れたものとし、自らを動物の条件と社会から隔離するのである」(原注4)。

この章では人間と他の動物のあいだの大いなる分断と、人間の他者に対する力は正義なりという態度——モンテーニュが人間の傲慢と呼び、フロイトが人間の誇大妄想と呼んだもの——の出現について議論する。

文化の大躍進

人間が支配的な種として登場したのはごく最近の出来事である。カール・セーガンはもし宇宙の一五〇億年を一年に圧縮して表現するならば、次のようになると書いている。すなわち、太陽系の出現は九月になってからであり(九月九日)、星間物質が凝縮して地球ができ(九月十四日)、地球に生命が誕生する(九月二十五日)。恐竜はクリスマスイブに出現し、四日後に絶滅する。最初の哺乳類は十二月二十六日にあらわれ、最初の霊長類は十二月二十九日に、最初のヒト科動物(われわれの祖先である二足歩行の霊長類)が十二月三十日に、現生人類(ホモ・サピエンス)は大晦日の午後十時三十分にようやくあらわれる。そして人間の書かれた歴史が展開するのは一年の最後の一〇秒間にすぎない(原注5)。

古生物学者リチャード・リーキーとロジャー・レウィンは別の方法で理解させようと、『起源』の読者に地球の歴史を一〇〇〇頁の本にたとえてみせた。もし各頁に四五〇万年が含まれるならば、海に生命が誕生するのは七五〇頁になってからである。ヒト科動物は最後の頁より三頁前に登場するのであり、最初の石器の使用は最後の頁の半分になってからである。ホモ・サピエンスの物語は、洞窟壁画からピラミッドを経てホロコーストに至るまで、本の最後の行で語られるであろう。(原注6)

カール・セーガンとアン・ドルーヤンによると、いくつかの特徴が支配的な種としてのわれわれの地位を特徴づけている。「われわれの遍在性、多くの動物に対する征服（丁重に家畜化と呼ばれている）、植物の主要な光合成生産物の収奪、地表での環境の改変といったことである」(原注7)。彼らは問いかける。いかにして「裸でちっぽけで脆弱な霊長類の一種が世界の残りの部分を従え、世界と他者たちを支配領域にしたのだろうか？」(原注8)ハーヴァード大学教授エドワード・O・ウィルソンは、支配的な種としてのわれわれの登場は、地球にとって適切な発展であったとは言い難いと書いている。「多くの科学者が信じているように、もっと善良な動物ではなくて、肉食の霊長類がブレークスルー（大躍進）をしたことは、特に生命世界にとっては災厄だったのだ」(原注9)。

人類の劇的な技術的進歩――「文化の大躍進」と呼ばれるもの――は、約四万年前にホモ・サピエンスの祖先が道具、楽器、ランプ、芸術の才能、交易と文化の始まりといったものを発展させたときに起こったのだと、ジャレッド・ダイアモンドは書いている。「われわれが人間になったと言える歴史上の一点があったとするならば、この跳躍のときこそがそれであったと言える」(原注10)。人間の遺伝的構成はチンパンジーのそれに非常に近いので、ブレークスルーを引き起こしたものは、人間の遺伝子のごく一部だったのだろう。ダイアモンドも含めて多くの科学者は、音声言語を使う能力が鍵になる要因だったと考えている。(原注11)

他の人たちは、われわれを「人間」にしたものは二〇〇万年以上も歴史をさかのぼり、放浪する祖先たちが世界に広がって、採集狩猟生活をしていたときに起こったと主張している。アレン・ジョンソンとティモシー・アールは次のように書いている。「採集狩猟を行う人類の非常に長きにわたる成長と拡散は、われわれの生物学的進化の文脈として、また後のすべての文化的発展の土台として役立っている」(原注12)。同様に、シャーウッド・ウォッシュバーンとC・S・ランカスターは、農業革命とそれに引き続く科学革命および産業革命が、われわれを人類史の九九%を占める諸条件と制約――「われわれの種の生物学的特徴は長い採集狩猟期につくられた」――から解放しつつあると書いている(原注13)。

バーバラ・エーレンライクも、われわれ「人間の本性」は、ほとんどが小さなバンド〔数家族からなる小集団〕で暮らし、植物を食べ、他の動物を殺していた二〇〇万年以上のあいだにつくられたと信じている。しかしながら彼女は、われわれが、狩りではなく、もっと猟に長けた動物によって狩られ食べられていた長い歴史のトラウマ的記憶をほとんど全面的に抑圧しようとしてきたのだと論じている。彼女は、その後のわれわれの血のいけにえの儀式や戦争と暴力の趣味は「獲物から狩人への人類の移行を祝福し、恐るべきやり方で再演するものだ」と主張している(原注14)。

ダイアモンドは、他の霊長類が複雑な音声言語を操る能力を身につけられなかったのは、「音声を精妙にコントロールする喉頭、舌、協調する筋肉群の構造にかかわるように思われる」と書いている。なぜなら、人間の声道は多くの組織と筋肉の正確な動きに依存する複雑なメカニズムであり、「失われた構成要素が初期人類の声道のある種の改変をもたらして、はるかに多様な音声の微妙なコントロールと形成を可能にしたこともありうる」のである(原注15)。チンパンジーの口と喉は、われわれが最も基礎的な母音のいくつかを発声するような機能には適しておらず、彼らの音声言語能力は若干の母音と子音に限られている。（原注16）したがって、人間の母音を可能にするような「舌と喉頭の解剖学的構造の変化をもたらす突然変異」の不在が、チンパンジーを「霊長類センター」や、動物園、ナイトクラブの芸、宇宙飛行、医学実験における搾取に委ねることになったのである。カール・セーガンは適切な質問を発している。「チンパンジーの殺害が殺人とみなされるためには、彼らはあとどのくらい洗練されなければならないのだろうか？（原注17）」

言語を使う人類に、農業を発展させ、金属を使い、書き言葉を発明し、地球上に広がることを可能にしたこのいわゆる「文化の大躍進」が、また「声なき」生き物たちを搾取することをも可能にしたのである。「それからさらなる小さな一歩で、人類を動物から区別する文明の偉業が可能になった」とダイアモンドは書いている。「モナリザや、英雄交響曲や、エッフェル塔や、スプートニクや、ダッハウの焼却炉や、ドレスデン大空襲といった偉業である（原注18）」。さらに動物実験室、畜産工場、屠畜場といった「偉業」を付け加えることもできよう。

動物の家畜化

山羊、羊、豚、牛、その他の動物を搾取して肉、乳、皮革、労役を得ること――婉曲的に「家畜化」と呼ばれている――は、約一万一〇〇〇年前の古代中東で始まった。そのとき多くのコミュニティが採集狩猟によって支えられる食事から、栽培植物と家畜によって支えられる食事へと移行し始めたのである。（原注19）何十万年ものあいだ、われわれの祖先たちは狩猟、漁撈に依存し、果実、野菜、ナッツ、貝、地虫、その他の野生の食物を探し回る食料採集者であった(原注20)。

牧畜と農耕への移行は徐々に起こった。野生の山羊や羊を狩っていた人々は特定の群れに愛着をおぼえるようになり、それは追いかけて搾取すべき「彼らの」群れになった。若い動物を捕獲して家畜化するほうが容易だったので、最初の牧夫たちは保護役の成獣を殺して、若い動物を捕獲し、本来の生息地や繁殖群から離れたところで飼育できるようにした。肉をとるために動物を殺し、乳、皮革、労役を得るために搾取する過程で、牧夫たちは動物の移動性、餌、成長、繁殖生活を、去勢、両足縛り、焼き印、耳の切れ目などの施し、皮革のエプロン、鞭、突き棒、時には鎖や首輪を用いてコントロールする方法を学んだ(原注21)。「(家畜が)代価として、進化の自由を失った」とデズモンド・モリスは書いている。「彼らは遺伝的独立性を失い、いまや人間による繁殖管理の鞭と気まぐれに服従している(原注22)」。

必要に応じて最も有益な動物を作り出すために、牧夫たちは雄のほとんどを殺したり去勢したりして、「選抜された」繁殖雄だけが雌を妊娠させるようにした(原注23)。雄を去勢するのは扱いやすくするためでもあったと、カール・セーガンは説明している。

> 雄牛、雄馬、雄鶏は去勢牛、去勢馬、去勢鶏にされた。なぜなら、人間たちは彼らのマチスモ(雄らしさ)がめんどうだと思ったからである。去勢を行う牧夫たちはまさに自分たちの男らしさを誇りにしていたのであるが。刃を巧みに一回か二回動かし——あるいはトナカイを扱うラップランドの女性の器用なひと噛みで——去勢され、テストステロン(男性ホルモン)の濃度は低下して、その後は扱いやすくなる。人類は家畜が従順で容易にコントロールできることを望んだ。無傷の雄は必需品だ

が厄介なので、次世代の家畜をつくるときしか要らない。[原注24]

現在の牧夫たちが家畜の群れを扱うやり方は、初期の牧夫たちがどうやって群れをコントロールしたかを想像させてくれる。去勢は家畜飼養の最重要項目であり続けている。アフリカのヌエル［ヌアー、ヌア］[訳注1]人は、最も乳量の多い雌牛たちの雄仔牛を繁殖用に選抜し、残りは去勢する。それは、無傷で残される繁殖用仔牛一頭につき、三〇ないし四〇頭の仔牛が去勢されることを意味する。スカンジナビア北部のラップ［サーミ］[訳注2]人は、トナカイの雄のほとんどを去勢して、役畜として利用する。トゥアレグ[訳注3]人がラクダを去勢するのは、そのほうが、瘤が大きく成長し、乗用動物として耐久性にすぐれ、発情期の雄より扱いやすいからである。

牛、馬、ラクダ、豚などほとんどの家畜の場合、牧夫は陰嚢を切り開き、精巣（睾丸）を切り取る。アフリカの牧夫はナイフか槍の刃を用いるし、ニューギニアの人びとは竹のナイフで豚を去勢する。一部の牧夫は精巣を切り取るのではなく、別の方法で破壊する。ひとつの一般的な方法は、陰嚢を紐できつく縛り、精巣を萎縮させることである。ラップ［サーミ］人はトナカイを拘束し、陰嚢を布で包み、歯で噛んで精巣を押しつぶす。タンザニアのソンジョ[訳注4]人は雄山羊を約六ヵ月齢で去勢するのであるが、陰嚢を弓弦《ゆみづる》で縛り、それから長い石の道具で精巣を押しつぶすのである。マサイ人は子羊の精巣を二個の石でつき砕く。牧夫は雌をいじくることで繁殖をコントロールすることは滅多にない。しかしながら、トゥアレグ人――サハラのベルベル人――は時に乗用の雌ラクダの子宮に小さな石を入れるのだが、それによって歩きぶりが滑らかになると信じている。

現代の牧夫は群れの繁殖のタイミングを操作して、乳と肉の需要が最も高いときに利用できるようにする。アジアのカザフの牧夫は仔羊を皮革のエプロンで包むことによって繁殖をコントロールするし、トゥアレグ人は雄山羊の包皮を紐でしばって陰嚢にくくりつけることによって管理する。(原注25)

雌の家畜から搾乳するときには、仔に乳を飲ませないようにするために様々な手段を考案した。母乳の分泌を開始させるためにはたいてい仔がいる必要があり、ヌエル人、バスト人、トゥアレグ人はまず仔に乳を吸わせるが、乳が出始めると仔を引き離して、人間が乳を独占する。

仔が死んだときや、牧夫が仔を屠畜して食べようと決めたときには、母畜に乳をあきらめさせるのはもっと難しくなる。ある牧夫たちは死んだ仔の皮を剥ぎ、その皮にわらや草を詰めて、母のところに持っていく。ヌエル人はその偽物に母の尿をなすりつけて、もっともらしい匂いにする。ルワラ人はときにラクダの仔を生後すぐに殺して食べるのであるが、殺した仔の血を他の仔になすりつけて、母ラクダのところに持っていく。イングランド北部の牧夫たちは、死んだ仔牛の皮を揺り椅子にかぶせて、その揺り椅子で雌の乳房を突いたものである。東アフリカの牧夫は雌の生殖管を手で刺激したり、膣に空気を吹き込んだりして、雌の「乳汁排出反射」を活性化した。

乳を飲んだり吸ったりするのを不可能にするわけではないにしても、痛くて難しいものにすることは、牧夫が乳を飲むはずの仔から乳を取り上げるもうひとつの手段である。ヌエル人は仔牛の鼻面に棘のついた植物でつくった輪をゆわえつけて、それが母の乳房をちくちく刺すようにする。ある牧夫は仔牛の後頭部に先の尖った棒を先端が鼻面に向かうようにくくりつけて、仔牛が母に近づけないようにする。ルワラ人はラクダの仔が乳を吸うのを阻止するために、鋭い釘を仔ラクダの鼻孔に挿入し、それが母の乳房をちくちく刺すようにする。彼らはまたしばしば山羊の毛でつくるポウチかネットを雌ラクダの乳房にくくりつけて、仔が母の乳を飲めないようにする。ラップ［サーミ］人はトナカイの乳房に排泄物の匂いをなすりつけて、仔鹿が乳を飲めないようにする。

トゥアレグ人は仔牛の口の奥にはみ（馬具）のように棒を入れてそれを角にくくりつけ、母の乳を飲めないようにする。また同じ結果を得るために細い棒を仔の頬に突き刺すこともある。トゥアレグ人が仔牛に用いる別の方法は、仔牛の鼻中隔に先の割れた棒を突き刺して乳を飲むとき痛くなるようにする。トゥアレグ人は仔ラクダが母に近づかないように、上唇に穴をあけ木の根を突き刺して両端を縛ることもある。これによって母には乳を与えるのが不快になり、仔にとっては乳を飲むのが極めて難しく苦痛になる。またトゥアレグ人は仔ラクダや仔牛の鼻に切れ目を入れて母乳を飲むのを阻止する。（原注26）

牧夫たちは動物が交尾しないように、あるいは草をはんでいるときや役畜としての作業を休憩しているときに遠くへ行きすぎないように、その動きを制約する。トゥアレグ人は仔羊の前肢と後肢を一緒に縛る。彼らはまた、ラクダの仔が母親のところに行かないように四つ足を一緒にしばる。（インドの）マディヤプラデーシュ州のゴンド人［インド最大の先住民族］は牛が群れから離れてうろつかないように、重い木の足枷をつける。

ニューギニアの人びとは、豚が考えられない場所に行って自由に餌を探し回ったり掘りくり返したりしないように、様々な方法を考案した。ニューギニア北部では豚の鼻面を薄く削いで生傷をつくり、痛くて地面を掘れないようにした。セピック川の源流地域の人びとは、目の玉をえぐり出して細い棒を突き刺して「水（眼房水）を排出させ」、それから傷ついた眼球を眼窩に戻す。適当な時期が来るとこの盲

目になった豚を殺して食べる。(原注27)

今日の米国では、去勢の一般的な方法は、動物を押さえつけ、ナイフを取って陰嚢に切れ目を入れ、精巣(睾丸)を露出させる。それぞれの精巣をひっつかんで引っ張り、精巣についている精索を断裂させる。(原注28)もうひとつの方法はリングを用いるものである。アメリカの牧畜業者ハーブ・シルヴァーマンは状況を描写している。「私は連中を去勢する。本当に恐ろしい光景だ。陰嚢にリングをかぶせたあと、仔牛を地面に寝かせ、蹴って、半時間かそれ以上のあいだリングより先の部分をねじると、ついに陰嚢は感覚を失う。仔牛は明らかに苦悶している。それから一ヵ月くらいすると、精巣は(一部が壊死して)ぽろっと落ちる」。(原注29)

動物の「家畜化」の物語は伝統的に「農業革命」の一部として植物の栽培化と対にして語られる。「農業革命」は石器時代から文明に至る人類の勝利の行進の重要な要素として喧伝される。しかしながら、この物語に伴う残酷さが記述されることは滅多にない。

訳注1　民族名の片仮名表記は、かつては「ヌアー」が支配的であった。たとえばエヴァンズ＝プリチャード(向井元子訳)『ヌアー族　ナイル系一民族の生業形態と政治制度の調査記録』(岩波書店一九七八年)を参照。最近では通常「ヌエル」と表記する。

訳注2　民族名を最近では「ラップ」でなく「サーミ」という。スカンジナビア半島、フィンランド北部、旧ソ連コラ半島の先住民族。

訳注3　サハラ砂漠を支配したベルベル系遊牧民。ラクダを利用。

訳注4　先進国の民族集団を「○○人」、発展途上国の民族集団を「○○族」とするのは差別的であるから、すべて○○人に統一した。

無慈悲と無関心

動物の奴隷化／家畜化は、人間が捕獲された動物に対処する方法に影響を与え、それが今度は人間同士の振る舞い方に影響を与えた。採集狩猟社会ではしばしば人間と動物のあいだに親族関係のような感覚があり、それがトーテム信仰や神話——動物や半人半獣の生き物を、人類の創造者および先祖として描いた——に反映されていた。狩られる動物は、追跡され殺されるまでは、人間の管理から自由に生活していた。(原注30)しかしながら、いったん動物が「家畜化」されると、牧夫と農民は、捕獲された動物から感情的に距離をおくために、無関心、合理化、否認、婉曲語法といったメカニズムを採用したのである。(原注31)

人間が用いた最も主要な対処メカニズムは、人間は他の動物と分離されており、道徳的に優越しているという観点の採用で、これは本章の冒頭で紹介したフロイトが記述している態度である。他の生き物に対する人間の関係は、「人間が所有する」動物の生死の決定権を人間が握ることで、今日のような形——支配、コントロール、操作の形——になった。ティム・インゴルドは書いている。「家父長制の家庭における扶養家族のように、彼らの地位は法律上の未成年の地位であり、人間の主人の権威に従属している」。(原注32)

暴力が暴力を引き起こす(暴力の連鎖が生じる)ので、動物の奴隷化は、抑圧的なヒエラルキー的社会をつくり、かつてなかったような大規模な戦争を爆発させることによって、人間社会に高度な支配と強制をもたらした。何人かの人類学者は、牧畜と農耕の到来が、政治生活への介入主義的アプローチをもたらすと信じている。ポリネシアのように人びとがほとんど介入を必要としない野菜や穀物を栽培して生活している社会では、人びとは自然を成り行きにまかせるべきであり、上からのコントロールは最小限ですむはずだと信じていると指摘する。

歴史学者キース・トマスは同様に、「下等な被造物にたいする人間の支配と、多くの政治的、社会的調整とのあいだに根本的な精神的類似性がみうけられ」るので、動物の家畜化はより権威主義的な態度をつくりだしたと信じている。(原注33)

ジム・メイソンは、集約的な畜産をわれわれの社会の基盤にすることは、無慈悲さ、無関心、社会的に受容できる暴力と残酷さを文化の最深部に浸透する形で構築し、自然界の他の生き物と親戚関係にあるという感覚から切り離したのだと主張している。(原注34)

いったん動物の搾取が制度化され、ものごとの自然的秩序の一部として受け入れられると、それは他の人間を似たような方法で扱うことに扉を開き、人間奴隷制度やホロコーストのような残虐行為への道を開いたのである。(原注35)

アヴィヴァ・カンターが書いているように、「動物の抑圧においてほど家父長制の鉄の拳が露骨にあらわれているところはない、それは他のあらゆる形態の抑圧のモデルおよび訓練場として役立つのである(原注36)」。

英国の哲学者ジェレミー・ベンサム(一七四八～一八三二)は、動物の家畜化を非道なものとして認識し、事態が変化するときを待ち望んだのである。「人間以外の動物たちが、諸権利を獲得し、それらを奪おうとする者は暴君とみなされる時代が来るかもしれない(原注37)」。

人間奴隷制度

カール・ジャコビーは、「農業の最初の証拠が見いだされる中東で奴隷制の最初の証拠が見いだされるのは、単なる偶然以上のことを示しているように思われる」と書いている(原注38)。実際、彼が書いているように、古代近東で奴隷制は「家畜化の人類への拡張にすぎなかった」のである(原注39)。人間奴隷制についてのほとんどの研究は、いかに動物の奴隷化が人間奴隷化のモデルおよびインスピレーションとして役立ったかについて強調していないが、いくつかの顕著な例外がある(原注40)。

エリザベス・フィッシャーは、世界の既知の文明のほとんどで慣習となっている女性の性的従属は、動物の家畜化をモデルにしていると信じている。「家畜飼育の開始に引き続いて女性の家畜化が起こった」と彼女は書いている。「そのとき男性が女性の生殖能力をコントロールし、貞節と性的抑圧を強制し始めたのである(原注41)」。フィッシャーは、動物奴隷に対して人間が主人になり、ヒエラルキー的に上に立ったことで、人間は残酷さを強化し、人間奴隷制の土台ができたと主張している。動物に対する暴行は、人間に対する暴行を促進したのだ。

彼らを連れてきて餌をやりながら、人間は最初のうちは動物を友達扱いしたが、それから殺した。そうするために、人間は内面のある種の感受性を押し殺さなければならなかった。動物の繁殖を操作し始めたときには、残酷さ、罪の意識、その後の無感覚をもたらす習慣に、いっそう個人的に係わることにさえなった。特に繁殖と労働のための女性捕虜の大規模な搾取において、動物飼育は人間の奴隷化のモデルを提供したように思われる。(原注42)

フィッシャーは、動物の征服と搾取にかかわる暴力が、女性に対する男性の性的支配への道を開き、家父長制社会に特有の、高度な抑圧的コントロールを作り出したのだと信じている。(原注43)彼女はまた、男性が家畜から生殖における自分たちの役割を学び、動物の強制交尾が女性強姦のアイデアを頭に植え付けたのだとも信じている。マリー・オブライエンはまた、動物の奴隷化は、男性の暴力の訓練の場であったと信じている。(原注44)

メソポタミアにおいて、ライバル都市国家のあいだの戦争の典型的な終わり方は、男性捕虜の大量殺戮と、女性および子どもの奴隷化であった。女性奴隷は労働者として有用だっただけでなく、より多くの奴隷を生みだしうるがゆえに貴重なものであった。若い娘たちは、母親とともに女性作業グループのなかにとどまったが、少年たちは牛のように去勢され、奴隷労働キャンプに配属された。勝利した都市国家が自動的にすべての男性捕虜を殺戮しない場合は、その代わりに彼らを去勢し、しばしば奴隷として働かせる前に視力をつぶしたのである。

古代メソポタミアの都市国家のなかで最も初期の最も強力なもののひとつであったシュメールは、家畜を扱うのと同じ方法で奴隷を管理した。シュメール人は、男性を去勢して家畜のように働かせ、女性は労働および生殖キャンプに入れた。去勢された奴隷少年をあらわすシュメール語――アマル・クード――は若い去勢されたロバ、馬、牛をあらわす単語と同じである。(原注45)

家畜としての奴隷

奴隷制社会において、家畜をコントロールするのと同じ方法が、奴隷をコントロールするために用いられた。去勢、焼き印、鎖、耳に切れ目を入れることである。動物を人間の配慮と義務の領域から放逐した人間支配の価値体系は、「動物状態にあると考えられた人びとの虐待をもまた正統化した」とキース・トマスは書いている。(原注46) そして確かに、奴隷以上に「動物状態」とみなされた人間はいないのである。彼は指摘しているが、欧州の植民地において、「市場で売られ、焼き印をおされていつも働かされていた奴隷こそ、獣的と目された人々の取り扱い方の好例に他ならない」(原注47)。

ある英国人の旅行家は、「われわれが羊にやるように熱い鉄で」ポルトガル人が奴隷に焼き印をすると報告しているし、コンスタンチノープル（オスマントルコ帝国）の奴隷市場を訪問した別の旅行家は、「われわれが家畜の太り具合や力を調べるのと同じように」奴隷商人が奴隷を屋内に入れて裸にして検査しているのを見た」と報告している。ある十八世紀の金細工職人は、「黒人とイヌ用の南京錠」(原注48)の広告を出した。逃亡奴隷についての英国の広告は、しばしば彼らに首かせをつけた状態で描いている。

カロライナ、ヴァージニア、ペンシルヴァニア、ニュージャージーのようなアメリカ植民地において、奴隷の去勢は、白人をなぐったり、逃亡したりしたことに対する罰であった。いくつかの植民地の去勢法には、自由黒人であろうと奴隷であろうとすべての黒人に適用されるという条文があった。英国法には去勢の規定はないので、去勢は多くのアメリカ人が「淫乱で野蛮な人びと」を服従させ押さえつけるのに必要として擁護したアメリカ独特の実験であった。(原注49)「黒人の去勢は明らかに、白人が彼らこそ本当に主人であり、いかなる場面でも主人なのだと黒人に説得する必要があったことを示している」とウィンスロップ・ジョーダンは書いている。「そして去勢でおとなしくなる雄牛や雄馬のように黒人を扱う状況にいかに容易に陥ったかを劇的に示している(原注50)」。

焼き印はアメリカ全土で十八世紀後半まで、奴隷に印をつけ、本人確認をする方法として用いられた。スペイン人はインディアン奴隷の顔に焼き印をしたが、奴隷が新しい主人に売られるごとに新しい文字を入れたので、ある奴隷は国王の焼き印の他にあまりにたくさんの印をつけられたから、顔中文字だらけになってしまった。(原注52)十九世紀になるとアメリカ南部では、焼き印は逃亡奴隷や反抗的な奴隷を罰するために用いられたが、ときにはまだ本人確認の手段として用いられた。サウスカロライナ州は焼き印を許可しており、認可を受けた奴隷所有者は一八三三年まで犯罪で告訴された奴隷の耳の端を切っていた。(原注53)ジョージア州のある奴隷所有者はペンチで足指の爪を抜くことによって逃亡奴隷を罰していた。(原注54)

ラテンアメリカでは逃亡奴隷が連れ戻されたときには、彼らの主人は肩に焼き印をした。しかしながら、奴隷が焼き印を名誉の負傷くらいに思っていることを奴隷の主人が知ったときには、戻った逃亡奴隷の両足を縛り、一方の足のアキレス腱を切断した。(原注55)

一八三八年にノースカロライナ州のある奴隷所有者は、彼の逃亡奴隷について最近「彼女の左頬に熱い鉄で焼き印を入れたばかりだ。私はMの文字を入れようとした」という通報を求める広告を出した。一〇年後にケンタッキー州のある奴隷所有者は逃亡奴隷に「胸にLの文字のような印」を入れるために焼き印を使った。(原注56)

奴隷に焼き印をしたり、身体を損傷させたりすることは十九世紀半ばまでには下火になったが、そうした行為はいくつかの場所ではなお合法であった。ミシシッピー州とアラバマ州は、死刑以外の罰としては、奴隷を罰するために「手に火傷をつける」ことを続けた。一八三一年にルイジアナ州の看守は拘置所に「最近去勢されてその傷がまだ癒えていない」逃亡奴隷がいると報告している。別のルイジアナ州民は彼の隣人が「奴隷のうち三人を去勢した」と報告した。(原注57) 奴隷が逃げるのを助けようとして逮捕されたある男は、手にSS（奴隷泥棒）という焼き印をされた。(原注58)

牧夫が動物に足枷《あしかせ》をつけるのと同じ理由で——運動能力を制限するために——奴隷所有者たちは奴隷に足枷をつけた。ミシシッピー州のある奴隷所有者は逃亡奴隷マリアに「両足を鎖でつないだ足枷をつけた」。彼の逃亡奴隷アルバートが連れ戻されたときには、所有者は「首に鉄の首枷をつけた」。彼はまた常習的な逃亡者であるウッドソンには「鉄球と鎖をつけた」。あるケンタッキー州民は彼の州の奴隷が首枷をつけ、そのうち何人かは鉄球もつけられていたのを見たことを覚えている。しかしながらこれらの足枷や束縛具は目的を達成できなかったようである。というのは、南部の新聞で逃亡奴隷についての通報を求める多くの広告は、逃亡奴隷が逃げたときには足枷をつけていたと書いているからである。一八四四年の三つの広告には次のように書いてある。「アロンゾは鉄の足枷をつけて逃亡」（七月十七日）。「アロンゾが足枷を外して連れ戻されてきた」（七月三十日）。「アロンゾに再び足枷をつけた」（七月三十一日）。ルイジアナ州のピーターという逃亡奴隷は、「逃げたときには両足に足枷をつけ、それに小さな鎖がついていた」。(原注59) アメリカの黒人は——自由黒人も奴隷も——法的に家畜と同じカテゴリーに入れられていた。(原注60)

人間による動物の支配

古代エジプト、メソポタミア、インド、中国の河川渓谷に文明が出現するころには、捕獲した動物を搾取して食糧、乳、生皮、労役を得る習慣はしっかりと定着していたので、これらの文明にあらわれた宗教は――ユダヤ・キリスト教の伝統も含めて――世界が人間のために作られたという概念を神聖化した。(原注61)

旧約聖書の創世記によると、神は「それぞれの地の獣、それぞれの家畜、それぞれの土を這うものを造られた」(新共同訳聖書による)。神はそれから人間を神にかたどり、神に似せて造り、「海の魚、空の鳥、家畜、地の獣、地を這うものすべてを支配させようとした」(原注62)。フィリップ・カプローは、一部の環境主義者と歴史家が「聖書のこれらの決定的な言葉が西洋文明の二〇〇〇年間の破壊的方向性を決定づけたのだと考えている」と書いた。(原注63)環境主義者であり社会批評家であるイアン・マクハーグが西洋人の自然界に対する態度について行った講義で、彼は述べている。「もし文字通り信じられ、使われるならば、神学的起源が知られずに単純に暗黙のうちに受け入れられるならば、少なくとも最近二〇〇〇年のあいだ西洋人によって行われたすべての破壊と略奪を説明できるようなひとつのテクストを見つけたいならば、この恐ろしい災難をもたらすテクスト以外のところを探し回る必要はない(原注64)」。

もし創世記の物語が語るように、アダムがエデンの園で禁じられた木の実を食べたときに最初の人間が罪を犯したとするならば、「確かに第二の大きな罪は、仲間の生き物を殺して食べるという誘惑に屈したことだろう」とカプローは書いている。肉食への移行は先史時代の氷河期のひとつのあいだに起こったかもしれないと彼は信じている。そのとき、人間の本来の食物である植物は氷の層の下に消えていたか、あるいは地球の大きな部分を支配していた大型哺乳類を殺すことに伴う威信ゆえに起こったのかもしれない。「いずれにせよ、恐怖、暴力、流血、殺人、最終的には戦争が、みんなあの運命的な肉食との出会いから起こったのだと考えることができる」[原注65]。

人間に他の生き物への支配を認める創世記の章節は、それが書かれたときに存在した政治的社会的現実を反映していた[原注66]。ミラン・クンデラが言うように、創世記は人間の観点から書かれた。

創世記の冒頭に、神は鳥や魚や獣の支配をまかせるために人を創造されたと、書かれている。もちろん創世記を書いたのは人間で、馬ではない。神が本当に人間に他の生き物を支配するようにまかせたのかどうかはまったく定かではない。どちらかといえば、人間が牛や馬を支配する統治を聖なるものとするために神を考え出したように思える。そう、鹿なり牛を殺す権利というものは、どんなに血なまぐさい戦争のときでさえ、全人類が友好的に一致できる唯一のものなのである[原注67]」。

『存在の耐えられない軽さ』千野栄一訳、集英社による

ヘブライ語の聖書は、神によって神聖化された人間の優越性の原理を支持しているが、動物に身体的、精神的な苦痛や苦しみを与えることを禁止する戒律（ツァアル・バアレー・ハッイーム）[訳注5]や動物虐待への非難は、この原則をある程度和らげている。「ユダヤ教は動物がある種の基本的権利を持つことを実践

において受け入れる点でラディカルである」とダン・コーン・シャーボクとアンドリュー・リンゼーは書いている。「これらはヘブライの戒律のなかに見られる様々な規定のなかに示されており、人間の動物利用を許す一方で、人間は神の被造物のいずれに対しても苦痛を引き起こすことを戒めている[原注68]」。

動物への共感というユダヤ教の伝統はトーラー[訳注6]に根ざしており、それはサバト（安息日。ユダヤ教では土曜日）に動物に休息を与え、強い動物と弱い動物を同じくびきにつなぐことを禁じ、脱穀を行う動物に草をはむことを許すなどのことを求めている。イザヤは預言者がよく習慣でやるように、次のようにぶっきらぼうに述べている。「牛を屠畜する人は、人を殺す人のようなものだ。「私の目に悪とされることを行い私の喜ばないことを選ぶ[訳注7]」」（イザヤ書六六章三節[原注69]）。

後にタルムード[訳注8]と律法に関する質問への回答集は、狩猟も含む流血スポーツを「娯楽」のために行うことを禁じることにより、またユダヤ人に食事の前に家畜に餌を与えるように求めることにより、この伝統を拡張した。動物の世話をする義務は非常に重要なので、ユダヤ人は餌をやるためにラビの命令実行を中断することが法的に許されている[原注70]。『セーフェル・ハシディーム[訳注9]』というユダヤ教法典は、この要求事項を簡潔に述べている。「トーラーの律法によって、生き物に苦しみを与えることは禁じられている。反対に、生き物の苦しみを取り除くことはわれわれの務めである[原注71]」。

聖書は暴力の少なかった古い時代を想起しており、将来に暴力の少ない時代が到来することを希望している。創世記によると、人類史の始まりにはエデンの園があってそこにはアダムとエバ「イヴ」と動物たちが平和と調和のなかで暮らしていて、あらゆる生き物についての神の意図は彼らがお互いを食べるのではなく、植物を食べるようにということであった[原注72]。「それが実際的で望ましいことであろうとなかろうと」とプロテスタント神学者カール・バルトは書いている。「創造者たる神が人間と獣にわりあてた食事はベジタリアンのものであった」(原注73)。さらに、ユダヤの伝統は、来るべき救世主的時代において創造のときに広く行き渡っていた非暴力の雰囲気が再建されるだろうと想像している。それまでのあいだ、まだほとんど肉食を乗り越えたことのないユダヤ教では、動物への共感の伝統は、実現されるのを待つ潜在的可能性にとどまるのである。

そのような人道的な感情がギリシャ・ローマ文明の現存するテクストに見出されることはない。古典古代のアリストテレスおよびその他の著述家たちは人間と動物のあいだに高い分厚い壁を構築し、動物は理性を欠いているので無生物と同じカテゴリーに入るのだと主張している。『政治学』においてアリストテレスは「動物は人間のために存在し」、自然はすべての動物を人間のために作ったと書いた(原注74)。ストア派は同様に、自然は人間の利益に仕えるためにのみ存在すると教えた(原注75)。

アリストテレスは人間の動物に対する支配は奴隷および女性に対しても拡張できると主張したが、これは当時の政治的状況を反映したもうひとつの観点である。古代ギリシャでは人間奴隷制度と女性の従属は当たり前のことだったからだ。彼の『政治学』においてアリストテレスは、隣接するアカイア人やトラキア人のような「野蛮な」人びとと「はその自然［本性］によって奴隷であり、肉体が魂に劣り、動物が人間に劣るのと同様に、他の人間よりはるかに劣っているのである」と書いている(原注76)。アリストテレスは動物を奴隷化するのと同様に、「理性」をあまり持たない人びとを奴隷化することは許されると信じていた。「奴隷と動物との間に、有用さという点では大した相違はない。どちらも理を解してそれに従うことはなく、むしろ本能に仕えている」(原注77)。アンソニー・パグデンは、奴隷は永遠に従属した生活を宣告されているのだから、「彼らの義務は役畜の義務と区別できないのであり、奴隷を獲得することは狩猟にたとえられるのである」と書いている。(原注78)

紀元前一世紀にローマの哲学者にして政治家であったキケロは、世界のあらゆるものは他の何かのために創造されたと主張した。「かくして地球によってつくられたトウモロコシと果実は動物のために創造されたのであり、動物は人間のために創造されたのである」(原注79)。彼の著作のある登場人物は次のように宣言する。「人間は不正義を犯すことなしに、自らの目的のために獣を利用することができる」(原注80)。キケロが次のように宣言したときには、人間の自然に対する支配についてのギリシャ・ローマ的な観点を表明したのである。

われわれは地球が作り出すものの絶対的な主人である。われわれは山岳と平原を享受する。川はわれわれのものである。われわれは種子をまき、樹木を植える。われわれは大地を肥沃にする。われわれは川を止め、方向を変え、逆流させる。要するにわれわれの手とこの世界での様々な操作によって、あたかももうひとつの自然であるかのようにそれを作ろうと努力するのである。(原注81)

ローマ法は――今日のわれわれの法と同様に――動物を財産に、したがって固有の権利を持たない物に分類した。動物から生命と自然的自由を奪う人間の権利はローマの思想と法に深く刻み込まれていたので、常にそういうものとして受け止められ、わざわざ正当化する必要がなかった。(原注82) マット・カートミルはギリシャ・ローマ世界において「動物は野蛮な無関心とサディズムを混ぜたような態度で扱われるのが常であった」と書いている[原注83]。

実際、ギリシャ・ローマ文学のなかで動物虐待を是認しないように見える記述の例は二つしかない。そのひとつにおいて、プルタルコスはアテナイ人たちがある男を、仔羊を生きたまま皮をはいだという理由で追放したと書いた。

第二の例は紀元前五五年に、ローマのある巨大な円形競技場でポンペイが主催する猟の出し物で起こった。ライオンから鹿に至るまで様々な捕獲動物が競技場に放り込まれ、観客を楽しませるために重武装の男たちが動物を追跡して殺した。ディオ・カシウスによると、あるポンペイのゲームの最終日に、ローマ人たちは一八頭のゾウを競技場に追い込んだ。しかしながら、武装した男たちに攻撃されたとき、反撃する代わりに、傷ついたゾウたちは「鼻を天に向けて歩き回り、嘆きの声をあげた」。そして「ポンペイの意図に反して、群集はゾウの命乞いをしたのである[原注84]」。その場に居合わせたキケロは、友人のひとりに書き送っている。「その場の雰囲気はある種の同情に包まれた。この巨大な動物が人間と何かを共有しているとみんな感じていた[原注85]」。

キリスト教はギリシャとヘブライの聖書（その動物に対する同情の教えは差し引く）の双方から人間の優越性の観点を吸収した。アウグスチヌス（三五四〜四三〇）はモーセの十戒の第六の命令（「汝殺すなかれ」）は、人間だけに適用されるものであり、「理性的でない生き物には、それが飛ぶものであれ、泳ぐものであれ、歩くものであれ、這うものであれ、適用されない。彼らは理性によってわれわれと共同体を形作るものではないからだ。……だから創造者の命令そのものによって、彼らの生死はわれわれの利用に従属するのである[原注86]」と書いた。

中世の神学者トマス・アクィナス（一二二五〜七四）は、動物を殺すことはまったくかまわないと宣言した。なぜなら「動物の生命が……保持されているのは彼らのためではなく、人間のためなのだから」。(原注87)彼は動物が理性を持つことを否定しただけでなく、死後の生も否定した。彼がその著作の内容を神学に組み込んだアリストテレスと同様に、アクィナスは魂の理性的な部分だけが死後に生き残ると信じた。動物は理性の能力を欠いているので、人間と違って、彼らの魂は死後に残らないと彼は主張した。

　動物の死後の生を否定することによって、アクィナスは地上で犠牲になった動物の復讐に燃える魂と死後に出会ってかき乱されることからキリスト教を守ったのである。彼の観点は、人間以外の種について道徳的に思い悩んだり、搾取したり殺すことに罪の意識をおぼえたりする理由はないと、キリスト教ヨーロッパ世界を安心させたのである。彼は動物への親切を説く旧約聖書の章句を再解釈して、人間は動物に対して道徳的義務を持たないという自分の主張を補強することさえしたのである。(原注88)

　この人間と動物の分断を支持する教会の伝統にもかかわらず、初期のアポクリファ文献（聖書外典）以来、キリスト教には動物に同情的な潮流が存在した。それには四世紀の教父たちであるバジルとアンブローズ、ケルトの聖者たち、アッシジの聖フランチェスコ、パドゥアの聖アントニウス、聖ボナベントラ、C．S．ルイスや、アンドリュー・リンゼーやジョン・カブなどのような現代の多くの神学者や学者も含まれる。(原注89)ヴァチカンの新聞『オッセルヴァトーレ・ロマノ』の二〇〇〇年十二月七日号に印刷されたある記事——「動物とのより公正な関係のために」——で、教皇庁の役人マリー・ヘンドリクスは、自然界に対する人間の「支配」は、動物の無差別的な殺害や不必要な苦痛を与えることを意味しないと書いた。彼女は現在の動物に対する扱い方、特に食糧生産、動物実験、毛皮産業、闘牛に疑問を呈

した。（原注90）

訳注5　ツァアル・バアレー・ハッイームは「動物たちの飼い主たちの悲しみ」という意味で、「動物愛護」という意味で一般的に用いられている成句。

訳注6　トーラーはモーセの五書、ユダヤ教の聖典。旧約聖書の最初の五冊「創世記」「出エジプト記」「レビ記」「民数記」「申命記」を指す。モーセに啓示された律法

訳注7　イザヤ書六六章三節は新共同訳のニュアンスが各種英訳と異なるので、英文を直訳した。なお、この文章の背景にはアッシリアやバビロンのような当時の大国の軍隊が「牛を殺すような感覚で人を殺す」ことへの批判があると言われる。

訳注8　タルムードはユダヤ教の律法、道徳、習慣などをまとめたもので、トーラーに次いで権威のあるもの。ミシュナーとゲマラーの二つから構成される。

訳注9　「セーフェル・ハシディーム」は「敬虔な者たちの書」という意味。十二世紀にドイツで活動したラビ、ユダ・へ・ハシード（敬虔者ユダ）の著作である。

存在の大いなる連鎖

アリストテレスの師であるプラトンによって作り出された「存在の大いなる連鎖」という観念は、自分たちが非ギリシャ人、女性、奴隷、そしてもちろん動物よりすぐれているというギリシャ人（男性）の信念を定式化したものである。完璧な創造者がなぜ完璧でない存在を伴う世界を作ったのかという疑問に対するプラトンの回答は、高みにある不死の神から下がって人間、動物、植物、石、そして最底辺の塵に至る、すべての存在が連鎖するヒエラルキーを完全なる世界は必要としているのだ、というものの

であった。その連鎖の人間の部分も同様に、文明化されたギリシャ人を頂点に、奴隷を底辺とするヒエラルキーによって序列づけされている。(原注91)

中世キリスト教世界は、プラトンのイメージを翻訳して、頂点に神がおり、ヨーロッパのキリスト教徒が神の命令で認められた高い段階にいて、下の部分を監視し管理する梯子のようなものとして描いたのである。（ヨーロッパの）人間（男性）が、不完全で罪深いにしても宇宙のなかで神の位置に比せられる位置を占めるという観念は、自然界における人間の地位に関する西洋文明の宗教的哲学的思想の中心的アイデアとなった。(原注92)かくして、（ヨーロッパの）人間（男性）が、「全能の神の総督および代理人として」自然界を支配する事実上無制限の権限を持ったのである。(原注93)

十五世紀の法学者ジョン・フォーテスク卿は、あらゆる事物のヒエラルキー的配置を神による宇宙の完璧な秩序づけの反映とみなした。その秩序のなかでは、「天使の上にまだ天使がおり、天上の王国でもランクの上にランクがある。人間の上に人間がおり、獣の上に獣、鳥の上に鳥、魚の上に魚というように、地上でも空や海でも序列がある」。「地上を這う虫はいないし、高いところを飛ぶ鳥はいないし、深みを泳ぐ魚はいない、というように、この秩序の連鎖は最も調和的な一致で束縛しているわけではない」と彼は主張する。彼の結論は、われわれの完全にヒエラルキー的な宇宙において、「最高位の天使から最低位の天使まで、上位者と下位者を持たない天使は絶対にいない」し、「人間からもっとも卑しい虫に至るまで、何らかの点である生き物にまさり、別の生き物に劣ることのない被造物はいない」というものであった。(原注94)

存在の大いなる連鎖は、それぞれの階級が神によって定められた位置にいる社会において、ある種の社会階級が本来的に他の階級に従属するのはなぜであるかを、説明してくれた。中世キリスト教美術では、「王子と聖職者が社会の頂点に描いてあり、貴族がそれに続く。彼らの後ろに行商人、職人、農民、乞食、役者、娼婦、そしてさらに後ろにユダヤ人がいる」とジョン・ワイスは書いている。[原注95]

このヒエラルキーは、人間社会における社会的序列も含めて、連続していると考えられた。なぜなら、神の創造の完璧な織物のなかには隙間がありえないからである。神学者ニコラウス・クザーヌスは、「ある属の最高位の種は隣のより高い属の最低位の種と同じである。宇宙がひとつの完全な連続体となるためである」と書いた。[原注96]

この連続的に序列化されたヒエラルキーとしての自然という観点は、「劣等人種」というカテゴリーの創出をもたらしたとアンソニー・パグデンは書いている。「それは獣との境界に近い人間であり、もはや他の人間から同じ種の成員として認知されることはない」。[原注97]この劣等人種カテゴリーの構成員のほとんどは、アクィナスが「サービスのための生きている道具」と呼ぶもの（奴隷）になる運命であった。しかしながら、境界線カテゴリーの最低位のメンバーは、非常に堕落した人間の血筋を持っていると考えられたので、ヘイデン・ホワイトが書いているように、彼らは「動物そのものの状態よりも下に落ちた人間であった。あらゆる人間が彼らに対して顔を背けた。一般に彼らを殺しても罪に問われなかった」。[原注98]これはヨーロッパ人がアフリカ、アジア、アメリカの先住民族と最初に出会ったときに抱いた信念であった。

ルネサンスと啓蒙時代に至っても、ヨーロッパの指導的な思想家たちは存在の大いなる連鎖において想定された、重複する種の相互接続性を信じ続けた。ゴットフリート・ライプニッツやジョン・ロックのような卓越した哲学者たちが、一部人間で一部動物であるような生き物の存在を信じた。動植物の近代科学的分類学を創始したカロルス・リンネウス〔リンネ〕が、彼の分類体系のなかにホモ・フェルス――「四つ足で口が利けず毛深い」野生の人間――の位置を想定していた。(原注99) アフリカ、アジア、アメリカで新しく遭遇した民族についての報告がヨーロッパにもたらされると、半分人間で半分動物である生き物についての幻想的な説明が大衆の想像力をかき立てた。(原注100)

人間と動物の分断

近世に至るまで、人間が被造物の頂点にあるという観念は、支配的な見方だった。「もし目的因（もののごとの存在理由）に眼を向けるなら、人間は世界の中心であるとみなせるかもしれない」とフランシス・ベーコン（一五六一～一六二九）は書いた。「世界から人間が取り去られるならば、残りの世界は目的もなく迷ってしまうだろう」。(原注101) この人間中心的な見方によると、動物は人間のために造られたものであり、それぞれの動物は人間の目的に役立つように特別に造られたものである。類人猿とオウムは「人間を笑わせる」ために造られたのであり、歌う鳥は「人間を楽しませる」ために造られたのである。(原注102)

最も長いあいだ、人間と動物のあいだの深淵を広げてきたのは、もともとは一五五四年にスペインのある医者によって提唱されたが、一六三〇年代以降はフランスの哲学者であり科学者であったルネ・デカルトによって定式化され、有名になったドクトリン（教義）であった。このドクトリンは、彼の後継者たちによって発展させられ、洗練されたものであるが、「動物は時計と同じような機械ないし自動機械であり、複雑な行動ができるが、話したり、思考したり、解釈したり、感覚したりすることさえまったくできない」と宣言した（原注103）。

デカルトの後継者たちは、動物は苦痛を感じないと主張し、動物が叫んだり、うなったり、のたうち回ったりするのは、外的な反射にすぎないのであって、内的な感覚とは結びついていないと言い張った。このように人間と動物のあいだの深淵を広げたことは、人間の動物搾取に最高の正当化を与えた。デカルト主義は人間が動物を虐待するのを許すことによって罪なき動物に痛みを不正にもたらしているという告発から神を放免しただけでなく、人間の支配的立場を正当化し、デカルトが言ったように、「どれだけの頻度で動物を食べたり殺したりしても、犯罪の疑いから」人間を解放したのである。

動物の不死性を否定することは、「獣を搾取する人間の権利につきまとう疑惑を払拭した」とキース・トマスは書いている（原注104）。というのは、デカルト主義者が述べたように、もし動物が本当に不死の可能性を持っているのなら、「人間が彼らを自由に扱うことは正当化できないだろう。動物が感覚を持つと認めることは、人間行動を耐え難いほど残酷なものにみせる（原注105）」。

人間を自然の主人に指名することによって、デカルトは人間と自然界の残りの部分のあいだの絶対的な断絶を作り出し、それが人間による支配の歯止めない行使への道を開いた。ジェームズ・サーペルは、動物は人間のためにのみ創造されたという初期キリスト教（およびアリストテレス学派）の信念は、動物は苦しみを感じる能力がないというデカルト学派の観点と結びついて、われわれに「殺しのライセンス」――他の生き物を使ったり虐待したりしてもまったく罪に問われない許可――を与えたと書いている（原注106）。

イングランドでも西洋世界の他のどこでも、この人間優越性のドクトリンが確立され、争う余地のない真理となった。オリヴァー・ゴールドスミス（一七三〇〜七四）は書いている。「獣から人間への上昇過程において、断絶線は強く引かれ、はっきりしており、乗り越えることができない」。博物学者のウィリアム・ビングレー（一七七四〜一八二三）は「人間を獣から隔てる障壁は固定されており、不変である」と書いた。動物を日常的に搾取し、殺し、食べる文明にとって、別の考え方をとれば、あまりに多くの厄介な倫理的問題を提示することになるであろう。（原注107）

動物についての否定的な見方は、人びとが自分たちの好きではない性質を動物に投影することを可能にし、動物の行動を人間独特で立派だとされる行動と対比することによって自らを定義することを助けたのである。「人間は自分たちのなかの最も恐れる自然的衝動――凶暴性、大食、性欲――を動物の属性だとしたのである」とキース・トマスは書いている。「自らの種に戦争を仕掛け、健康に良いよりも多くの量を食べ、一年中、性衝動を持っているのが獣ではなく人間だとしてもそうなのだ（原注108）」。

この人間と人間以外の動物との大いなる分断は、狩猟、肉食、動物実験、そして動物に加えられるあらゆる虐待を正当化したし、正当化し続けている。カール・セーガンとアン・ドルーヤンが書いているように、「人間と〈動物〉の峻別は、もし彼らをわれわれの意のままに扱い、われわれのために働かせ、彼らを衣料に加工したり、食べたりするためには――罪の意識や後悔の念を少しも感じないで――不可欠だろう」。

動物はわれわれのような存在ではないのだから、彼らの死はわれわれにとって何の重大性もない。「われわれの奴隷にした動物を、われわれと同等な存在と考えるのはいやなのだ」とチャールズ・ダーウィンは書いた。（原注109）

人間以下

人間と動物の大きな分断は、国内であれ国外であれ、他の人間を判断する基準を提供した。もし人間の本質が理性、知的言語、宗教、文化、礼儀のような特定の性質ないし性質の組み合わせから成ると定義されたならば、これらの性質を完全に満たさないとみなされた人間は「劣等人種」ということになってしまう。人間以下とみなされた人びとは、拘束され、家畜化され、従順にしつけられる有用な獣であるか、さもなければ根絶されるべき肉食獣ないし害獣とみなされるであろう。(原注110)

一万一〇〇〇年前に始まった動物の奴隷化/家畜化のうえに構築されたこのヒエラルキー的思考は、動物あるいは動物みたいなものだとみなされた人びとの抑圧を是認し、奨励した。動物の搾取を促進し正当化した人間支配の倫理は、動物的状態であるとされた人間への抑圧を正当化した。ドイツの生物学者であり哲学者であったエルンスト・ヘッケル(一八三四〜一九一九)――彼の観念はナチスのイデオロギーに強い影響を与えた――は、非ヨーロッパ人種は「心理学的に文明化されたヨーロッパ人よりも哺乳類(類人猿と犬)に近い」のだから、「したがってわれわれは〈彼らの生命にまったく違った価値を付与〉しなければならない」と主張した。(原注111)

ヨーロッパ人は植民地主義を動物界に対する人間の優越の自然な延長であると考えた。というのは、「多くのヨーロッパ人にとっては、ちょうど全体としての人類が他の動物を支配し従属させることで人間の優越性を証明したのと同じように、白人は劣った人種を影響下におくことによって自らの優越性を明確に証明したように思えた」(原注112)からである。アフリカ、インド、その他のヨーロッパ植民地において、大型猟獣狩り旅行(サファリ)は、土地、動物、住民に対するヨーロッパ白人支配の完璧なシンボルになった。

たとえば英領東アフリカでは、サファリに出かける白人ハンターはたいてい四〇〜一〇〇人の現地黒人を装備の運び屋および従者として使った。彼らは〈ボーイ〉と呼ばれて屋外で寝たが、ハンターはフォーマルな狩猟服一式を着用し、〈主人〉と呼ばれ、念入りにつくったテントに寝た。先住民族は来る日も来る日も六〇ポンド(約二七キログラム)の荷物を頭の上にかついで歩き、ハンターは銃さえ持たずに――銃はガンボーイと呼ばれる従者に持たせた――手ぶらで進んだ。狩猟の儀式に動員された人たちが疑問を抱くことはなかった。著名なトラ・ハンターのラルフ・スタンレー・ロビンソンがあるサファリの前に仲間に語ったように、「狩猟の対象は帝国にふさわしいものだ。われわれはここでは支配者なのだから(原注113)」。

かくして、動物はすでに搾取と殺戮を運命づけられた「下等な生命」であり、「下等」な人間を動物なみと指定したことは彼らの従属と破壊への道を開いた。『ジェノサイド　二十世紀におけるその政治的利用』においてレオ・クーパーは書いている。「動物の世界は人間を非人間化しておとしめるメタファーの特に肥沃な源泉だった」ので、動物なみとみなされた人びとは「しばしば動物のように追い詰められたのである(原注114)」。

次章では、人間を動物呼ばわりして中傷する行為を概観し、それが迫害、搾取、殺害の前奏曲としていかに役だったかを見ていこう。

第2章　狼、類人猿、豚、ネズミ、害虫　他者を動物として中傷する

フロイトが人間と他の生き物のあいだの深淵について書いたのと同じエッセイのなかで、彼は「このような傲慢さ」は「人類の発展の後期のよりうぬぼれた段階」の結果であり、この段階は子どもにとってはなじみのないものである、なぜなら子どもは自分の本性と動物の本性のあいだに違いを見いだすことができないからだ、とまで言っている（「子どもはおとぎ話のなかで動物が考えたりしゃべったりするシーンを読んでも驚かない」）。子どもは成長するまで、「動物と疎遠になって、他人を中傷するために動物の比喩を用いるようなことはない」とフロイトは書いている（原注1）。

動物の家畜化は人間奴隷制と専制的政府にモデルとインスピレーションを与えただけでなく、西洋のヒエラルキー的思想および欧米の人種理論――「劣等人種」の征服と搾取を求め、同時に彼らの従属を奨励し正当化するために彼らを動物なみの存在として中傷する――の土台をつくった。

ヨーロッパの探検家と植民地主義者は、国内では人類史上これまでにないほど動物を虐待し殺戮し食べてきたのであるが、世界の他の地域に進出すると、デヴィッド・スタンナードの表現によれば、「世

界にかつてないほど神学的に傲慢で暴力を正当化する宗教文化の代表者」として振る舞ったのである。(原注2)ヨーロッパ人がアフリカ、アジア、アメリカの住民を「獣」「野獣」「野蛮人」と呼んだことによって、彼らに出会ったときの振る舞い方の残忍度が高まったのである。

人びとを動物呼ばわりすることは、常に不吉な兆候であった。なぜなら、それは彼らに対する侮辱、搾取、殺害の前提となったからである。たとえば、アルメニア人に対するジェノサイド［一九一五年に発生］に先立つ年月において、オスマン・トルコ人はアルメニア人を「ラジャ（牛）」と呼んだ。(原注3)ニール・クレッセルは次のように書いている。「ナチスがユダヤ人をラット（ネズミないしドブネズミ）として描き、（ルワンダの）フツ人がツチ人を昆虫と呼んだときのように、(訳注1)動物イメージは特に前兆となる。こうした敵の劣等人種性のほのめかしは、大量流血の可能性の早期の兆候となりうるのだ(原注4)」。

訳注1　一九九四年の大虐殺は「ルワンダのホロコースト」と呼ばれ、一〇〇日間で約一〇〇万人のツチ人が殺されたと言われる。このときフツ人の過激派はツチ人を「ゴキブリ」「ヘビ」と呼んだ。イマキュレー・イリバギザ（堤江実訳）『生かされて。』（PHP研究所、二〇〇六年）などを参照。

アフリカ人

十六世紀のアフリカへと帆船で向かったヨーロッパ人は、そこで彼らが出会った人びとを「粗暴で獣的」であり「獣みたいだ」と描写した。ある英国の旅行家はモザンビークの人びとが「類人猿のように混乱したしゃべり方」をするので、何を言っているのかわからなかったと不満を述べている。(原注5)

英国人は最も厳しい批評を「醜くて忌まわしい」ホッテントット人〔コイコイ人〕のためにとっておいた。彼らは「不健康な悪臭を発する汚《けが》らわしい人びと」であり、動物のような「群れ」をなして出かけ、「人間というよりはニワトリや七面鳥のようなしゃべり方をする」ように見えたという。一六二六年にトーマス・ハーバート卿は書いている。「彼らの言葉は、人間の言葉というよりは類人猿の言葉のように聞こえる。……彼らの模倣、話し方、顔つきを見ていると、彼らの多くは猿とあまり変わらないレベルに思えてくる」。一七一四年にダニエル・ビークマンは、ホッテントット人について「これらの不潔な動物は理性的被造物の名にほとんど値しない」と宣言した。(原注6) 一六九六年に東インド会社の所有するベンジャミン号の従軍牧師としてアフリカに出発したジョン・オヴィントン牧師は、ホッテントット人を「人間の対極」と描写し、ヘラショル（東インドのアウトカースト）と対比して「さらに惨めで不潔だ」と述べている。彼の結論は、「もし理性的動物と獣のあいだに媒介物があるとしたら、ホッテントット人はそのうってつけの候補だろう」というものであった。

一六〇〇年代と一七〇〇年代にニグロ（黒人）の動物的本性についての多くの言説があらわれた。奴隷であれ自由黒人であれ、彼らは動物的な性欲、動物的な本性の持ち主とされ、ヒエラルキーの梯子のなかで低い位置――動物に隣接する位置――に置かれた。(原注8)

『ジャマイカの歴史』（一七七四年）のなかで、エドワード・ロングは、オランウータンとニグロの距離は、ニグロと白人の距離よりも近い、と書いた。一七九九年に英国の外科医チャールズ・ホワイトは、「ヨーロッパ白人から様々な人種を経て動物に至るまでの一定のグラデーションを分析し、人間が動物を凌駕する諸特徴において、ヨーロッパ人はアフリカ人を凌駕している」と述べている。(原注9)

一八〇〇年代までにヨーロッパの科学者たちは人種、ジェンダー、階級に基づく様々な人間不平等の理論を構築したが、そこではヨーロッパ白人男性が非ヨーロッパ人、女性、ユダヤ人より上位にあり、梯子の底辺にアフリカ人が位置づけられた。西洋の科学思想は、白人の優越性と、教育を受け裕福な者がより高い知性を持つことを、自明のものとして受け入れた。知性は脳の大きさと直接関係があるという広く共有された信念を利用して、科学者たちは人種と階級のヒエラルキー的ランキングを確立したが、そこでは白人が頂点にあり、インディアンは白人より下で、黒人は最底辺すなわち動物に近接した位置におかれた。

「ブッシュマン人［サン人］の脳は猿の脳に近い」と近代地質学の創始者であるチャールズ・ライエル卿（一七九七～一八七五）は書いた。「下等動物と同様に、各人種にはそれぞれにふさわしい位置がある」(原注10)。ジョルジュ・キュヴィエ（一七六九～一八三二）は比較解剖学の先駆者であり、当時のフランスで「現代のアリストテレス」として賞賛された人物であるが、アフリカ人を「最も退化した人種であり、その形態は動物に近い」と描写した(原注11)。「ホッテントットのヴィーナス」と呼ばれたアフリカ人女性がパリで死亡した後、キュヴィエは、彼女はよく「ちょうどオランウータンのように」大きな唇をとがらせたものであり、「類人猿を想起させる」動作で歩いたと書いている。彼女は動物的特徴を持っていると彼は結論した。「私はこの女性ほど類人猿的な形態の頭部を見たことがない」(原注12)。

フランスの病理学者、人類学者であり、神経外科学の先駆者であったポール・ブローカ（一八二四～一八八〇）は、脳の大きさは知性と関係があるというテーゼを支持するために、人間の頭蓋骨を測定した。彼は上流階級の白人男性の脳、したがって知性は、女性、貧困層、非ヨーロッパ人、「劣等人種」よりもすぐれている、と論じた。彼の結論は、「一般に脳は、成熟した大人は高齢者よりも、男性は女性よりも、卓越した人間は凡庸な人間よりも、優越人種は劣等人種よりも、大きい」というものであった。(原注13)

大後頭孔《だいこうとうこう》(訳注2)と呼ばれる頭蓋骨基底部の孔の相対的位置――それはヒトにおいては類人猿よりも、ましてや他の哺乳類よりもずっと前の位置にある――についてのブローカの研究は、彼を白人と黒人の頭蓋骨の研究へと導いた。白人の大後頭孔はより前方の位置にあることを見いだして、彼は「ニグロのこの孔の形態は、他の多くの部位の形態と同じく、猿のそれに近づく傾向がある」と結論した。(原注14)同様に、ドイツの人類学者E・フッシケは一八五四年に、ニグロの脳には「類人猿の脳に見いだされるタイプに近い」脊髄が見いだされると書いた。(原注15)

アメリカの科学者たちも、黒人とその他の「劣等」人種を梯子の底辺に位置づける白人の偏見を支持する研究を行った。アメリカの古生物学者で進化生物学者のエドワード・D・コープ(一八四〇～九七)は、劣った人間は四つの集団――女性、非白人、ユダヤ人、優越人種のなかの下層諸階級――に属すると宣言した。(原注16)

十九世紀にアメリカの科学者たち――脳の大きさを測るために頭蓋骨を測定して(頭蓋測定＝クラニオメトリーと呼ばれた)人びとをヒエラルキー的にランクづけていた――は外国人および国内で社会的梯子《はしご》の底辺にいる人びとは本来的に劣った材料(欠陥のある脳、貧しい遺伝子、など)でできていると宣言した。サミュエル・ジョージ・モートン(一七九九～一八五一)はフィラデルフィアの卓越した医師で自然誌の研究者であったが、人間の頭蓋骨の大規模なコレクションを持っており――ほとんどはアメリカインディアンのもの――、それを用いて脳の大きさを測り、人種のランクをつけた。人間の頭蓋骨についての三篇の主要な公表論文において、モートンは人種をヒエラルキー的にランクづけたが、白人が頂点にあり、インディアンは中間、黒人は底辺であった。彼はホッテントット人を「下等動物に最も近い人間」と呼び、その女性については「その外見は男性よりさらに不快でさえある」と述べた。(原注17) 彼はさらに白人を細分してヒエラルキー的にランクづけた。チュートン人とアングロ・サクソン人が頂点にあり、ユダヤ人は中間、ヒンズー人［インド人］は底辺であった。(原注18)

ジム・メイソンは、奴隷制度が存在したときも廃止されたあともアフリカ人を家畜として認識し、またそのように扱ったことは、「〈獣のような〉アフリカ人を抑制し、コントロールしようとする白人社会の衝動の一部であった。そのコントロールは家畜のコントロールよりもさらに感情的な強度を必要とした。なぜなら、脅威と利害関係がはるかに大きかったからである」と書いている。(原注19)『残酷さのパラドックス』のなかで、フィリップ・ハリーは南北戦争のあとで白人の偏見は「ニグロを白人の権力の受動的な犠牲者、家畜のような存在にとどめおいた」と書いている。(原注20)

一八九三年に、ニューオーリンズで発行されていた『サウスウェスタン・クリスチャン・アドボケート』紙はB・O・フラワー閣下の記事――「南部でニグロを火あぶりにすること」と題されていた――を掲載したが、そのなかで彼は最近のリンチを批判しつつ、犠牲者にほとんど同情は感じないと述べている。「もしわれわれがより高い正義の見地からこの犯罪を評価するならば、このあわれな獣は、故郷であるアフリカのゴリラやライオンよりせいぜい少しだけ高等なものとみえるであろう。彼の祖先のいく人かは、おそらく暗黒大陸の最も残忍で退化した部族に属していたであろう(原注21)」。

一九〇六年に『アメリカ解剖学雑誌』に公表した論文のなかで、ヴァージニアの医師ロバート・ベネット・ビーンは、アメリカの白人と黒人の脳の測定結果――黒人の脳の後頭部は前頭部より大きいことを示していた――に基づいて、黒人は人間とオランウータンの中間であると結論できると書いた。(原注22)『アメリカ医学』の一九〇七年四月号の編集部論説はビーンの観点を賞賛し、彼は「より程度の高い教育を授けるための黒人学校が完全に失敗したことに対して解剖学的根拠を与えた。……馬が比例計算を理解できないように、黒人の脳はそれを理解できないということである」と述べている。(原注23)

訳注2　大後頭孔は頭蓋骨と頸椎の移行部すなわち脳と脊髄の移行部にあり、類人猿では頭蓋骨の後にあるのに対して、直立歩行のヒトでは頭蓋骨の下にある。つまりヒトでは前方に「移動」している。

アメリカ先住民族

アメリカ先住民族は彼らの迫害の序曲として同じようなやり方で中傷された。彼らのあとに登場するナチスと同様に、アメリカに来たヨーロッパの探検家と植民地主義者は「彼らが行ったジェノサイド的ホロコーストについて大量の大袈裟な人種主義的弁明を作り出した」とスタンナードは書いている。彼らがアメリカで遭遇した「下等人種」を無知で、邪悪で、肉欲的で、非人間的で、非キリスト教徒である――したがって危険なほど動物に近い――と考えただけでなく、彼らと接触することは道徳的汚染なのだとみなした。

スタンナードは、キリスト教ヨーロッパは「神は常にキリスト教徒に味方すると信じていた。そしてキリスト教徒の進撃命令ともなった神の望みは、そうした危険な獣は根絶されねばならないというものだった」と書いている。(原注24) 彼はまたキリスト教ヨーロッパの「ユダヤ人およびユダヤ的なものすべてに対する長く培われた病的な憎悪」(原注25) がアメリカの人びととの出会いの背景にあったとも指摘している。彼はコロンブスが一四九二年――スペイン人がユダヤ人をスペインから追放した年――に新世界へ旅立ったことは重要であると考えている。

ヨーロッパ人が動物を扱ったやり方を念頭におくならば、アメリカ先住民族が「野獣」呼ばわりされたことは、彼らの前途に差し迫っていることについての致命的な前兆というべきであった。(原注26) コロンブスの第二の航海において最も教育を受けた文化的なメンバー――スタンナードはこの航海を「アメリカ侵略の真の始まり」と呼ぶ――は、彼らが出会った先住民族を軽蔑した。イタリアの貴族クネオ――コロンブスの少年時代の友人であった――は彼らを「獣」と呼んだ。彼らがベッドでなくマットの上で寝たし、「腹が減ったときに食べる」からである。乗船していた医師ディエゴ・チャンカ博士は、先住民族を野蛮で非知性的な生き物で、その「退化の程度は世界のいかなる獣よりも大きい」と描写した。(原注27)

スペイン人による征服の初期の時代についての説明のなかで、バルトロメ・デ・ラス・カサス(一四七四～一五六六)は、アメリカ先住民族に対するスペイン人の残虐行為を、スペイン人が母国で動物を扱うやり方と似たようなものとして描いた。「キリスト教徒たちは馬に乗り、剣と槍を携えて、彼らに対して大虐殺と奇妙な残虐行為を実行し始めた」と彼は書いた。(訳注3)「彼らは町を攻撃し、子どもも老人も妊婦も産褥の女性も容赦しなかった。突き刺し、手足を切断しただけでなく、あたかも屠畜場で羊を扱うかのように遺体をバラバラにした」(原注28)。彼がキューバで目撃した大虐殺において、スペインの兵士たちは男、女、子ども、老人の集団を攻撃し、「これらの仔羊(訳注4)たちを切ったり殺したりした」。彼らが近くの大きな家に乱入したときには、そのなかの人びとをあまりにたくさん殺したので、「あたかもたくさんの牛が屠畜されるときのように、血の川ができたほどだった」。(原注29) 彼らは大虐殺に生き残ったインディアンたちに「役畜」のように荷物を運ぶことを強制し、「飼い慣らされた羊にするように」彼らの尻の上にしゃがんだ。(原注30)

スペイン人たちはインディアン奴隷を死ぬまで働かせ、怠けているとみなした者は直ちに殺した。なぜならホアン・デ・マティエンソが述べているように、インディアンは「理性は感じることさえなく、激情に支配される動物」だからである。(原注31) ツヴェタン・トドロフによると、標的となったインディアンたちは「屠畜場に送られる動物と同一視され、手足は切断され、鼻、手、胸、舌、性器も切られ、伐採した樹木の枝を落とすように形のはっきりしない胴体だけにされてしまったのである」。(原注32)

北米に入植したヨーロッパ人たちも、出会った先住民族を同じように軽蔑していた。当初から英国人は彼らを「獣」と呼び、その言葉に含意される暴力はいつでも解き放てる状態であった。英国の船員マーティン・フロビッシャー(一五三五?～九四)はカナダで洞窟に住むアメリカ先住民族を見つけて、「クマやその他の野獣に対してやるのと同じように」彼らを獲物として狩りたてた。『ノヴァ・ブリタニア(新しい英国)』(一六〇九年)の著者ロバート・ジョンソンはインディアンたちが「森林のなかを鹿の群れのように一団となって」さまよっていることに気づいた。(原注33)

英国の聖職者であり旅行記の編集者であるサミュエル・パーチャス(一五七七?～一六二六)は一六二〇年代に、アメリカのインディアンは「姿・形の他は人間らしいところはほとんどなく」「礼儀、芸術、宗教といったことには無知であり、彼らが狩りの対象とする獣たちより獣的であり、彼らの住むところは人のいない荒野よりさらに荒れ果てたところで、そこに住むというよりは徘徊しているにすぎないのだ」と報告した。[原注34] ヴァージニアのインディアンが増加する英国人入植者に抵抗し始めたとき、ジョン・スミス（一五八〇頃～一六三一）は、インディアンは「残忍な獣」であり、「獣よりもっと不自然な動物的存在」だと宣言した。[原注35] 英国の哲学者トマス・ホッブズ（一五八八～一六七九）は、アメリカの「野蛮人」は「動物的なやり方」で生活しており、「猟犬、類人猿、ロバ、ライオン、野蛮人、豚」は同類のようなものだと書いた。[原注36] 一六八九年に西インドから帰国した英国のある聖職者は、インディアンについて「猿より（せいぜい）一段階進んだものにすぎない」と語った。[原注37] リチャード・ドリノンによると、アメリカ先住民族の征服と破壊が完了するまで、メッセージは常に同じであった。「トラブルが起こったときには先住民族は常に野獣として扱われ、巣、沼地、ジャングルから根絶しなければならない」[原注38]。

ヒュー・ブラッケンリッジ（一七四八～一八一六）は法学者であり、小説家であったが、「俗にインディアンと呼ばれる動物」には、根絶が一番ふさわしいだろうと書いた。[原注39] 一八二三年に米国連邦最高裁長官ジョン・マーシャル（一七五五～一八三五）は次のように書いた。「わが国に住むインディアンの諸部族は獰猛な野蛮人であり、その仕事は戦争で、生計の糧は主に森林から得ていた。……征服者と被征服者の関係を調整し、一般に調整すべき法律は、このような状況のもとにある連中に適用することはできなかった」[原注40]。そうした言葉はインディアンを動物のように、道徳的義務と法的保護の域外においた。フランシス・ジェニングスは『アメリカの侵略』のなかで、「人を野蛮人と呼ぶことは、彼の死を正当化し、彼を知られもせず嘆かれもしない状態に放置することだ」[原注41]と書いている。

ジョサイア・クラーク・ノットは頭蓋学者であり、広く知られている『人類の諸類型』（一八五六年）

の共著者のひとりであるが、人間の頭蓋の研究から、白色人種は頭蓋の知性を示す部分が発達しているが、インディアンは強い「動物的傾向」を示していると結論した。彼の結論は、インディアンは原野の野獣からほとんど進歩していないというものであった。当時の最も名声ある歴史家であったフランシス・パークマン（一八二三〜九三）は、迫り来るインディアンの絶滅を悔恨の念をもって見つめていたが――彼はインディアンを「人間、狼、悪魔がひとつになったもの」と描写していた――インディアンは自らの破滅に責任があると信じていた。彼（先住民族）は「文明の技法について学ぼうとしないので、彼とその森林は一緒に滅びるに違いない(原注42)」。

スタンナードはカリフォルニアにおいても他の場所と同様に、白人はインディアンを「新聞の一般的な表現のほんのいくつかを引用するならば、醜い、不潔な、非人間的な〈獣〉〈猪〉〈犬〉〈狼〉〈蛇〉〈豚〉〈ヒヒ〉〈ゴリラ〉〈オランウータン〉として描き出している」と書いている。「一部の白人はインディアンについて「疑わしきは罰せず」ということで、彼らは全くの動物ではなく、単に北米で一番四足動物に近い人びとなのだと宣言した。しかしながら、他の人びとはそれほど寛大ではなく、単にインディアンに触れるだけで「あたかもヒキガエル、カメ、大きなトカゲに手を触れたかのように嫌悪の感情がわいてくるのだ」と主張している。言うまでもないが、スタンナードは、そうした「忌まわしい生き物」の一掃は「ほとんど良心の呵責を引き起こすことはなかった」と書いている(原注35)。

ハーヴァード大学の著名な解剖学と生理学の教授であり、後に最高裁判事となる同名の人物の父であったオリヴァー・ウェンデル・ホームズは、インディアンは「半分満たされた人間の輪郭」にすぎず、その絶滅こそ問題の論理的で必要な最終的解決(訳注5)であると宣言した。彼らは白人（「被造物の本当の主」）がやってきて権利を主張するまでのあいだアメリカに存在することを意図されていたにすぎないと、彼は信じていた。白人がインディアンを憎み、「森林の野獣のように追い立てる」――そうして「赤いクレヨンのスケッチは消され、カンバスにはもう少し神の似姿に近い人間の絵が描かれる」――のはごく自然であると彼は考えた。（原注44）

チャールズ・フランシス・アダムズ・ジュニア（一八三五～一九一五）は、アメリカのインディアンに対する扱いは「厳しい」ものであったが、彼らの征服は「アングロ・サクソン人種を混血国家になることから救い出した」のだと信じた。スタンナードはアダムズの言葉がジェノサイド的人種戦争を求める過去の呼びかけの恐るべき残響であり、同時に来るべきジェノサイドを優生学的に正当化することへの身も凍るような期待をあらわす――アメリカの最も誇りある一族の有名な子孫であるこの人物にとっては、ある人種全体の絶滅のほうが人種間混合による「汚染」より望ましいものだった――ものであることを見いだした。（原注45）建国一〇〇周年の一八七六年に、米国の指導的な文学的知識人であったウィリアム・ディーン・ハウエルズ（一八三七～一九二〇）は、「平原の赤い野蛮人の絶滅」――彼らを「その有害な性質は憎悪より穏やかな感情をほとんど喚起しえない」おぞましい悪魔と呼んでいた――を提唱した。（原注46）

一八九〇年にサウスダコタ州ウーンデッドニーでほぼ二〇〇人のインディアンの男、女、子どもの大虐殺が行われる少し前に、同州の『アバーディーン・サタデイ・パイオニア』の編集者であるライマン・フランク・ボーム――後に『オズの魔法使い』の著者として名声を得た――は、インディアンの絶滅を提唱した。

レッドスキンの高貴さは消え、残ったのは彼らを打つ手をなめる、すすり泣くろくでなしの一団にすぎない。白人は征服の法則によって、文明の正義によって、アメリカ大陸の主人であり、フロンティア入植地の最高の安全は、わずかに残存するインディアンの根絶によって確保されるであろう。なぜ根絶なのか？　彼らの栄光は逃げ去り、彼らの魂は敗れ、彼らの男らしさは消えた。いまのような惨めな境遇を生きるよりも、死んだほうがましであろう。(原注47)

ウーンデッドニーの大虐殺の後、ボームは書いた。「われわれの文明を守るために、これらの野生の、飼い慣らせない生き物は地上から追い立てて絶滅させたほうがいいであろう」(原注48)。

ものごとをグローバルな観点から見て、米国の指導的な心理学者で教育者のグランヴィル・スタンレー・ホール（一八四四〜一九二四）は世界中の「希望がないほど衰退期の」劣等人種——彼らは「人類の庭園の雑草」として根絶される——の急速な絶滅を賛美した。彼は、絶滅されつつある人びとへの心配は不適切である、なぜなら「われわれは道徳の地平を超え、最も強いがゆえに最適の人びとを生存させるために世界の舞台をきれいにするべく命じられているからである」と書いた。(原注49)

アメリカ白人はインディアンとアフリカ人奴隷の両方を動物とみなしたが、彼らは異なる種類の動物であった。奴隷は家畜であり、インディアンは野獣（肉食獣であり害獣）であって、そのように扱われるべきとされた。(原注50)　自由生活をするインディアンの最後の人びとの根絶が事実上完了した十九世紀末までに、『カリフォルニア・クリスチャン・アドボケート』は「鈍い野蛮人をいきり立って追い立てることに喜びをおぼえる白人の悪党による迫害について」インディアンにいくら強い同情心を持ったとしても、彼らを「人類の最高の判決から、絶滅の判決から」解放することはできないと書いた。このキリスト教徒の出版物は、読者に、インディアンの「卑小で、獣的で、血に飢えた、トラのような性質は、文明のより高度な法則によって一掃されることは避けられない」とも書いている(原注51)。

アメリカ先住民族の殺戮《さつりく》を最も賞賛した人物のひとりは、アドルフ・ヒトラーであった。彼は北米大陸の白人アングロ・サクソン征服者に感激し、人種的に劣った人びとに対するジェノサイド的方法の実用性を確信した。彼の評伝を書いたジョン・トーランドは、ヒトラーが「内輪の集まりではしばしば、虜囚として飼い慣らせない赤い野蛮人(訳注6)をアメリカが効率的に絶滅させていること――飢餓と一方的な戦闘による――を褒め称えた」と書いている(原注52)。

訳注3　十五～十六世紀の欧州ではまだ小銃や大砲の数はさほどではなく、剣や槍の役割も大きかった。
訳注4　キリスト教で柔和な人間を子羊にたとえる。
訳注5　「最終的解決」という言葉はもちろんナチスのホロコーストを連想させる。
訳注6　アメリカ先住民族をさす。

フィリピンにおける「インディアン戦争」

戦時中には動物のイメージとあだ名の使用はもっと広範で強力なものになったが、それは敵を動物として中傷することが殺害を奨励し、容易にしたからであった。「敵に愚かで、獣的で、疫病のような劣等人種というカリカチュアを付与することや、このように敵の見方を固定することが合理的どころか人間的でさえあると言いくるめるやり方が、大量殺戮を促進した。少なくともほとんどの人にとっては、仲間の人間を殺すよりも動物を殺すほうが容易なのである」とジョン・ダワーは書いている。(原注53)

アメリカが「野生のインディアン」をあたかも最終的に追い詰めて殺したかに見えた十九世紀の終わりに、米西戦争（一八九八年）の余波としてのフィリピン征服が、米国陸軍に、まったく新しい「インディアン」の一団を提供した。推定二万人の「反乱分子」と二〇万人の民間人を殺した軍事作戦は、アメリカ西部における初期のインディアン戦争を想起させた。実際、フィリピンに派兵されたアメリカ軍将校のほとんどは、「野蛮人」狩りに広範な経験を持つ元インディアン・ファイターであった。(原注54)

米国遠征軍の最初の指揮官は、南北戦争の英雄であり、ジョージ・カスター将軍のもとでベテランのインディアン・ファイターとなったウェズレー・メリット少将であった。メリットの後任はイーウェル・オーティス将軍であり、彼も南北戦争とインディアン戦争のベテランで、自分の仕事はフィリピン人を「良いインディアン」に変えることだと思っていた。インディアン戦争からフィリピン戦争に転じたその他の米国の将軍には、ヘンリー・ロートン少将――インディアンの首長ジェロニモを捕虜にした人物――や、アーサー・マッカーサー少将(訳注7)――フィリピンの軍政府長官を務めた（一九〇〇～〇一）、そしてアドナ・チャフィー少将――コマンチ、シャイアン、キオワ、アパッチなどとの戦闘を通じて昇進した人物――がいた。(原注55)

フィリピン戦争にもインディアン戦争と同じレトリックや動物イメージの多くが影響していた。フィリピン人は通常「野蛮人」と呼ばれたが、チャフィー将軍は彼らを藪に隠れている「ゴリラ」と呼んだ。一九〇一年に将軍のひとりは、誰が敵かわからないという問題について次のように述べた。「これらの人びとは生まれつきの裏切り者で、人数も多く、はっきり悪いといえる連中と、そういうわけでもない連中を区別できないという問題のほうが難しいのだ」──アメリカでインディアンのコミュニティを破壊するときに使われたなじみ深い用語法である。(原注56)

サマルにおける作戦において、ジェイコブ（「道楽者」）・スミス将軍はジェロニモ──彼を捕虜にして刑務所に入れ、そして保留地に送った──に使って成功した戦術を用いた。流れを下って海岸に行った人びとを「強制収容所」に送り、心から死の苦痛を味あわせながら全先住民族に命令することから始めた。(原注57)アメリカの兵隊はフィリピンでの戦闘を「インディアン戦争」として描き、フィリピン人を「黒ん坊」「信用できない野蛮人」「信用できないグーグー」──第二次大戦とベトナム戦争で「グーク」として再浮上した嘲笑的な用語──と呼んだ。ある兵隊は記者に「インディアンのように黒ん坊を殺し尽くすまではこの国は平定できないだろう」と語った。

インディアン戦争でしばしば見られたように、捕虜、負傷者、女性と子供の大虐殺は、例外というよりは通例であった。一部の人びとにとっては、動物を撃つのよりさらに楽しいことでさえあることがわかった。(原注58)第三砲兵連隊のA・A・バーンズは実家に手紙を書いたが、そのなかでティタリアの破壊──一〇〇〇人以上の男女、子どもの虐殺事件である──を次のように描いている。「私はたぶん冷酷になったのだと思う。皮膚の浅黒い連中を狙って引き金を引くときに名誉を感じるからだ。尋ねてくる友人たちには、古《いにしえ》の栄光のため、愛する祖国アメリカのためにできることを全部やっているのだと言ってやってほしい」。(原注59)

ワシントン連隊のある兵隊は、フィリピン人を撃つのはウサギを撃つのよりどんなに面白いかを描いた。連隊の兵士たちは水が腰まで来る泥だらけの川を渡らなければならなかったが、「われわれは少しも気にしなかった。戦いの血は沸き立っており、みんな黒ん坊どもを殺したがっていた」。人間を撃つことは「興奮を呼び起こすゲーム」で、「ウサギ殺しの楽しみなんか粉々にしてしまう」と書いた。「われわれは突進したが、あんな殺戮は二度と見ることはないだろう。やつらをウサギのように殺した、何百人も、いや何千人もだ」(原注60)。

作戦が一連の大虐殺になるにつれて、動物のあだ名の使用は強化された。ユタ州の砲兵中隊のある二等兵は、「このグーグー狩りの進歩」について故郷の仲間に書き送っているのだが、彼らのポリシーは「黒い連中が友人か敵かわかる前に鉛の弾丸でいっぱいにしてやることだった」し、「あんな脳のない猿のような連中には、どんなに残酷にやっても厳しすぎることはない」と語った(原注61)。野営地のひとつを訪れた通信記者は、捕虜の大半は、ぼろぎれにくるまっていて病気で死にかけており、「小さな茶色のネズミのように惨めな様子をしている」と報告した(原注62)。

あからさまな殲滅《せんめつ》作戦が日常のことになったが、アメリカの将校たちは、ためらうことなくそれを弁護した。一九〇一年十一月十一日に『フィラデルフィア・レッジャー(フィラデルフィアの台帳)』紙はある将校の手紙を掲載した。「わが軍の兵士たちは容赦なかった。男、女、子ども、囚人と捕虜、積極的な反乱分子と疑わしい連中、十歳以上の連中を殺しまくった。フィリピン人は犬とあまり変わらないという通念がいきわたっていたからだ」。別の将校は記者に次のように書き送った。「もったいぶった言葉はなかった。われわれはアメリカインディアンを殲滅したんだ。われわれ軍人のほとんどはそれを誇りにしてると思うし、少なくとも目的は手段を正当化するんだ。進歩と啓蒙の進路に立ちふさがる他の人種を根絶することについて良心のとがめを感じてはいけない」(原注63)。

訳注7　アーサー・マッカーサー少将（一八四五〜一九一二）は、日本占領軍司令官ダグラス・マッカーサー元帥（一八八〇〜一九六四）の父である。

黄色い猿（日本人）

ジョン・ダワーは、第二次大戦中に日本人が「動物、爬虫類、あるいは昆虫（猿、ヒヒ、ゴリラ、イヌ、ハツカネズミ、ネズミ、毒ヘビ、ガラガラヘビ、ゴキブリ、害虫――あるいはもっと間接的に「日本人の群れ」といった表現）」として中傷され、この中傷キャンペーンは太平洋での「容赦なき戦争」――広島と長崎への原爆投下で頂点に達した戦争――への道を開いた、と書いている(原注64)。アメリカのジャーナリスト、アーニー・パイルが太平洋からの最初の報告のひとつで次のように書いている。「ヨーロッパではわれわれの敵がどんなに恐ろしくて破壊的でも、まだ人間だと感じていた。しかしここに来ると、日本人は何か人間ではない不快な存在だと見られている、ゴキブリやハツカネズミに対する感じ方みたいなのだ(原注65)」。

戦争が始まると、米国の日系アメリカ人は文字通り動物のように扱われた。真珠湾攻撃の少し後、彼らは一網打尽に捕えられ、何週間もときには何ヵ月も動物用施設で暮らすことを強制され、それから収容所に送られた。ワシントン州政府の役人は、二〇〇〇人の日系アメリカ人を家畜置き場に送り、そこで彼らはひとつの建物にぎゅうぎゅう詰めにされて、わらの入ったズックの袋の上で眠ることを強制された。カリフォルニアでは彼らは、サンタ・アニタのような競馬場の厩舎――八五〇〇人の日系アメリカ人の収容スペースをつくるために、競走馬がそこから移動させられた——で生活しなければならなかった。他の避難民は、市場の馬や牛の畜舎で暮らすように割り当てられた。ワシントン州のピュアラップ集合センターは、日系アメリカ人を豚舎で生活させた。(原注66)

戦争の前にチャーチルはローズヴェルト大統領に「日本の犬どもを太平洋で静かにさせておく」ことを彼に期待していると語った。それから戦争が始まると、「狂犬」と「黄色い犬」が日本人の一般的なあだ名になった。戦前に日本で五年間暮らしたことのある、あるアメリカ人は、かつてジャーナリストでいまは「狂犬」のような将校になっている日本の知人について記事を書いた。そのアメリカ人の結論は、「狂犬は射殺すべき狂った動物だ」というものであった。

日本人には花蜂、(訳注9)蟻、羊、牛のイメージも使われた。あるアメリカの社会学者は日本人を「念入りに訓練された体制順応主義の人びとで、正真正銘の人間ハチの巣、蟻塚みたいなものだ」と呼んだ。あるジャーナリストは戦闘で「ジャップは蟻になった。殺せば殺すほど、ますます押し寄せて来る」と報道した。ビルマのイギリス軍司令官スリム将軍は、回想録に次のように書いた。「われわれが蟻塚を蹴飛ばすと、蟻は混乱して走り回った。いまこそやつらを押しつぶすときだ」。米国陸軍の週刊誌『ヤンク』は日本人の「羊のような従順さ」に言及し、彼らを「愚かな動物奴隷」と呼んでいる。あるオーストラリアの戦場特派員は書いている。「私が見た日本兵の多くは、原始的な牛のようにのろまで、どんよりした目と一インチの高さしかない額を持っている(原注67)」。

ダワーは「西洋のジャーナリストと漫画家によってもっとも一般的に使われた動物イメージは猿や類人猿であった。というのは霊長類のイメージが白人優越主義者が非白人をおとしめるために伝統的に使ってきた隠語《メタファー》のなかで最も基礎的なものだからである」と述べている。戦争が始まる前でさえ、英国の外務次官アレクサンダー・カドガン卿は、日記のなかで定期的に日本人を「汚らしい小さな猿」と呼んだ。日本の東南アジア侵攻の初期に、西洋のジャーナリストは日本兵を「カーキ色の服を着た類人猿」と呼んだ。英国の雑誌『パンチ』の一九四二年一月号で「猿のような人びと」と題された一頁大の漫画は、猿が鉄兜をかぶり、ライフルを肩にかついでジャングルを通り抜けるところを描いていた。

アメリカの海兵隊は木に手榴弾を投げて「三匹の猿を吹き飛ばした。二匹は反っ歯で、本当に典型的な見本だ」と冗談を言った。一九四二年後半の『ニューヨーカー』誌に出ているある漫画は、後に『リーダーズ・ダイジェスト』誌に転載されてずっと大きな反響を呼んだものである。その漫画では白人の歩兵が鬱蒼としたジャングルの入り口に腹這いで射撃姿勢をとっており、樹木にはたくさんの猿と数人の日本軍狙撃兵がいる。「注意しろ」とひとりの兵隊が仲間に言う。「軍服を着ているやつだけを狙え」。あるアメリカのラジオ・アナウンサーは聴衆に、「日本人は二つの理由で猿だ。第一に、動物園の猿は訓練士の真似をする。第二に毛皮の下はまだ野蛮な小さな獣だ」と言った。

米国のハルゼー提督が日本人を「黄色い野郎」と言わなかったときには、彼らを「黄色い猿」「猿男」「愚かな動物」と呼んで非難した。ある作戦の前に彼は「もっと猿の肉が欲しくてウズウズしている」と宣言した。彼は後に記者会見で「日本人は雌の類人猿と中国の最悪の犯罪者の交配でできた産物だ」という中国の諺を信じていると語った。戦争のあいだを通じてアメリカとイギリスのメディアで猿の比喩は使われ続けた。「猿日本人」「ジェイプス」（ジャップと類人猿を結合させたもの）、「黄疸のヒヒ」「鹿のような歯で近視の小さな猿」といったたぐいである。（原注68）

戦局が「日本に不利に」変わり始めると、日本人はますます根絶されるべき害虫・害獣として特徴づけられるようになった。海兵隊の雑誌『レザーネック』は、日本人を、斜めの眼と突き出た歯を持った大きなグロテスクな昆虫で、それを根絶するためにアメリカ海兵隊が送られるものとして絵に描いた。他の漫画家は日本人を蟻、蜘蛛、「マメコガネ(訳注10)（ジャパニーズ・ビートル）」、殺戮されるべきネズミとして描いた。一九四二年六月にニューヨーク市の大きな愛国パレード――それには五〇万人の参加者と三〇〇万人の見物客がいて、当時までにニューヨークで行われたパレードとしては最大規模のものであった――で、「東京に行ってやるぞ」と書かれた山車《だし》がパレードの最大の呼び物だった。『ニューヨーク・ヘラルド・トリビューン』（一九四二年六月十四日号）によると、山車には、「アメリカの象徴である鷲に先導された爆撃機の編隊が、あらゆる方向へちりぢりに逃げようとする黄色いネズミの群れに襲いかかろうとするところ」が描かれていた。群集はその図柄を「好んだ」のである(原注69)。

訳注8　語源は先住民族の民族名
訳注9　幼虫に与える餌として花の蜜または花粉を集めるハチ。ミツバチやマルハナバチなど。
訳注10　小型の甲虫

中国人という豚

日本人もまた、敵、特に中国人をおとしめるために動物イメージを使った。一九三七年の南京陥落の少し後、ある日本兵が日記に捕虜にした何千人もの中国兵が「地を這う蟻のように歩いていた」「無知な羊の群れのように動いていた」と書いている。(原注70) ある中国人男性が日本兵が妻を強姦するのを止めようとしたとき、日本兵たちは彼の鼻にワイヤーを通し、ワイヤーのもうひとつの端を「ちょうど雄牛をつなぐときのように」樹木に結びつけた。兵士たちは彼に銃剣を突き刺しながら、彼の母親に見るように強制した。(原注71)

日本軍は新兵を「鈍感にする練習」として、彼らが中国に上陸したときに中国の民間人を殺す訓練をやらせた。ある日本の兵卒は彼の経験を次のように描いている。「ある日小野少尉がわれわれに言った。お前たちはまだ誰も殺したことがないだろう。だから今日、殺す練習をさせてやろう。中国人を人間だと思ってはいけない。イヌかネコ以下の存在にすぎないと思え(原注72)」。

一九三〇年代に日本の教師たちは生徒に中国人に対する憎悪と軽蔑を教えたが、それは中国大陸への侵攻を心理的に準備させるためであった。ある学級ではカエルを解剖するように言われたとき泣いた少年を教師が平手打ちした。「なぜ汚らしいカエルのことで泣いているんだ?」と教師は叫んだ。「お前達が大人になったら、一〇〇人も二〇〇人もの中国人を殺さなければならないんだ!(原注73)」。

日本軍は中国人を、殺害しても豚を屠畜したり昆虫をたたきつぶしたりすること以上の道徳的意味は生じない劣等人種とみなした。ある日本の将軍は通信記者にこう言った。「私は中国人を豚とみなしている」。そしてある兵隊が日記にこう書いた。「いまでは豚でも(中国の)人間の命よりも価値がある。なぜなら豚は食べられるからだ」。南京で中国人捕虜を一〇人ずつ縛ったある将校は、彼らを穴に入れ、火をつけて、後にそれをやっていたときの自分の気持ちは豚を屠畜しているときと同じだと説明した。(原注74)

日本軍は中国人が大事にしていた有用な水牛を没収したものだが、それは水牛を生きたまま突き刺してローストにするためであった。(原注75) 元日本兵田崎花馬は『皇道は遙かなり』(訳注11) のなかで、日本兵たちがどのように中国人のロバをつかまえて余興のために交尾を強制したかを書いている。(原注76)

訳注11　田崎花馬『皇道は遙かなり』（月曜書房、一九五〇年）は軍隊経験をもとにした小説。先に英語版が出た。主人公はノンスモーカーで、その祖母はベジタリアン。田崎は一九一三年ハワイ生まれの日系人。存命中かどうかは不明。ハワイ大学およびオーバリン大学に学ぶ。一九三六年に父母の祖国へ。一九三八年に帝国陸軍の広島師団に入隊。

ベトナム人というシロアリ、イラク人というゴキブリ

太平洋戦争の終結から二十年あまりしかたたないうちに、同じようなレトリックと動物イメージがベトナム戦争で再浮上した。アメリカ兵はベトナムを「インディアンの国」と呼び、ベトナム人を「グーク」（汚物）、「スロープ」（吊り眼）、「ディンクス」（アジアの田舎者）と呼んだ（いったん死ぬと、彼らはボディ・カウント＝遺体数になる）。政府の公式報告書によると、ベトナム人は土地に「はびこって」いる。米国政府の広報官ジョン・メックリンは、ベトナム人の心は「ポリオ（小児麻痺）患者のしなびた足」と同等であり、理性の力は「アメリカの六歳児のレベルをわずかに超えるにすぎない」と述べた。(原注77)

連邦議会下院での証言でマックスウェル・テイラー将軍は、ベトナム人を「インディアン」と呼び、米国のウィリアム・C・ウエストモーランド将軍は彼らを「シロアリ」として描いた。米国はあまり多くの軍隊を紛争地に送るべきでないと論じて、ウエストモーランドは、もしあまりたくさんのシロアリ

殺しを送り込んだら、建物の床や土台が崩れる危険があると説明した。「家を崩さずにシロアリを駆除するためには、シロアリ殺しにも適切なバランスが必要だ」(原注78)。

一九九一年の湾岸戦争のあいだに、アメリカのパイロットは退却するイラク兵殺しを「七面鳥撃ち」として描写し、逃げ場を探す民間人を「ゴキブリ」と呼んだ。戦時にはいつもそうであるが、動物イメージは敵を非人間化し、その殺戮を促進する。「戦争で行う多くのことのなかに、敵にあたるすべての人々を一時的に、犠牲にしてもよい連中として定義する——ほとんどの非サイコパス(精神病質者でない人)が罪なき民を殺戮してなお自責感をおぼえずにすむためにしなければならない再定義——ことがある」とスタンナードは書いている(原注79)。敵を動物にたとえること以上にこの再定義を助けるものはない。

ユダヤ人への中傷

ユダヤ人を動物にたとえて中傷する行為は、キリスト教の歴史の初期にまでさかのぼる。コンスタンチノポリスの教父、聖ヨハネ・クリュソストモス(三四七頃~四〇七)は、最も偉大な教父のひとりとみなされているが、シナゴーグを〈野獣の隠れ場〉と呼び、「ユダヤ人は豚や山羊よりましな振る舞いはできない。みだらな不潔さと、極端な暴飲暴食のやからだから」と書いた。同じくらい尊敬されている人物にやはり教父のひとりであるニサの聖グレゴリウス(三三五頃~三九四頃)がいるが、ユダヤ人を「毒蛇の人種」と呼んだ(原注80)。

ドイツでのこの種の中傷はナチスの政権獲得よりもずっと前に始まった。プロテスタント宗教改革の指導者マルティン・ルター（一四八三〜一五四六）は当初、教皇庁の「反キリスト」の腐敗した教えを拒絶しているという理由で、ユダヤ人を賞賛した。しかしユダヤ人が必ずしも彼が唱道するバージョンのキリスト教への改宗に熱心ではないということがまもなく明らかになると、彼はユダヤ人を「豚」とか「狂犬」と呼んで非難した。彼はもしユダヤ人から洗礼でも頼まれるようなことがあれば、彼を毒蛇のように溺れさせてやるだろうと言った。「私はユダヤ人を改宗させることができない。……しかし口を開けば嘘しか言わないといったことのないように、彼らをだまらせることはできる」。ジョン・ワイスによると、ルターは「死がユダヤ人問題の最終的解決策だ」という考えを表明したという(原注81)。

一五七四年に、驚異的な話題を図解したドイツのある本は、アウグスブルク近郊のあるユダヤ人女性が二頭の子豚を産んだと宣言した(原注82)。ドイツの哲学者ゲオルグ・ウィルヘルム・フリードリヒ・ヘーゲル（一七七〇〜一八三一）は、ユダヤ人はドイツ文化には同化できない、なぜなら物質主義と拝金主義が彼らを「動物的生活」をするように動機づけるからだ、と主張した(原注83)。十九世紀後半に、保守党のある指導的メンバーが、ドイツ帝国議会での演説を「あの肉食獣どもをぶっ殺せ！」と叫ぶユダヤ人攻撃でしめくくった(原注84)。

ドイツの東洋学者でセム語族(訳注12)の専門家であるパウル・デ・ラガルデ（一八二七〜九一）は、ユダヤ人を「バチルス（桿菌、細菌、病原菌）」と呼び、彼らは「あらゆる民族文化を汚染する腐敗の運び屋」だと言った。こうした「高利をむさぼる害虫・害獣を手遅れになる前にぶっ殺せ」と彼は要求した。「寄生虫や細菌について何をなすべきかと話題にするな。やつらはできるだけ早く完璧に根絶されるんだ」(原注85)。二十世紀初頭に、ドイツの皇太子ウィルヘルム二世（一八五九〜一九四一）はキシニョフ(訳注13)におけるユダヤ系ロシア人に対する血塗られたポグロム（大虐殺）を賞賛し、ユダヤ人難民がドイツに入ってきたときには、「豚どもをたたき出せ」と言った[原注86]。ドイツの作曲家リヒャルト・ヴァーグナー（一八一三～八三）はユダヤ人種は「人類の生まれながらの敵」であり、「死体のなかの害虫」のようにドイツ文化を汚染していると書いた。彼の妻コジマは害虫、シラミ、昆虫、黴菌といった言葉を使って絶えずユダヤ人の悪口を言っていた[原注87]。

ヒトラーも同様に、ジェノサイド的ニュアンスを持った細菌学的用語を使った。一九二〇年八月に「人種的結核の原因である臓器から人びとが解放されるのを見届けるまでは、人種的結核と闘ったと言うことはできない」と彼は言った[原注88]。四年後に『わが闘争』で彼はユダヤ人を、芸術と文化を汚染し、経済に浸透し、権威を掘り崩し、他人の人種的健康に毒を入れる「細菌の運び屋」と呼んだ[原注89]。戦後に公表された意見書のなかで、ヒトラーはユダヤ人を「ゆっくりと人びとの血を吸う蜘蛛、血を流すまで互いに戦うネズミの群れ、他の民族の体内の寄生虫、永遠の蛭」として描いた[原注90]。

ヒトラーが『わが闘争』を書いたとき誰を念頭においていたかは、ほとんど疑いがありえない。「われわれの大衆の国民化は、わが民族の魂のためのあらゆる積極的闘争を別にすれば、彼ら国際的毒殺者が根絶されるときにのみ、成功するであろう」。彼が一九二〇年代に言っていたことの実践的含意についてヒトラーがどんなにわずかしか考えていなかったとしても「その固有のジェノサイド的衝動は否定できない。しかし不明瞭な形で、ヒトラーの頭のなかではユダヤ人の破壊、戦争、民族救済の結びつきが形成されてきた」とイアン・カーショウは書いている[原注91]。後に、ヒトラーが最終解決に着手したときに、彼は再びユダヤ人をバチルスと等置し、彼らを除去する闘争を「コッホやパストゥールが行ったのと同

じ戦い」として描き出したのである。(原注92)

ジョン・ロスとマイケル・ベレンバウムは、ナチスのプロパガンダは絶えずユダヤ人を「寄生虫、害虫、肉食獣――ひとことで言えば人間以下の存在」として描き出したと書いている。(原注93)ナチスの政権獲得の前年である一九三二年に、ベルリンの富裕層地区であるシャルロッテンブルクでのナチスの演説を大きな熱狂が包んだのは、演説者がユダヤ人を根絶されるべき昆虫と呼んだときであった。(原注94)ナチスのプロパガンダ映画『永遠のユダヤ人』――その冒頭に群れ集まるネズミの大群が出てくる――において、ナレーターは説明する。「ネズミが最下級の動物であるのと同じように、ユダヤ人は最下級の人間である」。(原注95)

第二次大戦のあいだに、東部戦線のドイツ最高司令部は、ロシアの共産主義者は動物以下だと宣言した。「ほとんどがユダヤ人であるこれらの連中をもし獣として描き出したとしたら、動物を侮辱することになるだろう」。(原注96)戦争の初期にウッジ［ポーランド］のゲットーを訪問したときにナチスの宣伝大臣であったヨーセフ・ゲッベルスは、彼がそこで見たユダヤ人を「もはや人間ではない。やつらは動物だ」と表現した。(原注97)警察署長フリッツ・ヤコブは、一九四二年にドイツの故郷にあてた手紙のなかで、ポーランドで「恐ろしいユダヤ人の類型」を見たと語っている。「彼らは人間ではなく類人猿だった」。(原注98)

ユダヤ人を「霊的および精神的にどんな動物よりもレベルが低い」(原注99)とみていたハインリヒ・ヒムラーは、戦争をユダヤ人ボルシェビズムの拡大を防ぎながら「アジア的動物」の群れを死に至らしめる人種闘争とみなしていた。一九四三年にドイツの港湾都市シュテティーンで、彼は武装親衛隊の聴衆に向かって、戦争は「イデオロギーの戦いであり、人種闘争である」と語った。一方にはドイツの北方人種の血（「文化に満ちた完全で幸福で美しい世界」）の守り手である国民社会主義(訳注14)があり、他方には「一億八〇〇

○万人の人口を有する人種の混合物であり、それらの名前は発音できず、その体形はひどいので憐れみも同情もなく撃ち殺せる連中。これらの動物はユダヤ人によって、ボルシェビズムと呼ばれるひとつの宗教、ひとつのイデオロギーへと結合させられている」とされた（原注100）。

ドイツ人はしばしばユダヤ人を「ネズミ」（原注101）と呼んだし、他の動物の名前で侮辱することもあったが、お気に入りのあだ名は「豚」「ユダヤの豚」であった（原注102）。「行動部隊」（アインザッツグルッペン、機動殺害部隊）（訳注15）のひとつのメンバーであったエルンスト・シューマンは、彼の上司である親衛隊少尉トイプナーに、自分の妻子が郷里にいるので女性や子供を撃つことについて良心のとがめを感じたと言うと笑われたと報告している。トイプナーは、「最初に豚が来て、次は何も来ない、ずっと後でユダヤ人が来るというような効果的なことを言った（原注103）」。戦争の末期にオーストリアで、地方の「国民突撃隊」という民兵組織が、次の日にユダヤ系ハンガリー人の一団が町を通るという情報を受け取ったときに、部隊の指導者は隊員に殺す準備をしろと言った。「こいつらイヌや豚は一緒に殴り殺すに値するんだ（原注104）」。アロイス・ハーフェレがヘウムノの絶滅収容所で義務を完了したとき、彼は以前の上司にそれをするのは慣れたと語った。「『男、女、子ども、みんな同じだった。ちょうど甲虫を踏みつぶすときのように』。彼は言葉通りに、足を床にのせてこする動作をしてみせた（原注105）」。

ナチスはまた人間に対する生物医学研究と結びつけて、動物の名前を使った。ラーヴェンスブルックにある女性の強制収容所で、ドイツ人はガス壊疽菌を感染させられて骨移植の実験をされた収容者を「ウサギ少女」と呼んだ（原注106）。アウシュヴィッツの囚人で医師でもあったマグダ・Vに、ヨーゼフ・メンゲレはユダヤ人を「実験動物のように扱った。彼の目には本当にわれわれには生物学的に劣っていると見えたからだ」と言った。(原注107) 囚人医師に向かって怒りを爆発させるときはいつも、メンゲレは彼らを「イヌと豚」と呼んだ。(原注108)

犠牲者を中傷し、非人間化するために動物の比喩を用いたことは、収容所のひどく劣悪な条件と相まって、親衛隊の仕事をやりやすくした。というのは、囚人を動物のように扱うことにより、彼らは動物のように見たり、においを嗅いだりするようになったからである。(原注109) それは大量殺人を殺人者にとって恐ろしさの少ないものにした、とテレンス・デス・プレスは説明する。「なぜなら、犠牲者は人間らしく見えなくなるからだ。彼らは劣った存在のように〈見える〉(原注110)」。『ヒトラーの自発的処刑人たち』でダニエル・ジョナ・ゴールドハーゲンは、「ドイツ人はしばしばユダヤ人をおもちゃにした。サーカスの動物のように、彼らにふざけたしぐさをさせた。そのふざけたしぐさがユダヤ人の品位を落とし、拷問者を喜ばせた(原注111)」と書いている。

動物の搾取と屠畜のうえに築かれた文明にとって、人間の犠牲者が「より低いレベルに」置かれ、品位を汚されるほど、彼らを殺すのは容易になる。ギッタ・セレニーが一九七一年にデュッセルドルフの刑務所でトレブリンカの所長であったフランツ・シュタングルにインタビューしたとき、彼女は彼にこう尋ねた。「どうせ彼らを殺すつもりなのに、彼らを辱めたり、残酷に扱ったりしたのはなぜですか?」彼は答えた。「実際に政策を実行しなければならない人たちを条件づける［心の準備をさせる］ためですよ。やるべきことを可能にさせるためです(原注112)」。

ユダヤ人を動物呼ばわりする行為がナチスで終わったわけではなかった。湾岸危機のあいだになされたイラク国営ラジオでのスピーチで、アブデル・ラティフ・ハミン博士は、「類人猿の息子であり豚の孫であるユダヤ人をムスリムが根絶できるように一ヵ所に集めるというアラーの約束がコーランのなかに書かれている」と主張した。[原注113]「パレスチナの声」での毎週金曜日の祈りの放送のなかで、パレスチナ自治政府の法律顧問で、ムフティー[訳注16]でもあるイクラマ・サブリは、ユダヤ人の祖先である動物にも言及した。「アラーは預言者の名において、猿と豚の子孫である植民地主義入植者に報復するだろう」と彼は約束した。「われわれを許したまえ、ムハンマドよ、あなたの神聖を汚そうとする猿と豚の行為について[原注114]」。

　ロシアでも反ユダヤ主義的レトリックは、ユダヤ人を動物呼ばわりしている。『ヤー・ルースキー[訳注17]』の記事で、ある反ユダヤ主義的国会議員を賞賛してウラジミール・シュムスキーは書いている。「良いユダヤ人はいない。良いネズミがいないように。……ユダヤ人は好色で貪欲すぎるので、豚や山羊同然だ[原注115]」。

訳注12　ヘブライ語、アラビア語など。
訳注13　モルドヴァ共和国の首都。
訳注14　ナチス党の正式名称は、もちろん「国民社会主義ドイツ労働者党」である。「国家社会主義」と「国民社会主義」の二種類の訳語があるが、ここでは、山口定教授などにならって「国民社会主義」を採用しておく。
訳注15「行動部隊」は、ゲシュタポ、刑事警察、国家保安本部所属の警官からなる准軍事組織。ポーランドからソ連にかけて治安維持と、ユダヤ人、ジプシー（ロマ人）、政治犯などの追跡、殺戮を行った。
訳注16　アラビア語のムフティーは、正しいイスラム法解釈を出す法学者。
訳注17「私はロシア人です」という意味。極右民族主義の新聞。

ホロコーストとの対決

アーティストのジュディ・シカゴは、『ホロコースト・プロジェクト　暗闇から光へ』のなかで、ユダヤ人を動物呼ばわりすることが動物のような扱い——殺戮——をもたらしたと、いかにして気づいたかについて書いている。彼女は、しかしそれに気づくにはいくらかの時間がかかったことを認めている。なぜなら彼女は常に人びとを信用してきたし、世界は比較的公平で公正な場所だと信じてきたからだ。彼女は恐ろしい出来事が起こったことを知っていたが、それらは一度きりの出来事だと思っていた。

だから彼女のホロコーストとの出会いは彼女を心の底までゆさぶり、人びとと世界についての基本的な想定に挑戦したのである。「ホロコーストとの対決は私をこれまで経験したものを超える現実に直面させた。何百万もの人びとが殺され、何百万人が奴隷化され、何百万人が苦しめられ、そのあいだ世界は最終解決の進行に背を向けていたのだ」(原注116)。彼女は事実をそのまま受け止めることはできなかった。なぜなら、「あまりにも悲痛な出来事であり、人間とは何か、これまでそのなかで生きてきた世界とは何かについての長年の理解とはかけ離れたものだったからだ」と彼女は言う。

彼女がホロコーストの屠畜場のような側面を見始めると、動物の工業的屠畜と人間の工業的殺戮との結びつきを理解し始めた。彼女がアウシュヴィッツを訪れて四つの火葬場のうちのひとつの縮尺模型を見たとき、彼女は「それらが実際に巨大な加工処理機械であり、豚を加工処理する代わりに、豚とみなされた人間を加工処理したのだということ」を認識した(原注117)。

シカゴのホロコースト研究が深まるにつれて、彼女は人間を殺戮できるようになるうえでの不可欠の段階のひとつは、人間を非人間化することであり、ゲットー収容、飢餓、不潔、残虐行為などがすべてユダヤ人を「劣等人種」に変えるのに手を貸したのだということを学んだ。ユダヤ人を絶えず「害虫」「豚」として描き出すことによって、ナチス体制はドイツ市民に彼らを壊滅させる必要があると思いこませた。

アウシュヴィッツで、シカゴが火葬場のモデルについて考えていたとき、彼女は「突然他の生き物の加工処理のことが思い浮かんだ。われわれのほとんどはそれに慣れていて、ほとんど考えてみることもしないのだが」。彼女は産業革命のときに豚が流れ作業ラインに最初に載せられた「モノ」のひとつであったことを思い出した。(原注118)「私は、豚の加工処理と、豚呼ばわりされた人間の加工処理の倫理的区別について思いをめぐらし始めた。多くの人は道徳的配慮が動物にまで及ぶ必要はないと論じるのであるが、これはまさにナチスがユダヤ人について言ったことだった」。(原注119)

アウシュヴィッツにいて狼狽させられるのは、「それが奇妙に見慣れた風景だということだった」と彼女は書いている。ナチスが収容所で行ったことの一部は、世界の残りの部分でいつも行われていることだから、アウシュヴィッツで使われる「加工処理」の方法は「われわれみんなが依存している同じ近代技術のグロテスクな形態なのである。多くの生き物がいやらしい場所にぎゅうぎゅう詰めにされる。食糧も水もなしに輸送される。(原注120)屠畜場に追い込まれる。体のパーツはソーセージ、靴、肥料を造るために『効率的に』活用される」。そのとき彼女のなかで何かに突然ピンときたのである。

私は地球全体がアウシュヴィッツに象徴されていることを理解した。それは血におおわれていた。人びとは操作され、使われる。動物は役に立たない実験で拷問される。男たちは無力で弱い生き物を「スリル」のために狩る。人間は不十分な住宅と医療ケアによって、十分な食べ物がないことによって、打ちひしがれる。男が女と子どもを虐待する。人びとが地球を汚染し、それを満たす毒は、大気、土壌、水を汚す。反体制活動家を投獄する。政治的反対意見を持つ人びとを排除する、違って見える、違った感じ方や振る舞いをする人びとを抑圧する。（原注121）

シカゴのホーリスティック〔全体論的〕なビジョンは、本書の第一部をしめくくるのにふさわしいものである。次の第二部（第3章〜第5章）では、二つの近代産業国家――米国とドイツ――における制度化された動物への暴力と、制度化された人間への暴力の相互の結びつきを吟味する。

第2部

主人の種、主人の人種

率直に言わせて下さい。私たちは堕落と残酷と殺戮の企てに取り囲まれていて、それは第三帝国がおこなったあらゆる行為に匹敵するものです。実際、私たちの行為は、終わりがなく、自己再生的で、ウサギを、ネズミを、家禽を、家畜を、殺すために絶え間なくこの世に送り込んでいるという点で、第三帝国の行為も顔色なしといったものなのです。

J．M．クッツェー(訳注1)『動物のいのち』(森祐希子・尾関周二訳、大月書店)

アウシュヴィッツは、誰かが屠畜場を見て、あれは動物にすぎないと考えるところなら、どこででも始まる。

テオドール・アドルノ(訳注2)

訳注1　ジョン・M・クッツェー　一九四〇年ケープタウン(南アフリカ)生まれ。テキサス大学で博士号取得。ベトナム反戦運動に参加の後、帰国。作家。ケープタウン大学教授。二〇〇三年にノーベル文学賞。邦訳に『恥辱』、『敵あるいはフォー』(早川書房)、『少年時代』(みすず書房)、『動物のいのち』(大月書店)など。

訳注2　テオドール・アドルノ　一九〇三〜一九六九。ユダヤ系ドイツ人の哲学者、社会学者、音楽評論家、作曲家。著書多数。邦訳多数。西欧マルクス主義・フランクフルト学派の代表的研究者。ナチズム、ソ連型社会主義、アメリカ型大量消費社会を厳しく批判したことで知られる。

第3章　屠畜の工業化　アメリカからアウシュヴィッツへの道

本書の第二部（第3章〜第5章）では、制度化された動物への暴力と、制度化された人間への暴力が近代においてどのようにからみあうようになったか、そして、いかにしてアメリカの優生学と流れ作業ラインによる屠畜が太平洋を越えてナチス・ドイツに発展の土壌を見いだしたか、その筋道を吟味する。

歴史家デヴィッド・スタンナードは『アメリカのホロコースト　新大陸の征服』のなかで、「アウシュヴィッツへの道はアメリカを経由しており、アメリカ先住民族に対するジェノサイドを生みだしたヨーロッパの宗教的文化的メンタリティは、ホロコーストを生みだしたのと同じメンタリティであった」と書いている[原注1]。彼は、「エリ・ヴィーゼルがアウシュヴィッツへの道はキリスト教世界の初期の時代に敷かれたと書いたのは正しかった」と主張するが、もうひとつの結論も明白だと付け加える。「アウシュヴィッツへの道の経路は西インド諸島と南北アメリカの中心部をまっすぐに突っ切っているのだ[原注2]」。

哲学者テオドール・アドルノ（一九〇三〜六九）はユダヤ系ドイツ人で、ナチスによって亡命を強いられたが、戦後はフランクフルト大学の教授としてドイツに帰国した人物であり、次のように書いている。

「アウシュヴィッツは、誰かが屠畜場を見て、あれは動物にすぎないと考えるところなら、どこででも始まる」(原注3)。もしアドルノ教授が正しいのなら――私は正しいと思うのだが――スタンナードの結論はもっと広げる必要がある。アウシュヴィッツへの道は屠畜場に始まると。

植民地における屠畜

ジェレミー・リフキンがアメリカの「牛肉文明(cattlization)」(訳注1)と呼んだものは、クリストファー・コロンブスの第二航海とともに始まった。この航海はヨーロッパのアメリカ侵略の始まりと考えられているのだが、三四頭の馬と多数の牛を伴っており、コロンブスは一四九四年にハイチの海岸でこれらの家畜をおろした。その後やってきたスペインの大型船はさらにたくさんの牛を積んできて、西インド諸島全域に分散させた。

十六世紀初頭にグレゴリオ・デ・ビラロボスはスペインの遠征隊を率いてメキシコに向かったとき、たくさんの牛を積んでいた。それから、ヌエバ・エスパーニャの副総督として、彼はもっと多くの入植者、生活必需品、馬、牛をメキシコへ運んだ。エルナン・コルテスがアステカを打ち破ったあと、スペイン人はベラクルースとメキシコシティのあいだの豊かな牧草地に牛を放ち、肉と皮革をとるために屠畜した。(原注4)

ヨーロッパの入植者がアメリカに持ち込んだのは、労役、食糧、衣服、輸送のために動物を搾取する慣行だった。「新世界に馬、牛、羊、豚を移入したのはスペイン人だった」とキース・トマスは書いている。「さらにヨーロッパ人は、菜食の東洋人に比べると、特異なまでに肉食を好んだのである」。(原注5) 近世にヨーロッパのどこにも、イングランドとオランダほど動物に大きく依存している地域はない。近世に馬の使役が大きく広がったことで、人間が消費する牛の頭数は増大した。イングランドを訪れる外国人は、肉屋が多く、たくさんの肉が消費されていることに驚いた。「われわれの修羅場(屠畜場)は、ヨーロッパの、いや、世界の驚異である」とエリザベス一世時代のトマス・マフェットは宣言した。(原注6)

北アメリカにおいて動物の屠畜は、英国人の到来直後に始まった。一六〇七〜八年の冬にジェームズタウンで英国人入植者が最初の飢饉に直面したとき、彼らはイングランドから持ち込んだすべての豚、羊、牛を屠畜して食べた。植民地に家畜が補給されると、入植者たちは冬の初めに余剰の家畜を屠畜し、寒い冬には春まで肉を保存することができた。まもなく入植者たちは豚肉を保存処理、塩漬けにして、樽に詰め、大量購入割引料金で販売するようになった。一六三五年までにマサチューセッツ湾植民地の入植者たちは野外で家畜を屠畜して、胴体の丸ごと、半分、四分の一を肉屋や家庭に売るようになった。ニュー・アムステルダムのオランダ植民地は、十七世紀半ばまでに北アメリカの屠畜中心地になった。ウィチタ州立大学の歴史学教授であるジミー・スキャッグスは、一六六四年にニューヨークに改称されたこの植民地で、屠畜場と牛小屋は「風景のなかでオランダにおける水車とほとんど同じくらい目立つ存在だった」と書いている。(原注7) 後にウォール街になった柵に沿って、屠畜場は溝をまたぐ形で立地され、その溝を屠畜された動物の血と内臓が「血の流れ」と呼ばれる小さな流れとなり、イーストリヴァーに注ぐのであった。

一六五六年に、ニュー・アムステルダムで年間に屠畜される牛、豚、仔羊の頭数が一万頭に近づいたとき、植民地は屠畜許可証を要求し始めた。それはまた屠畜場をウォール街に沿って走る防御柵の反対側に移動させた。屠畜の光景、音、匂いをいやがる市民に配慮してである。ニューヨークが拡張されるにつれて、屠畜場は北へ移動し続けた。一八三〇年代までに、それらは四二番街より北に限定されるようになった。南北戦争までに、それらは八〇番街より北に移動した。

豚肉は牛や仔羊の肉より保存がきいたので、植民地の肉屋たちは豚を好んだ。北アメリカにおける商業的な肉のパッキングはマサチューセッツ州スプリングフィールドの卸売店で始まったが、そこではウィリアム・ピンチョンが豚を屠畜し、肉を各地での消費のためにボストンへ、また西インド地域の市場へと輸送した。

植民地の食肉販売業者は、豚を棍棒で打ち、刺し、頭を下に吊して血を抜いた。多くの業者は死体を、熱水を入れたバットに浸して、毛を抜きやすくした。豚の内臓を抜くと、それを捨てていたが、十九世紀半ばになると内臓の商業利用が始まった。労働者たちは死体を四つに割り、切り分けてハム、横腹、肩、リブにした。彼らは、肉を、糖蜜を含む塩をベースにした混合物でこすり、ホッグスヘッド［豚の頭］と呼ばれる大きな樽に詰めた。

訳注1　cattlization は牛（cattle）と文明（civilization）からつくった造語。

豚の町

エリシャ・ミルズは一八一八年にシンシナティに豚肉工場を設立し、オハイオ渓谷で最初の商業的精肉業者（ミートパッカー）になった。シンシナティはすぐに、その地域で急成長する豚肉取引のセンターとなった。一八四四年までに、同市は二六カ所の屠畜場を擁するまでになり、三年後には四〇カ所になった。屠畜場のほとんどは家畜置き場のそばか、オハイオ川の近くに位置していた。一部の家畜商人と農民は家畜置き場で豚を殺し、死体を汚い道路を通って屠畜場（そこで加工処理と肉の包装が行われていたので、パッキングハウスと呼ばれた）に引きずっていった。他の人たちは豚を屠畜場の入り口に追い立てていくのを好んだ。そこで豚は棍棒でおとなしくさせられ、喉をかき切られた。(原注8) アメリカ人が家畜を扱うときの荒っぽいやり方は、ヨーロッパからの新しい移民に強い印象を与えた。あるオランダ人は郷里の友人に、アメリカの農民は自分たちの動物に対する敬意（心遣い）がなかったと書き送っている。(原注9)

まもなくアメリカの食肉産業を変容させることになる分業への第一段階は、十九世紀半ばまでにはすでにシンシナティでは明瞭になっていた。同市の大規模なプラントのいくつかが、屠畜と精肉の作業を結合させ始めたのである。スキャッグスは、工場に隣接する大きな囲いへと豚を集める労働者たちが「文字通り豚の背中の上を歩き、特別にその目的のため考案された先が二つに分かれたハンマーでそれぞれの豚の頭に死の一撃を与えている」と書いた。(原注10) 労働者はそれから死んだ、もしくは失神した動物を鉤に引っかけて、「行き詰まりの部屋」に引いていき、そこで喉をさっと切って、後肢を上に胴体を吊り下げて血を抜き、「血はおがくずにおおわれた床を流れて凝固した沼のようになる」のである。(原注11)

労働者が血を抜いた死体を、熱湯を満たしたバットに突っ込んだあと、それを大きな木製のテーブルに置き、毛と剛毛を抜いて、鋭いナイフで皮膚をこする。それから死体を次の持ち場に運んで、「内臓抜き職人」のために後肢を上にして吊す。その職人は豚の腸を取り出すが、それは「おがくずにおおわれた床にどさっと落ち、他の体液と一緒になって、散乱物が耐え難くなるまで集められる」(原注12)。

死体をきれいにして内臓を抜くと、それは「冷却室」に送られるが、そこは単なる倉庫の一区画で、風で冷やされるだけのことが多い(訳注2)。そこに二四時間置いておくと死体が適度に硬くなって、「切断職人」が大包丁で豚の頭部、足、前後肢、膝関節を切り離し、死体を割って、ハム、肩肉、「胴」に切り分ける。その工程によって四〇〇ポンド（一八〇キロ）の豚が、二〇〇ポンド（九〇キロ）の豚肉と四〇ポンド（一八キロ）のラードになるのである。その日の終わりに、労働者は血の混じったおがくずを掃除して、内臓その他のパーツを集め、オハイオ川に投棄した。肉はいたみやすく、道路と河川による交通は遅いので、シンシナティの精肉産業は季節的で限定的なものにとどまり、ひとつの工場の労働者が一〇〇人を超えることはほとんどなかった(原注13)。

訳注2　まだ冷蔵庫や冷凍庫のない時代である。

ユニオン・ストックヤーズ

鉄道の発展によって一八五〇年代から一八六〇年代初頭までに食肉産業の中心はすでにシカゴに移りつつあったが、精肉を大産業に変え、シカゴをアメリカの新しい屠畜中心地にしたのは、一八六五年のクリスマスに公式に操業開始したユニオン・ストックヤーズの建設であった。

それは巨大な複合施設で、ホテル、レストラン、談話室、事務所があり、二三〇〇の家畜囲いをつなげた連結システムであり、シカゴ南西部で一平方マイル以上の面積を占めていた。当時の他のすべての産業施設がこれと比べれば小さく見えるほどだったので、ユニオン・ストックヤーズ複合体はこの種の企業としては世界最大だった。アーマーやスウィフトのような精肉会社は五〇〇〇人以上の労働者を雇用し、彼らはヤーズのなかの施設で働いていた。一八八六年までに一〇〇マイル以上の鉄道路線がヤーズを取り囲むようになり、毎日何百台分もの貨車から西部のロングホーン種の牛や羊、豚がおろされ、ヤーズの広大な家畜囲いのネットワークに収容されていた。グレート・プレーンズ(訳注3)を横切って広がる鉄道路線でますます多くの家畜が運ばれるのを処理するために、肉を好む人口が増えていくなかで需要を満足させるため、また精肉業者は米国最初の大量生産産業のスピードと効率を増大させるために、コンベヤベルトを導入した。リフキンはこの新しい流れ作業ライン生産が動物を殺し、四肢を切断し、きれいにし、加工処理して大衆向けに出荷するスピードは、「途方もない」ものであったと書いている。(原注14)

市場と製品の種類が拡大するにつれて、食肉産業は支店、鉄道と貯蔵施設、販売組織のネットワークを拡張した。精肉産業は、副産物産業の成長からも利益を得た。肥料、接着剤、石鹸、油、獣脂をつくる企業が、屠畜場の中や周りに続々と誕生し、かつては廃棄されていた血、骨、角、蹄、腐った肉、死体を商業的に価値のある商品に転換していった。多くの小規模な精肉会社は、アーマー、スウィフト、モリス、ナショナル、シュワルツチャイルドとともにヤーズを利用していたが、この五大企業は、あわせると、屠畜される動物の総数の九〇%以上を占めていた。ユニオン・ストックヤーズが開設されたときから一九〇〇年までに、そこで屠畜された家畜の累計総数は四億頭に達した。(原注15)しかしその数も、現在の状況に比べると、大海の一滴にすぎない。今日では、アメリカの屠畜場で殺す動物の数は二週間以下で四億頭になる。

肉の需要は牛肉その他の肉が主に貴族や商人のためであったヨーロッパの国から、移民の新しい波がやってくるとともに増大した。カーソン・I・A・リッチーは、ヨーロッパでは「じゅうじゅういうビフテキ、ジューシーなチョップ、関節で切った肉は、……いずれも、のりをつけたカラー（襟）、ブロードクロス(訳注4)のコート、シルクハットと同様に富の象徴であった」と書いている。(原注16)肉は暮らし向きが向上したアメリカの労働者が新たに獲得した富のシンボルになり、誰もが望むアメリカ中産階級への参入儀式となった。労働者はしばしばローストビーフを食べるために他のニーズを犠牲にし、ステーキは成功の確かな印となった。(原注17)いくつかの職業では、アメリカの勤労者は毎朝ステーキを食べることによって地位の向上を見せびらかした。(原注18)あるドイツからの移民は驚いている。「旧世界のどこの国に、労働者が一日三回肉を食べるところがあるだろうか？(原注19)」

アメリカ人のがつがつした肉食は、外国からの訪問者にとってはまったく当惑させられるものであった。二十世紀初頭に、ある中国の学者が最初のアメリカ訪問から帰国したとき、彼はアメリカの人びとが文明化しているかどうか尋ねられた。「文明化だって？」彼は言った。「ほど遠いよ。彼らは去勢牛や羊の肉を大量に食べるんだ。大きな厚切りで、ときには半分生で食堂に運び込まれるんだよ。彼らは肉を引っ張り、切りつけ、引き裂いて、それからナイフと刺す物「フォーク」で食べる。その光景を見たら文明人はおろおろするよ。剣を飲み込んで見せる芸人の前にいるような気がするね(原注20)」。

一九〇五年に食肉産業が連邦議会下院で食肉検査基準を導入する法案を阻止するためにロビー活動をしていたとき、社会主義者の週刊新聞『理性への訴え』は自ら調査を行うことを決めた。同紙は当時の最も醜聞暴露に長けていた社会主義者で社会批評家のアプトン・シンクレアに、シカゴの精肉産業を調査するように依頼した。シンクレアはボルティモア出身で、一八九七年にニューヨーク市立大学を卒業し、法律家になろうとしてコロンビア大学の法科大学院（ロースクール）に入ったが、作家になるために中退した。

シンクレアはシカゴで七週間を費やしてユニオン・ストックヤーズおよびその周辺に住む労働者の生活条件を調査した。毎日ぼろぼろの服を着て労働者のバケツを持って、彼はヤーズに入り、観察したすべてのことがらについて膨大なノートをとった。彼は東部に戻ると、九ヵ月間、ニュージャージー州プリンストンの八フィート×十フィートのキャビン（小屋）に身を隠して、『ジャングル』を執筆した。

シカゴの屠畜場の労働者の家族を描いたこの小説は、『理性への訴え』に連載され、すぐに同紙の労働者階級の読者の範囲を超える関心を引き起こした。五つの出版社がこの連載を本として出版することに関心を示した。しかし、食肉産業の力に怖じ気づいて、どの出版社もあきらめた。シンクレア自身は『理性への訴え』の読者に手紙を書いて、この週刊新聞が連載を本の形で出版できるように、前払いの注文をしてくれるように頼んだ。同紙が受けた注文が一二〇〇冊に達すると、ニューヨークの出版社、ダブルディー・ページ社は、本の潜在的利益がリスクを上回ると判断した。

予想される訴訟に備えるために、編集者のひとり、アイザック・マーコソン［弁護士］をシカゴに派遣し、シンクレアの描写が正確かどうかチェックさせた。「私は食肉検査官のバッジをつけることができたので、食肉帝国の秘密の場所にも接近することができた」とマーコソンは書いている。「昼も夜も私は臭いのひどい区画をうろつき、シンクレアでさえ聞いていないことまで自分の目で見た」（原注21）。

訳注3　ロッキー山脈の東の大草原地帯。

訳注4　高級紳士服に使われた光沢仕上げをした目の詰んだ平織りまたは綾織りの幅広ウール生地、またはワイシャツなどに使われる光沢のある綿・絹・合成繊維の生地。

途方もない規模の死

歴史家ジェームズ・バレットは、二十世紀初頭のアメリカの屠畜場は、「途方もない規模の死の光景、音、臭いによって支配されていた」と書いている。死の機械と、死にゆく動物の鳴き声が、絶え間なく耳を襲った。「こうした悲鳴の真ん中で、装置が擦れ合う。死体が他の死体にぶつかる。大包丁と斧が肉や骨を裂く」(原注22)。

『ジャングル』はその読者に、小説の主人公である若いリトアニア移民、ユルギス・ルッドクスの眼を通して、屠畜場の世界の内幕についての初めての見聞を伝える。第三章でルッドクスは、同郷人によってユニオン・ストックヤーズ（ユニオン家畜置き場）に連れて来られたリトアニアからの最近の移民のグループのひとりであり、そこでルッドクスは翌日から出勤することになることが描かれる。ヤーズのなかで案内者はグループを少し高い場所に連れていくのであるが、そこから「誰も世界中にこんなに沢山存在するとは夢にも思わないほどの牛が詰まっている」家畜囲いの広大な全景を見渡すことができる(原注23)。その光景を見てルッドクスは「驚きで息をのんだ」。グループのひとりがこの牛はみんなどうなるのかと尋ねると、ガイドは答えた。「今夜までに全部殺されて解体されるのですよ。置き場の向こう側の線路で片身や缶詰その他を貨車が運び出すのです」。

グループが近くの建物に近づくと、彼らは長い傾斜路をのぼって一番上のフロアに向かう豚の行列を見る。案内者は、豚は自分の体重で下へ運ばれるあいだに加工処理されて豚肉になるのだと説明する。彼がグループを屠畜フロアより高い位置にある見物人用の観覧台に連れて行くと、彼らの目にうつるのは、最初に入ってくる豚の後肢に労働者が鎖を巻き付け、その一端を大きな回転する鉄の車輪の輪につないで、車輪が雌豚を空中につり上げるところである。その車輪が豚を頭上のトローリーに結びつけ、恐怖にかられて金切り声をあげる豚を下の部屋へ運んでいく。

豚が次々に束縛されて頭を下に吊り下げられ、金切り声の集合が大きくなり、わめき叫ぶ声が圧倒的になる。高音の悲鳴と低音の悲鳴、唸り声と苦痛の号泣が聞こえたかと思うと、一瞬静まり、またもや新たな爆発があって、これが前よりもっと激しく、耳をつんざくような高潮に達する。来観者の中の一部の人たちにとっては刺激が強すぎた。男たちは顔を見合わせ、神経質に笑い、女たちは拳を握って、頬を紅潮させ、涙が目に滲むのだった。

しかし豚の悲鳴も、来観者の涙も、この「機械による豚肉製造」には何の影響も与えない。労働者は豚の喉を「素早い一撃」で切り裂き、血がほとばしる。

豚が「熱湯を満たした大きなバットの中へしぶきをあげて」消えるのを見て、ルッドクスは「どんなに事務的な人間でも豚の身になって考えずにはいられない。豚は無邪気だし、こんなに人間を信頼しきってやって来るのだ。彼らの抗議はとても人間的だし、その抗議も至極正当なのだ」と考える。ときどき来観者は泣くこともあるが、「来観者があろうとなかろうと、屠畜機械は動いていくのだ」。ルックスにとってそれは「地下牢で行われる何か恐るべき犯罪のようなものであり、見られることも注意されることもなく、視界と記憶から消されていくのである」。

ルッドクスは豚が完全にゆで上がってバットからあらわれ、建物のフロアからフロアへとおろされる長いプロセスにまわされていくのを見る。労働者たちが豚の皮膚を切り裂き、頭部を切り離し（「それは床に落ちて穴の中に消える」）死体を割り、胸骨を鋸で挽き、内臓を引き出し、その内臓もすべって床の穴に落ちる。さらに中をこすって、きれいにして、トリミングして、洗った後、労働者たちは分割した死体を冷却室にころがしていき、そこで他の死体と一緒に一晩おく。

次のステージでは、「割り手《スプリッター》」と「裂き手《クリーバーメン》」が冷却した死体を切り分けて、豚肉のハム、前四分体《ぜんしぶんたい》、横腹肉をつくる。それから一階下の酢漬け、薫製、塩漬けの豚肉をつくる部屋に送られ、労働者たちは「いやなにおい」のなかでソーセージのケーシングにするために内臓をこすり、洗う。別の部屋では断片をボイルしてグリースをとり、石鹸やラードをつくる。また別の部屋では包装職人が「ハムやベーコンを油紙で包み、シールし、ラベルを貼って、包装を綴じる」。労働者たちは加工した肉を箱や樽に入れ、それをプラットフォームに持っていき、台車に乗せて待っている貨車のところまで運ぶ。

見学ツアーは建物のなかの通路を通って続くが、「サーカスの円形劇場のような」大きな部屋があり、そこでは労働者たちが一時間に四〇〇～五〇〇頭の去勢牛を屠畜している。牛が到着すると労働者たちは狭い回廊に追い込み、それから区分された囲いに入れるが、そこでは牛は動くことも向きを変えることもできない。牛がうめくと、大きなハンマーを持った「打ち手《ノッカー》」のひとりが、囲いの上から身を乗り出し、一撃を加えるチャンスをうかがっている。「部屋では次々にどしんという不気味な鈍い音がこだましている。去勢牛が床を踏みならしたり、蹴ったりする音が聞こえてくる。動物が倒れた瞬間、「打ち手」は他の牛に向かう。第二の男がレバーをあげると、囲いの側面が上げられ、動物はまだ床を蹴ったり、もがいたりしているが、「殺し台《キリング・ベッド》」へと押し出される。豚でやったときのように、ひとりの労働者が去勢牛の足のまわりに鎖を巻き付け、レバーを押すと牛の体が空中につり上げられる。「一五か二〇のそうした囲いがあり、一五頭か二〇頭の牛を撃ち倒して押し出すのに数分しかかからない。それからもうひとつの木戸があけられ、他の一群が追い込まれて来る」。

「それぞれの男が自分の分担を行う高度に専門化した労働」を行いながら、労働者は「すさまじい激しさ」で動いていく。「殺し手《ブッチャー》」がラインからラインへと素早く動き、包丁の一振りでそれぞれの去勢牛の喉を切っていくが、「その迅速さは、その動作が目にもとまらぬ見事さで、包丁の一閃が見えるだけである」。殺し手が離れると赤い血がうしろの床にほとばしる。労働者たちは血を穴に流し込もうと最善の努力をしているのだが、床の上の血の海は少なくとも一インチの深さになる。

放血した死体は待っている労働者のラインのところへ送られる。「首切り手《ヘッズメン》」が鋸で去勢牛の頭部を切り離し、八人の「皮はぎ手《スキナー》」が余計なところを切ったり傷つけたりしないように注意しながら、皮を切って、はいでいく。皮をはぎ、頭部を落とした死体は、ラインを下へと運ばれ、労働者たちがそれを分割し、内臓を抜いて中のものをすくいとり、四肢を切断する。分割した死体にホースで水をかけると、冷却部屋に運んでいく。案内者は残った部分のそれぞれがいかに有益に活用されるか（頭部と足は接着剤に、骨はすりつぶして肥料に）を説明する。「有機物のどんなに小さな部分も無駄にされることはないのです」。

見学ツアーの最後に案内者はグループに、三万人の労働者を雇用し、周辺地域の二五万人の生活を支えているユニオン・ストックヤーズは「一カ所に集まったものとしてはこれまでで世界最大の労働と資本の集合体」であると語る。ルッドクスはヤーズが「宇宙のように驚異的だ」と考え、無邪気にも「この巨大な組織全体が自分を保護してくれるだろう」と信じている。

しかし彼のナイーヴな熱狂は、働き始めるとまもなく色あせた。ヤーズのまわりで仕事から仕事へと移っていくときに、彼はこのシステムがいかに動物と同様に労働者も搾取しているかについて厳しい現実を学ぶ。小説の終わりのほうに、豚殺しを見ながらヤーズを初めて訪れたときのことを回想している場面があるが、彼は「なんて残酷で野蛮なのだろう」と思うのである。彼は自分が豚でなかったことを感謝して立ち去るのであるが、いまや彼は「豚は、彼がそうであったもの――精肉会社の〈豚〉のように扱われる労働者――と同様の存在にすぎない」ということを悟るのである。精肉会社が豚から望むものは、豚から得られる利益のすべてであり、それはまさに労働者から、そして大衆からも望むものに他ならないのだとルッドクスは考える。「豚が思うこと、苦しむことは考慮されなかった。……屠畜の仕事には無情と残忍性に傾きがちな何かがあるように思える」。(原注24)

ルッドクスが学んだことは、社会主義を受け入れる方向へ、そして病気の腐った肉を病気の腐った資本主義システムのメタファーとして見る方向へ彼を導く。彼はいまや食肉産業を「盲目的で無情な貪欲の化身」「千もの口でむさぼり食う怪物」「巨大な殺戮者」「血肉化した資本主義の魂」として見ている。ルッドクスの暴露は「パッキングタウンの人びとが行進していって、ユニオン・ストックヤーズを占拠

して共同所有する楽しいビジョン！」で終わる。（原注25）

この本の最も生き生きとした一節は、ソーセージの製造工程を描いており、その成分には次のものが含まれる。工場に返送されてきた腐った肉、床に落ちてほこりと混じった肉、おがくず、労働者の唾、廃棄物の樽のよどんだ水、ほこり、さび、さらには釘、夜間に肉の上に積もったネズミの糞、ネズミを殺すために置いた毒入りのパン、そうしたたぐいのものやさらにはネズミの死骸！（原注26）。セオドア・ローズヴェルト大統領がこの一節を読んだとき、朝食のソーセージをホワイトハウスの窓から投げ捨てたと伝えられている。（原注27）

アメリカ文学のなかで最もいたましいシーンのいくつかを含んでいる『ジャングル』は、一九〇六年二月に出版されるとすぐにセンセーションを巻き起こした。食肉産業はその内容を激しく否認する声明を出したが、役に立たなかった。病気の腐った肉を食べさせられていることへの大衆の抗議の叫びがあまりに強かったので、本の出版から六ヵ月以内に、連邦議会下院は食肉検査についての二本の法案を通過させた。純正食品医薬品法と、牛肉検査法である。しかしシンクレアが大きく失望したことは、この本の読者たちは、彼の社会主義的メッセージによってよりも、肉の製造過程で何が入っているかについての暴露によって大きく揺り動かされたことである。

この小説は二十七歳の著者にただちに名声をもたらし、彼はすぐに労働者の権利の代表的な擁護者のひとりになった。シンクレアはさらに多くの本を書き、それらは五〇もの言語に翻訳された。アルベルト・アインシュタインが率いる指導的知識人の委員会は、彼をノーベル文学賞候補に指名した。一九三四年に——大恐慌のあいだに——彼は社会党の候補者としてカリフォルニア州知事選挙に立候補し、もう少しで勝つところだった。シンクレアは一九六八年に九十歳で亡くなるまで、社会主義者および社会改革者であり続けた。しかし彼の最大の痛恨の念は、彼の最も有名な本が米国における社会主義の定着にほとんど貢献しなかったことだった。『ジャングル』の驚くべき成功にもかかわらず、シンクレアはそれを失敗作だと考えた。「私は大衆の心に訴えようと思ったのに、間違って胃袋に訴えてしまった」(訳注5)と彼は自伝で書いている。(原注28)

訳注5　本書では言及されていないが、シンクレアはベジタリアンに関心がなかったわけではない。小説の登場人物である社会主義者シュリーマン博士の言葉の中に「獣肉は食物として本当は必要じゃないということが証明されているのです」というのがある。シンクレア『ジャングル』(木村生死訳、三笠書房、一九五〇年)三五一頁参照。

そんなに違わない

動物の屠畜に関して二十世紀初頭と今日の主な違いは、ラインのスピードがずっと早いということと、処理頭数がずっと多いということにほぼ尽きるだろう。今日では、ある活動家が「動物が生き物とはほとんど考えられず、苦しみと死を問題にしないと想定されている、残酷で迅速で厳重に管理された、利益主導の拷問と殺害のシステム」(原注29)として描き出すものは、シンクレアの時代の屠畜場が一年かかって殺していた頭数を一日で殺していることになる。

しかし操業の基本については、今日の流れ作業ラインの屠畜は一〇〇年前とそんなに違わない。去勢牛にとっては、そのプロセスはいまも「打ち手《ノッカー》」とともに始まる。しかし大型ハンマーを使う代わりに、ノッカーは「スタンガン」と呼ばれるピストル型の家畜銃を用いる。それは五インチの鋼鉄のボルトを動物の脳に打ち込むのである。「割り手《スプリッター》」は依然として屠畜フロアでは最も熟練した労働者であるが、いまでは死体を大包丁ではなく帯鋸で分割するのである。「骨処理人《ボーナー》」と「形を整える人《トリマー》」はいまでも死体の肉を切り分けるためにカミソリのように鋭いナイフを用いるが、ナイフと肉にかける鉤は依然として食肉産業の基本的な道具である。(原注30)

ネズミの問題でさえも、シンクレアの時代から大きく変わったわけではない。最近の屠畜場の検査官の宣誓供述書には次のように書かれている。「ボックスルームからネズミが出てきて床を横切って走った。ネズミが足の上を横切ったあと、検査官はラインを止めさせた。その時点で牛肉に混ざってはいけないネズミやネズミの糞が入ってないかどうか、すべてのボックスを検査すべきであった」。しかし、宣誓供述書によると、獣医師はただ笑って床にホースで水をまいただけだった。それから、五分か十分の後ラインを再び動かすことが許されたが、ネズミを見つけて殺すことは「検査官にとってスポーツと悪い冗談の中間みたいなものになった」。企業の従業員は検査官に「ネズミはみんな夜は冷却器の上にいて、肉の上を走り、ちょっと齧ったのだろう」と言った。(原注31)

ゴキブリ、その他の昆虫、その他の齧歯類も問題であり続けている。ある検査官は報告している。「昆虫がはびこっていた。齧歯類《げっしるい》もいたし、二インチの長さのゴキブリもたくさんいた」。彼は内臓をのせるテーブルの上の尿のたまりは肉製品にいつも接触すると言った。「会社はうじ駆除剤を床に散布するが、配水管がしょっちゅう詰まるので、よごれた水がレールから落下しない死体にもふりかかる」。(原注32)

家族のみんなで

政治的アーティスト、スー・コーは一九九〇年代に六年間かけて全米の屠畜場を訪問した。彼女の著書『死んだ肉』に収録されたスケッチと文章のなかで、彼女は屠畜作業——家族経営の小さなビジネスから最新技術を駆使する巨大企業の精肉工場まで——の広範な場面を自分の目で見て記述している。

コーはペンシルヴァニアの高速道路のすぐそばにある小さな屠畜場を訪問したときのことを描いている。「二軒の農家とさびのついたトラックが散在していた」。それはマーシャ・リードと彼女の弟ダニーによって所有されており、彼らが父から相続したビジネスだった。コーは昼食の少し前にその施設に入った。「われわれは大きな部屋に足を踏み入れ、大きな皮をはがれた動物の死体を見上げた。蛍光灯の光が白い脂肪を照らしていた。私は奇妙な大聖堂にいるような気がした」。彼女は揺れている巨大な牛の死体や、床に置かれた胃袋、動力工具に触れないように巧みに身をかわしながら、マーシャのあとをついて行った。床はとても滑りやすかったので、マーシャは彼女に滑らないように警告した。「本当に血や腸のなかに倒れ込みたくはなかった」とコーは書いている。「労働者たちは滑らない長靴、黄色のエプロン、硬い帽子を着用していた。それはコントロールされ、機械化された混沌の世界だった」(原注33)。

ほとんどの屠畜場と同様に、「ここはきたない——実際によごれている——場所だった。蝿がいたるところに飛び回っていた。壁、床、あらゆるもの、あらゆる場所が血にまみれていた。鎖には乾いた血がこびりついていた」。蹄から蹄まで一二フィートある去勢牛が高く吊り下げられていたので、労働者たちは台にのぼって仕事をしなければならなかった。装置はかなり最新式のもので、コーはこの工場はユニオンショップ(訳注6)に違いないと推測した。

雌牛が屠畜されるために並んでいる場所と屠畜フロアのあいだの出入り口にスケッチブックをおいて、彼女が観察しやすい場所にいくために屠畜フロアに歩いていくと、突然大きな警笛が鳴り、労働者たちは昼食をとるために散らばった。「それで私は六体の血が滴る、首を切り落とされた死体とともに取り残された。血が壁にはねかかり、すでに私のスケッチブックの上にもかかっていた。私は死体と同様に、蝿にたかられるのにも慣れつつあった(原注34)」。

コーは自分の右のほうで何かが動くのを見た。それでもっとよく見ようとノッキングを行う家畜囲いのほうへ少しずつ近づいた。

> なかに一頭の雌牛がいた。彼女は失神しておらず、滑って血のなかへ倒れ込んでいた。男たちは彼女をそこに残して昼食に行っていた。時間がたつ。ときどき彼女はもがき、鋼鉄の囲いの側面を蹄でたたく。これは金属のボックスなので、大きな打撃音がひびき、静かになり、また打撃音がひびく。一度彼女は頭をあげてボックスの外を見たが、吊り下げられている死体を見て、また倒れ込んだ。血が滴る音がして、ラウドスピーカーではＦＭラジオの音声が流れていた。それはドアーズのアルバムの片面をずっと流していた(原注35)。

コーは描き始めたが、ボックスを振り返ると、雌牛の体重で乳房が圧迫されて乳が押し出されているのに気づいた。乳が小さな流れとなって排水路のほうへ流れていく途中で、血と混ざり合い、一緒に配水管に吸い込まれていった。怪我をした雌牛の脚の一本が鋼鉄の囲いの下から突き出されていた。「私はこの動物のために泣くこともできたが、労働者がするように共感を心から取り除いた」。後に彼女がマーシャに、雌牛たちが屠畜するには若すぎる、まだ乳を搾りきっていないのではないかと言うと、マーシャは乳価が下がっているときには、農民は雌牛を飼い続ける余裕がないので、市場に出荷するのだと説明する。

労働者たちが昼食休憩から戻ると、黄色のエプロンを身につけて、仕事に戻った。二人だけが屠畜フロアで仕事をしていた。「ダニーが喉切り、頭部切断、頭部の洗浄、前肢の蹄の切り離しを行い、それから次の牛が入ってくる」。地面から二〇フィートの高さの台に立つもうひとりの男は、動力のこぎりで皮をはぐ。彼の仕事が終わると、コンベアベルトが雌牛を別のエリアに運ぶ。

コーは入ってくる前に彼女が気づかなかった男を見た。彼は怪我をした雌牛を三回か四回蹴って立ち上がらせようとしたが、できなかった。ダニーはボックスの上に身を乗り出して、圧縮スタンナーで彼女を撃った。それは五インチのボルトを脳に打ち込んだ。彼が雌牛の頭部にうまく狙いをつけたと思ったとき引き金を引いたが、「小さなハンドガンのように、大きな音が出た」。

ダニーがリモートコントロール装置のところへ行き、それを押すと、囲いの側面が上がって、雌牛がどさっとくずおれるところが見えた。彼は雌牛のほうへ行き、脚の一本に鎖をつけ、ゆすって上げようとした。彼女はもがき、頭を下につり上げられるとき脚を蹴った。コーは一部の動物は完全に失神するが、他の動物は完全には失神しないことに気づいた。「ダニーが喉を切るあいだ、彼らは狂ったようにもがく。ダニーは失神していない牛の喉を切るときに語りかける。『お願いだから娘さん《ガール》、気楽にしなさい』」。コーは、「あらゆる動物が突き刺されるのを待っている柔らかいコンテナであるかのように」血が噴き出すのを見る。ダニーは次のドアに行き、次の牛に電気刺激を与えて前に進ませる。雌牛はおびえているので、抵抗したり蹴ったりする。ノッキング用の囲いに追い込むときに、ダニーは歌うような声で言う。「お願いだから娘さん」。

小さな精肉工場では、ダニーのような労働者たちはひとりで数種類の仕事を行うが、それと違って大きな工場では分業により高度に専門化された仕事を繰り返し行うようになっている。ダニーはピストル型の家畜銃で雌牛を撃ったあと、その喉を切る。それから血が噴き出すのが終わってしたたり落ちるようになると、牛の前肢の蹄を切り離し、頭部の皮をはぎ、皮をはいだ頭部を切り離す。それから頭部をシンクに持っていってフックで吊り下げ、ホースですすぎ洗いをする。それから頭部を落とした死体のラインに戻り、それを押し下げて、次の牛を処理するための空間をつくる。「次の牛はすべての光景を見ているのだ」。コーは書いている。「それから彼女の順番が来る」(原注36)。

訳注6　採用された従業員は一定期間内に労働組合に加入しなければならず、労働組合に加入しない従業員、および労働組合から脱退した従業員は、解雇されるという労使間協定．

ハイテク屠畜

今日の大きな精肉工場はシンクレアが『ジャングル』で描いたのと同じ高度な専門化を採用している

が、その操業はコンピュータを含む近代技術に支えられている。(原注37)コーがユタ州の大きなハイテク工場を訪問したとき、彼女はその施設で小さな屠畜場の雰囲気とは非常に違った雰囲気を見いだした。牛を屠畜するためにその工場に送っている牧場主とのコンタクトを通じて、彼女はツアーを設定した。

その工場は一万一〇〇〇人の労働者を雇用し、一日に一六〇〇頭の牛を屠畜しており、「多くの米軍基地に見られるセキュリティ用の制服を着た武装ガードマンがいるミサイル基地」のような様相を呈している。コーは着替え室に送られ、「膝までの長さの白いコート、ゴムの長靴、安全ヘルメット、ゴーグル、耳栓、ヘアネット」を身につける。彼女は自分が身につけなければならない服を、「われわれ（人間）を動物——その弱さを第二の皮膚である衣服で守られていない——から分離している鎧」として見ている。

見学ツアーのリーダーは、グループを屠畜フロアに連れていくが、おそらく安全上の理由から訪問者は立ち入り禁止なので屠畜場所自体には連れていかない。しかし彼女は何とか工夫して、彼らが、後ろのゲートが動物の背後に落ちてなかに追い込む鋼鉄のボックスのなかでピストル型の家畜銃を使っているのを見る。ひとりの労働者が去勢牛を失神させてつり上げたあと、別の労働者が牛の喉を切り、ナイフを去勢牛の体内に深くねじ込んで心臓に穴をあける。(原注38)

コンベアベルトは眼の届く限り広がっている。空港の格納庫のような大きさのひとつの部屋で、コーは数百個の皮をはがれた頭部がコンベアに、数百個の心臓が別のコンベアに載せられて同じスピードで動いていくのを見る。他の部屋で働いている労働者は前四分体《ぜんしぶんたい》と後四半身《こうしはんみ》を相手に「人間のスピードで」働いており、吊り下げられて揺れ動く死体のあいだを動き、ぬうように進んでいる。電源が抜けないよう腕を前に出させないための装置を着用しているので、労働者たちは「想像出来る限り機械のように」見える。

「これはダンテの『地獄編』だ」とコーは書いている。「蒸気、騒音、血、臭い、そしてスピード。スプリンクラーが肉を洗い、巨大な真空包装機械が毎分二二個の肉をシールするために熱を使う」。労働者たちはすりつぶした肉をグリコールや水とともに包装し、長いソーセージの形状がころがされてレーザーで走査され、包装され、販売可能になる。「コンピュータがそれぞれの包装物を走査して送り先を記録する。一日に三万五〇〇〇箱が出荷される(原注39)」。

コーの「ダンテの『地獄編』」への言及は、フランツ・シュタングルが所長として着任したときにトレブリンカの絶滅収容所に対して示した反応を想起させる。彼はギッタ・セレニーのインタビューに答えて次のように描写している。

「その日のトレブリンカはひどいものだった。私は第三帝国ではじめて、あんなひどい光景を見た。――彼は顔を手で被った――まるでダンテの『地獄編』だ」。彼は顔を被ったまま、指のあいだから声を出した。「ダンテの地獄がこの世に現れたんだ。車が選別広場に入って外に出てみると、とたんに膝まで金《かね》のなかに足を取られた。どこへ歩いていいのか分からなかった。コイン、紙幣、ダイヤ、宝石、衣類の山ができていた。広場全体がそんな物で被われていた。臭いはたまらないものだった。何百、いや何千の腐りかけた屍体が転がっていた」。

シュタングルは鉄条網のフェンスの反対側の収容所の周囲を囲む形で数百ヤードしか離れていない森のなかの広場に「テントやたき火があって、ウクライナ人の番人や少女——あとでわかったのだが、全国から集まった娼婦だった——の集団がおり、酒を飲んでよろめいたり、ダンスしたり、歌ったり、音楽を演奏したりしていた」と回想した。(原注40)

ダンテの『地獄編』を連想させるユタ州の工場から出る途中で、コーは背骨が折れた雌牛が暑い日差しのなかで横たわっているのを見た。彼女はその牛のほうへ歩き始めたが、セキュリティガードが彼女の行く手を遮り、敷地の外へ連れ出した。(原注41)「ホロコーストのイメージが浮かんできて、私を苦しめた」とコーは著書の一節で書いている。彼女がアニマルライツの雑誌のなかでホロコーストへの言及を見たとき、彼女はこれが「すべての恐怖を評価するための適切な測り方」なのだろうかといぶかった。

私の困惑は、私が目撃している苦しみはそれ自体で存在できるのではなく、「劣った動物の苦しみ」のヒエラルキーのなかに入らなければならないという事実によって強められた。アメリカ文化のテレビのためにつくられた現実のなかで、唯一の受け入れ可能なジェノサイドは歴史的なものである。それは慰めを与える——もう終わったことなのだと。二〇〇〇万人の殺された人間は比較対象以上に値する。「まるでホロコーストみたいだ」と口ごもる以外に見たものを伝える力がないことに困惑している。(原注42)

最近の展開

二十世紀の最後の何十年かのあいだに米国の食肉産業のなかで起こった変化はもっとたくさんの動物をもっと早く殺せる、少数のより巨大な屠畜場にかかわるものである。人道的農業協会（HFA）の創設者のひとりであり、『屠畜場』の著者であるゲイル・アイスニッツは一九八〇年代と一九九〇年代に「二〇〇〇以上の中小規模の屠畜場が年間数百万頭の動物を殺せるひとにぎりの企業工場によって置き換えられた。今日ではますます少数の工場がますます多くの動物を殺している。国内市場のためだけでなく、拡大するグローバル市場のためにも」(原注43)と語っている。

同時に、ラインの速度の急激な加速があり、それは二倍、場合によっては三倍にもなるものであった。この加速はレーガン政権の時代に始まったが、そのときのUSDA（連邦農務省）の新しい政策である「検査の合理化（簡素化）」は、検査官の数を減らし、食肉産業には検査の受け入れについての裁量の余地を大きくするという結果をもたらした。今日では、屠畜場でのラインの速度は一時間に一一〇〇頭の動物を処理するというものであり、それはひとりの労働者が数秒間に一頭の動物を殺すことを意味する。アイスニッツは彼女が訪れたある工場では一週間に一五万頭の豚を屠畜していると言う(原注44)。

ラインの速度が速くなり、殺されるニワトリの数が激増した結果（いまや年間八〇億羽である）、米国で屠畜される動物の数は二十世紀の最後の四半世紀に倍以上の伸びを示した。二十世紀末までに殺される動物の数は四〇億から九四億へと増大した（一日に二五〇〇万以上）(原注45)。

もうひとつの傾向は、アメリカの食肉および酪農産業が動物に対して行うことについての法的保護の壁がより高くなったことである。多くのアメリカ人が人道法が家畜を虐待と放置から保護していると勘違いしているまさにそのあいだ、各州の議員たちは次々と、州の動物虐待防止法令から「食用家畜」を適用除外にする法案を通していたのである（原注46）。今日では、全米で三〇の州で、「〈もし〉食糧生産の目的で使われる動物に対してなされるならば、すさまじい虐待も合法とみなされる」と、救出された家畜のシェルターである「ファーム・サンクチュアリ」の共同創設者であるジーン・ボウストンは書いている（原注47）。この展開は、家畜に対する保護をより少なくではなく〈より多く〉というトレンドのあるヨーロッパで起こっていることとは、まったく逆である。アメリカの食肉および酪農産業は、州議会および連邦議会下院にいる友人たちに、アグリビジネスが動物に対して行うことは「法を超えるもので」あるべきだと説得することに成功してきたのである。

ヘンリー・フォード　屠畜場から絶滅収容所へ

この章の冒頭に、アウシュヴィッツへの道は屠畜場に始まるという主張をかかげたが、自動車製造業者ヘンリー・フォードの物語は本章のしめくくりにふさわしいであろう。彼の二十世紀への影響は、メタファーで言えば、アメリカの屠畜場で始まり、アウシュヴィッツで終わったのである。

彼の自伝『私の生涯と仕事』（一九二二年）において、フォードは、流れ作業ライン生産のインスピレーションが、若き日のシカゴの屠畜場への訪問に由来することを明らかにした。「これがいままでに設置された最初の動くラインだと思う」と彼は書いた。「〔流れ作業ラインの〕アイデアは一般にはシカゴの精肉業者が牛肉を市場向けに処理するのに用いる頭上の高架式滑車からきている」(原注48)。

当時のスウィフト社の出版物はフォードが採用した分業原理を次のように描いている。「屠畜された動物は動くチェーンあるいはコンベアから頭を下にして吊り下げられると、労働者から労働者へ運ばれ、それぞれの労働者がプロセスのなかの特定のステップを遂行する」。この出版物の著者らは精肉会社が流れ作業ラインのアイデアに対して当然の賞賛を得られるようにしたいと思っているので、次のように書いた。「この手順は非常に効率的であることが証明されたので、他の多くの産業でも採用されてきた。たとえば自動車の組み立てラインのように」(原注49)。

動物をチェーンでつり上げてステーションからステーションへと急がせ、ラインの最後にはカットされた肉としてあらわれるというこのプロセスは、われわれの近代工業文明に何か新しいものを導入した。殺害の中立化と新しいレベルの無関心である。「大量屠畜のプロセスに沿ってスピードをあげるために初めて機械が利用された」とリフキンは書いている。「人間は単なる共犯者（加担者）とされ、流れ作業ライン自体によって設定されるペースの要求に順応するように強制される」(原注50)。

二十世紀の歴史が示したように、アメリカの屠畜場における産業化された殺害は、ナチス・ドイツの流れ作業大量殺人へのひとつのステップにすぎなかった。本章の最初のほうで記したように、アウシュヴィッツは、誰かが屠畜場を見て人びとが「あれは動物にすぎない」と考えるときに始まると断言したのはユダヤ系ドイツ人テオドール・アドルノであった。J・M・クッツェーの小説『動物のいのち』のなかで、主人公であるエリザベス・コステロは聴衆に向かって語る。「シカゴがやり方を教えてくれました。ナチスが死体処理の方法を学んだのは、シカゴの家畜置き場からだったのです」(原注51)。

ほとんどの人びとはアメリカの産業の歴史における屠畜場の中心的役割に気づかない。「ほとんどの経済史家はアメリカの初期の産業的才能への手がかりとして鉄鋼や自動車産業に引きつけられるが」とリフキンは書いている。「工業設計における最も顕著な技術革新の多くが初めて使われたのは、屠畜場においてなのだ。……後の時代の歴史家が自動車産業における流れ作業ラインと大量生産の長所を激賞することで心を慰められるのは不思議ではない」(原注52)。それでも、流れ作業ライン労働者が精神的に弱められるのは、人びとを不安にさせることではあるが、「屠畜」フロアの流血からはるかに隔たっているのだ。リフキンはシカゴの新しく機械化された屠畜場について書いている。「死の臭い、頭上でチェーンがガチャンと鳴る音、終わりなき行進で過ぎていく内臓を抜かれた動物のぶんぶん回る音は、新しい生産の価値の最も熱烈な支持者に対してさえも、その感覚を圧倒し、熱狂を鈍らせたのである」(原注53)。

二十世紀初頭のシカゴの精肉工場労働者の研究において、ジェームズ・バレットは書いている。「歴史家は精肉会社から大量生産のパイオニアとしての正当な栄誉を奪ってきた。というのは、労働の合理的組織化を象徴し続ける流れ作業ライン技術を開発したのは、ヘンリー・フォードではなく、ギュスターブ・スウィフトやフィリップ・アーマーだったからである」(原注54)(訳注7)。

シカゴの精肉会社が動物を殺す効率的なやり方に強い印象を受けたヘンリー・フォードは、ヨーロッパで人びとの虐殺について彼自身の特別な貢献をした。彼はドイツ人がユダヤ人を殺すために用いた流れ作業ライン技術を開発しただけでなく、ホロコーストが起こるのを助長した悪質な反ユダヤ主義キャンペーンを開始したからである。

そのキャンペーンが始まったのは一九二〇年五月二十二日であるが、そのときフォードの週刊新聞『ディアボーン・インディペンデント』(訳注8)が突然構成を変えて、ユダヤ人攻撃を始めた。その当時同紙は三〇万部の発行部数を有しており、(原注55)フォード自動車のディーラーによって全米に配布されていた。当時移民排斥と偏見は国民的風潮の大きな部分を占めており、激しい人種差別と反ユダヤ主義は増加傾向にあり、国は東欧と南欧からの移民の承認を抑制するために出身国別の割り当てシステムを採用しようとしていた。アトランタにおけるユダヤ系ビジネスマン、レオ・フランクのリンチ事件に見られるように一九一五年には明らかだった反ユダヤ主義は、クークラックスクラン(ＫＫＫ)——一九二四年までに全米で四〇〇万人以上の会員を擁していた——の反黒人、反カトリック、反ユダヤ主義のメッセージの急速な広がりとともに増大しつつあった。

一九二二年一月まで続いたフォードのキャンペーンの第一期のあいだは、『ディアボーン・インディペンデント』は一八九〇年代にパリでロシア秘密警察のために働いているエージェントによって書かれた反ユダヤ主義の偽造文書である『シオンの長老の議定書』のテクストにもとづいた九一のシリーズ記事を発表した。ツアー政府のために働いていたロシア難民で、アメリカで『シオンの長老の議定書』をばらまいていたボリス・ブラソルは、同文書のコピーをフォードの腹心の部下アーネスト・リーボルド——このキャンペーンを指揮していた——に渡した。(原注57)『シオンの長老の議定書』は世界を支配する秘密計画についてのユダヤ教の「長老たち」の二四回にわたるシリーズ講義という装いを持っていた。

それまでに頒布された最も悪質な反ユダヤ主義パンフレットのひとつであったので、それはロシアのユダヤ人コミュニティに対する一連のポグロム(虐殺)に火を付けた。第一次大戦のあと戦争による荒廃、ロシア革命、ドイツにおける社会的動揺が反ユダヤ主義者にあらゆる混乱の背後に国際的なユダヤ人の陰謀があると主張するチャンスを与え、『シオンの長老の議定書』は世界的に存在を認知された。キース・スウォードが書いているように、「ユダヤ人迫害の他のいかなるマニュアルもこれ以上の効果を及ぼしたことはなかった（原注58）」。

フォードはまた反ユダヤ主義の小冊子類を出版したが、それぞれが『ディアボーン・インディペンデント』に掲載された九一の記事のうちの二〇以上にもとづいており、『国際ユダヤ人』と題された記事を本のような形で編集したものだった。『ディアボーン・インディペンデント』によるユダヤ人批判は一九二二〜一九二四年は散発的なものだったが、そのあいだにフォードの反ユダヤ主義出版物は世界中に普及されていった。『国際ユダヤ人』はヨーロッパのほとんどの言語に翻訳され、反ユダヤ主義者によって広くばらまかれたが、その中心人物のひとりはドイツの出版業者テオドール・フリッシュ――ヒトラーの初期の支持者のひとり――であった。小冊子類と『国際ユダヤ人』は多くの読者に影響を与えたとデヴィッド・ルイスは書いている。「奥付に記されていたのは路地裏の変人出版業者ではなく、世界でもっとも有名な成功者のひとり（訳注9）だったのだから、なおさら影響力は大きかったのである（原注59）」。

『ディアボーン・インディペンデント』の編集者ウィリアム・J・キャメロンは『シオンの長老の議定書』のテクストを非常に効果的に編集し、最新のものにしたので、このフォード・バージョンは世界中の反ユダヤ主義者が好むテクストになった。そして大金をつぎ込んだ広報キャンペーンとフォードの名声のおかげで、『国際ユダヤ人』は国内的にも国際的にも大きな成功を収めた。米国では五〇万部が頒布されたと推定され（原注60）、ドイツ語、ロシア語、スペイン語への翻訳版も多大な読者を獲得した。

『国際ユダヤ人』はフォードが多大な人気を博していたドイツで最も理解のある読者を見いだした。彼がドイツに工場を建設する計画を公表したときには、ドイツ人はフォード社の株を購入するために徹夜で行列をつくった。(訳注10) フォード自伝のドイツ語訳が販売されたときには、直ちにベストセラーの首位になった。ドイツでは、『国際ユダヤ人』(あるいは後に当地で知られるようになった題名でいうと『永遠のユダヤ人』)は、第一次大戦後の反ユダヤ主義運動のバイブルとなり、フリッシュの出版社は一九二〇年から一九二二年までに六回の増刷を行った。

フォードの本がミュンヘンのヒトラーとその追随者たちの目にとまり、ナチスはドイツにおける反ユダヤ・プロパガンダ戦争のために、その抄録版を使った。一九二三年に、『シカゴ・トリビューン』のドイツ特派員は、ミュンヘンにおけるヒトラーの組織が「フォード氏の本を、……貨車を借り切って送っていた」と報じている。(原注61) ヒトラー青年運動の指導者で、ドイツ貴族の父とアメリカ人の母(その先祖のうちの二人は独立宣言に署名しているほどの名門である)の息子であるバルデュアー・フォン・シーラヒは、戦後のニュルンベルク戦犯裁判において、『永遠のユダヤ人』を読んだあと、十七歳で筋金入りの反ユダヤ主義者になったと証言した。(原注62) この本がドイツの青少年にどれほど大きな影響を与えたか、あなた方は想像もつかないでしょうね」と彼は言った。「若い世代はヘンリー・フォードのような成功と繁栄のシンボルへの羨望の念を持ってみており、彼がユダヤ人は非難されるべきだと言ったら、われわれが当然のようにそれを信じない理由がありますか」(原注63)。

ヒトラーはフォードを戦友とみなしており、ミュンヘンのナチス党本部の彼の執務室のデスクの隣に等身大のフォードの肖像をかかげていた。ヒトラーは追随者たちに向かって熱烈な言葉でフォードのことを語り、しばしば彼らにフォードからの財政的支援のことを自慢した。(原注64) 一九二三年にフォードが米国の大統領選挙に出馬するかもしれないと聞いたとき、ヒトラーはアメリカ人レポーターに彼を応援したいと語った。「できるものなら私の突撃隊の一部をシカゴやその他のアメリカの大都市に送って、選挙の応援をしたい」と彼は言った。「われわれはハインリヒ・フォード(訳注11)がアメリカの成長するファシスト運動の指導者になることに期待を寄せている。われわれは彼の反ユダヤ記事を翻訳して出版したばかりだ。その本はドイツ全土で何百万部も配本されつつある」(原注65)。

ヒトラーはフォードを『わが闘争』のなかで特筆した唯一のアメリカ人だとして褒め称えた。その言及はアメリカにおけるユダヤ系銀行（金融資本）と労働組合運動に対する闘争に関するものであった。「アメリカの株式市場勢力を支配しているのはユダヤ人だ。毎年彼らは一億二〇〇〇万の国民のなかで生産者の支配的勢力になりつつある。唯一の偉大な男であるヘンリー・フォードがまだ完全な独立を保っていることに彼らは憤激している」(原注66)。一九三一年に『デトロイト・ニューズ』のレポーターがヒトラーに壁にかかっているフォードの肖像は何を意味するのかと尋ねると、ヒトラーは「ヘンリー・フォードは私のインスピレーションの源だと思う」と答えた。(原注67)

『シオンの長老の議定書』および『国際ユダヤ人』で主張されているユダヤ人の秘密の陰謀を暴露する目的で、フォードはリーボルドにアメリカの重要なユダヤ人をスパイするため、ニューヨークに調査事務所を設置するように命じた。フォードの探偵たちは世界を乗っ取る陰謀を暴露することを期待して、最高裁判所判事ルイス・ブランダイスを含む様々なユダヤ人指導者を尾行した。「われわれがあのユダヤ人たちと片をつけたら、あえて大衆のなかで頭をもたげようとする奴はいなくなるだろう」とリ

ーボルドは言った。（原注68）

名誉毀損防止組合やアメリカのその他のユダヤ人グループが『ディアボーン・インディペンデント』のしつこい反ユダヤ主義キャンペーンや『国際ユダヤ人』の出版に強く反対したとき、フォードは彼らの反対を無視した。公式に宣言されたボイコットはなかったけれども、多くのユダヤ人企業や個人はフォード製品の購入をやめた。（原注69）『ディアボーン・インディペンデント』の次の反ユダヤ主義シリーズ記事で、世界市場を支配しようとする陰謀の一部だとして非難されたあるユダヤ人弁護士がフォードを名誉毀損で訴えると、フォードはキャンペーンについて再考し始めた。その事件がデトロイトの裁判所で審理されるようになると、フォードは示談で解決した。（原注70）

フォードはまた一〇〇人以上の卓越したアメリカ人――前大統領タフト、ジェーン・アダムズ、クラレンス・ダロウ、ロバート・フロストを含む――が署名した声明によっても守勢に立たされた。その声明は、『シオンの長老の議定書』の信憑性に疑問を呈し、ユダヤ人を擁護していた。強い反応に驚き、自動車の売り上げに影響することを心配し、自ら潔白を証明しようとして、フォードは一九二七年にアメリカユダヤ人委員会の会長ルイス・マーシャルに、自ら署名した手紙を送った。そのなかで、彼のどの論文が印刷されているかに気づかなかったと主張し、『ディアボーン・インディペンデント』と『国際ユダヤ人』の両者における反ユダヤ記事についての責任を否認した。誠実さを示すために、フォードは一九二七年末に『ディアボーン・インディペンデント』の刊行を中止し、『国際ユダヤ人』を市場から回収した。

しかし一九三〇年代初頭に、『国際ユダヤ人』がヨーロッパとラテンアメリカで再び大量にあらわれ、米国でもドイツ系アメリカ人同盟が『国際ユダヤ人』のドイツ語版と『ディアボーン・インディペンデント』の反ユダヤ記事の復刻版を広範に頒布した。一九三三年に連邦議会下院の委員会は、ヒトラーの『ディアボーン・インディペンデント』記事を復刻するという約束へのお返しにフォードがナチスに多額の支援をしているという報告について調査した(原注71)。

後にフォードがフリッシュにドイツ語版の増刷をやめるように書面で求めたにもかかわらず、ナチス・ドイツにおける『国際ユダヤ人』の影響力は、引き続き強大で持続的なものであった。ドイツの反ユダヤ主義者は一九三〇年代を通じてその宣伝と頒布を続け、しばしば表紙にヘンリー・フォードとアドルフ・ヒトラーの名前を並べてのせることとさえやった。一九三三年の終わりまでに、フリッシュは二一九回の増刷を行い、それぞれの序文にはフォードがユダヤ人攻撃によってアメリカと世界に「大きな貢献」を行ったという賛辞が書かれていた(原注72)。

フォードが反ユダヤ主義的過去から距離をおくと言明している誠実さへの期待は、一九三八年には完全に色あせたものになった。そのときデトロイトで七十五歳の誕生日を祝うにあたって、フォードは大十字ドイツ鷲章――ナチス・ドイツが外国人に授与する最高級の勲章――の授与を承諾したのである。フォードの事務所で行われた儀式で、ドイツの二人の領事、クリーヴランド駐在のカール・カップとデトロイト駐在のフリッツ・ハイラーが彼にこのナチの勲章を授与した(この栄誉を受けた他の三人の外国人のひとりはムッソリーニである)(原注73)。その晩のフォードの誕生日ディナーで、カップは居合わせたデトロイトの一五〇〇人の名士の前で勲章に書かれている文章を読み上げ、フォードにヒトラーの個人的な祝辞を伝えたのである(原注74)。

一九四二年一月七日に――日本の真珠湾攻撃によって米国が戦争に突入した日のちょうど一ヵ月後に――フォードは名誉毀損防止組合の全国議長であるシグムンド・リヴィングストンに手紙を書き、「ユダヤ教徒の市民に対する私の態度に関するいくつかの一般的な誤解について釈明」しようとした。フォードは「ユダヤ人あるいはその他の人種的ないし宗教的集団に対する」憎悪に同意しないこと、同胞市民にその目的が何らかの集団に対する憎悪を奨励する運動を支援しないように強く促すこと、を表明した。彼は結論した。「いまや我が国および世界で、この戦争が終わり再び平和が確立されたときに、一般に反ユダヤ主義として知られるユダヤ人憎悪と、他の何らかの人種的あるいは宗教的集団に対する憎悪が永久に消滅することは、私の誠実なる希望であります(原注75)」。

フォードが手紙を送ったときまでに、行動部隊(アインザッツグルッペン、ドイツの機動殺害部隊)は東部においてすでに何十万人のユダヤ人の男女・子どもを殺害し、クルムホーフ(ヘウムノ)にあるドイツで最初の絶滅収容所はすでに開設されていた。数ヵ月後、三つのラインハルト作戦関係の絶滅収容所――ベウジェツ(一九四二年三月)、ソビボル(一九四二年五月)、トレブリンカ(一九四二年六月)――が稼働していた。ヒムラーが「ヨーロッパにおけるユダヤ人問題の最終解決の最重要施設(原注76)」と呼んだアウシュヴィッツもまた一九四二年の春には――フォードが手紙を送ってから数ヵ月後――ユダヤ人根絶を開始していた。

戦争から何年も後に、あるロシア人女性――フォードのドイツ支社で奴隷的労働者として働くように強制されていた――がフォード社から被った損害の賠償を求める裁判の準備をしていたワシントンの法律事務所は「フォードの第三帝国との精力的な協力」を暴露した。フォード・モーターズが一九二五年にベルリンに事務所を開設し、六年後――ヒトラーの政権獲得の二年前――にケルンに巨大な工場を建設したあと、ヒトラーおよびナチ幹部のあいだでフォードの名望があったことが、フォードのドイツ支社（後にフォード製作所と改称された）がナチス時代に繁栄するうえで確実に有利に作用したのである。(原注77)フォードの子会社がドイツ陸軍に対する車両の主要な供給者となったとき、その価値は二倍以上になった。戦争のあいだじゅう、ミシガン州ディアボーンのフォード・モーターズはドイツ子会社――奴隷労働を用いて利益をあげていた――の経営権の過半数支配を維持していた。戦後フォード社はフォード製作所［フォードのドイツ法人］が復興するのを助けた。一九四八年にフォードの一万台目のトラックがケルンの戦後の流れ作業ラインから離れたとき、ヘンリー・フォードの孫ヘンリー・フォード二世――一九四五年九月に同社の社長に就任していた――は、その記念すべき生産台数の達成に立ち会ったのである。(原注78)

訳注7　工業製品の大量生産の「パイオニア」は本当に自動車であろうか？　技術史における通常の理解によれば、大量生産のパイオニアは銃であり、それからミシン、自転車、自動車などへと展開した。たとえば、橋本毅彦『〈標準〉の哲学　スタンダード・テクノロジーの三百年』（講談社、二〇〇二年）を参照。銃の大量生産も食肉の大量処理も十九世紀に始まる。自動車の大量生産は二十世紀からである。工業製品の大量生産が銃に始まり、非工業製品の大量生産が食肉に始まるとするならば、はからずも「近代文明の暴力性」を示唆しているといえよう。

訳注8　ディアボーンは米ミシガン州デトロイト郊外の都市で、自動車メーカーのフォードの本拠地。

訳注9　もちろん自動車王フォードの世界的名声をさすが、フォードはまもなく業界首位の座をGMに奪われる。

訳注10　多国籍企業フォードのナチス・ドイツにおける活動については、ヒトラーへの戦争協力、連合軍の爆

撃による工場の被害への補償を米国政府から獲得したことなど、いろいろな問題があるが、次を参照。スネル『クルマが鉄道を滅ぼした』増補版（戸田清ほか訳、緑風出版、二〇〇六年）。

訳注11　ハインリヒは言うまでもなくヘンリーのドイツ読み。なおフォードの両親はアイルランド系移民である。

第4章　群れの改良　家畜育種からジェノサイドへ

ヘンリー・フォードのユダヤ人攻撃のプロパガンダと屠畜場にヒントを得た流れ作業ラインだけが、ドイツに対するアメリカの影響の事例であったわけではない。それらは、両国の国民を改良しようとする努力を含むはるかに広範な文化現象の一部なのである。家畜の育種——最も望ましいものの選抜繁殖と残りの去勢および殺害(原注1)——にヒントを得て導かれたこれらの努力は、米国における強制断種と、ナチス・ドイツにおける強制断種、安楽死と称する殺害、ジェノサイドをもたらしたのである。

優生学の誕生

人間集団の遺伝的形質を改良しようという願望は、一八六〇年代に英国の科学者でチャールズ・ダーウィンの従兄弟であったフランシス・ゴールトンが気象学から遺伝の研究へとうつってきたときに始まる（彼は一八八一年に「優生学」という言葉をつくった(原注2)）。十九世紀の終わりまでに、遺伝は社会環境によってほとんど影響されない厳格な遺伝パターンにもとづいているという想定に基礎をおいた遺伝理論が、支配的な科学思想となった。アメリカとドイツの科学者は人間の不平等を自明のものとして受け入れた。彼らは人間集団を知性と文化によって序列づけ、ある種の人間に「劣っている」というレッテルを貼った。なぜなら、彼らは不道徳で、堕落していて、犯罪的で、あるいは単に脅威となるのに十分なほど他の人と違っていたからである。

二十世紀までに優生学運動の主要な目的は社会への重荷、文明への脅威とみなされた人びとの生殖を制御するための断種となり、米国とドイツの双方において優生学者たちは強制断種の制度化に成功した。(原注3)優生学運動が致命的なクライマックスに達したドイツでは、「除去を通じての身体的改良(Aufartung durch Ausmerzung)」という言葉を用いた科学者達の目標は、劣った人間と彼らの中に住む人種的異邦人の除去を通じてドイツ人の人種的資源を改良することであった。

アメリカ育種家協会

アメリカでは、一八九〇年代にルーサー・バーバンクが植物育種について成果を出し、遺伝についてのメンデル理論への関心が再燃したため、動物育種家と遺伝科学者の関心や才能を集積するための組織が必要になった。バーバンクの植物についての実験の成功は、米国農務省（USDA）長官ジェームズ・ウィルソンとミネソタ試験場長ウィラー・M・ヘイズに遺伝学と動物育種を結びつける組織は重要な科学的成果を達成できると確信させた。一八九九年にロンドンで開催された第一回ハイブリッド［交雑品種」化国際会議に参加したヘイズとその他のアメリカ人数人は、遺伝と育種についての知識を増進させることを目的とする恒久的な協会を設立する決意を抱いて米国に帰国した。(原注5)

ウィルソンはセントルイスでのアメリカ農科大学・試験場協会（AAACES）の十二月会議で、一九〇三年に最初の会合を開くグループの設立計画を作成した。この会合に参加した四〇～五〇人の人びとは、新しい組織をアメリカ育種家協会（ABA）と命名し、ヘイズを議長に選出した。米国における遺伝学とヒトの遺伝の研究を推進するための最初の全国組織として、ABAは「それぞれが他方の観点を理解し、それぞれが他方が課題とする問題を評価する」(原注6)ために全米から動物育種家と科学者を一堂に会させようとした。「商業的育種家、農科大学や試験場の教授、USDAの研究者が会員の中核を占めた。(原注7)

一九〇五年にABAの第二回の会合で、ヘイズは協会にはすでに七二六人の会員がいると発表し、出来る限り数千人の会員を集めようと提案した。会合での、植物と動物の選抜育種において達成された大きな成功についての一連の報告は、代表たちになぜそうした技術を人間に適用できないのかという問題意識を呼び起こした。

一九〇六年のABAの第三回の会合で協会の仕事を三つの主要なカテゴリー——一般的課題、動物育種、植物育種——を基にした委員会に分割することが合意された。一五の動物育種委員会は、家禽、羊と山羊、豚、数種類の馬から、野鳥、野生哺乳類、毛皮動物、魚、ミツバチ、その他の昆虫などの範囲にわたっていた。人類遺伝学あるいは優生学——そう呼ばれることになるのだが——についての委員会の創設は、アメリカにアメリカ版優生学運動を発進させた。

鉄道王の未亡人であるエドワード・ヘンリー・ハリマン夫人は遺伝研究の真剣なニーズがあると感じて、かなりの金額を寄付し、それをもとに一九一〇年にニューヨークのロングアイランドのコールドスプリングハーバーに優生学記録所（ERO）が設立された。(原注8) 家禽を研究していたチャールズ・B・ダヴェンポート——尊敬されている生物学者でABAの活動的なメンバーである——が所長になった。

アメリカの優生学運動

アメリカにおける運動の指導者として急速に頭角をあらわしたダヴェンポートは、優生学を「より良い生殖（ブリーディング）によって人類を改善することに関する科学」として説明した。(原注9) 彼は人びとの遺伝的歴史の重要性を強調し、家畜育種家が「仔馬や仔牛を得るために血統のわからない種雄《たねおす》」を利用することはないのと同様に、女性が「その生物学的家系的な来歴を知ることなしに」男性を受け入れることはなくなるような時代の到来を期待した。(原注10)

ダヴェンポートとその他の優生学者たちは、社会的逸脱は遺伝的に決定されており、犯罪行為は悪い遺伝子の結果であると信じていた。彼らが提案した社会問題の解決策は、受容できる社会規範から逸脱する人びとの生殖を阻止することであった。彼らはまた貧弱な遺伝的背景を持つ個人や家族を排除するような国家移民政策を好んだ。ダヴェンポートは「低脳な、てんかん性の、精神障害の、犯罪性の、アルコール依存性の、性的に不道徳な傾向を持った」人びとを確認し、その入国を阻止できるように、移民希望者の家系を調査することを提唱した。彼はまた「欠陥のある退化した原形質の連発を助長する源泉を干上がらせるために」遺伝的に欠陥のある人びとの強制断種を提唱した。(原注11)ダヴェンポートはパトロンになってくれそうな人に、もし「人間の交配を馬の交配と同じような高い水準に引き上げることができるなら、歴史上最も進歩的な革命が達成できるだろう」と語った。(原注12)

一九一四年の第一回人種改良全国会議で、ダヴェンポートは聴衆に「結婚において良家の人との結婚という古い理想が再建されるように、我が国の選良のあいだで遺伝への関心が呼び覚まされることを」勧めた。彼は古いニューイングランドの家系が少子化によって死に絶えつつあることを嘆き、良きアメリカ人が「結婚、良い結婚、健康で有能な子どもを持つこと、それもたくさん持つことの重要性」を認識するように促した。(原注13)

同じ会議でハーヴァード大学のロバート・デカーシー・ウォード教授は、我が国からある種の外国人を排除する必要性を強調し、我が国は入国する移民よりも輸入する牛のほうに選択にうるさい姿勢をとっていると指摘した。彼は「人種の血統を純粋に保ちたいすべての市民」に、移民の識字上の必要条件を設定するのを支持するように促した。ちょうど数年後にそうした識字上の必要条件が法制化された。

アメリカの優生学者の多くはあからさまに反ユダヤ的であった。マディソン・グラントは一九一六年に「その小柄な体格、奇妙な（風変わりな）メンタリティ、自己利益への執着を特徴とするポーランド系ユダヤ人が増えている」問題について書いた。ある同僚は彼に「われわれの祖先はバプティスト派をマサチューセッツ湾からロードアイランドに追放したが、われわれにはユダヤ人を追放すべき場所はない」と書いた。(原注14)彼らの「ユダヤ人問題」の解決策についての提案は一九二〇年代の移民制限法によって実現された。

それらの法律は東欧と南欧からの移民を大きく制限したので、ヨーロッパのユダヤ人の多くにとって破滅的な結果をもたらした。「一九三〇年代を通じて、ホロコーストを予感したユダヤ人難民は移民を求めたが、認められなかった」とスティーヴン・ジェイ・グールドは書いている。増やされていた西欧と北欧からの人数割り当てが満たなかった年においてさえ、「法的な人数割り当てと引き続く優生学的プロパガンダが彼らの移民を制約した。……われわれは出国を望んだが行き先がなかった多くの人びとがどうなったかを知っている。破滅への道筋はしばしば間接的であるが、観念は銃や爆弾と同じくらい確実な媒介因子でありうる(原注15)」。

コールドスプリングハーバーにおけるダヴェンポートの右腕であったハリー・H・ラフリンも家畜の生命操作の経験があり、すぐにアメリカの最も著名で活動的な優生学者になった。中西部の伝道師の息子に生まれ、ミズーリのカークスヴィル師範学校を卒業生したラフリンは、アイオワの農業に関心を持つようになり、そこでいくつかの学校にポストを得て、さらに州立大学の農学部で学んだ。一九〇七年に彼はカークスヴィル師範学校に戻り、そこで農業、植物学、自然研究学科をひとりで担当した。ラフリンが、ニワトリ(ダヴェンポートの専門)で行っている育種実験についてチャールズ・ダヴェンポートに助言を求める手紙を書いたあと、コールドスプリングハーバーに行って夏期研修に参加した。それについて彼は「私がこれまでに経験したもっとも実り多い六週間であった」と述べている。その経験は彼を、遺伝を専門とする職業的生物学者になるように導いた。

ラフリンが優生学記録所の管理者として勤務していたあいだに、彼は生物学の分野でプリンストン大学から博士の学位を取得し、遺伝学についての論文を発表し、全国的に専門家としての認知を得た。彼の優生学研究は彼に、「知的障害者」および移民の遺伝的特性についての権威としての評価を与えた。アメリカ革命までさかのぼる家系を誇りにしていたので、ラフリンは南欧と東欧からの移民を生物学的に劣ったものとして見下していた。彼は移民問題の「生物学的」側面についてワシントンの連邦議会で意見を求められる専門家になった。彼はまた強制断種の強力な唱道者となり、「欠陥者の親となりうる人間を野放しにすることは優生学的犯罪と言うべきである」と主張した。(原注16)

家族研究

優生学記録所はアメリカの優生学研究、特に「劣生学的(悪い遺伝子)家族」研究のセンターとなった。それは大衆に無料の分析のために家族の遺伝的傾向についての家系情報を送るように奨励し、劣生学的家族を実地で調査するためのフィールドワーカーを訓練した。アメリカの優生学運動はアルコール依存症から動物学にわたるトピックについて、大量の研究を生みだしたが、その家族研究は最も大きな影響力を与えた。

これらの研究のなかで最も有名で影響力を持った研究は、ヘンリー・H・ゴダードの『カリカック家　知的障害の遺伝に関する研究』(一九一二年)とリチャード・L・ダグデールの『ジューク家　犯罪・貧困・病気・遺伝に関する研究』(一八七七年原著出版)の二つであった。(原注17)これらの家族研究は不潔な掘っ立て小屋に住む堕落した田舎者の家族と、何世代もの貧乏人、犯罪者、低脳者を生み続ける人びとの姿を生き生きと描き出した。これらの研究の暗黙の、時にはあからさまな想定は、人口の劣生学的な部分は生殖の権利を否定されるべきだというものであった。『丘の一族』（一九一二年）は、貧乏人と知的障害者は急速に人数が増えるので、「甚だしく欠陥のある者の生殖を制御」する措置を採用する必要があると警告した。(原注18)

これらの研究は研究対象に「腐ったジミー」「狂ったジェーン」「ジェイク・ネズミ」といったような侮辱的なあだ名をつけ、彼らの性的堕落（「酒色にふける」「姦淫」「売春」）を非難した。研究ではまた動物や昆虫のイメージも用いられている。彼らは「交尾し」「移動し」そして「巣」をつくって「人間ウジ虫が生みだされる温床」で「一腹の子」を育てるというわけだ。丘の少年たちは夏には「小さな野生動物のように」裸で走り回る。丘の妻は「女というよりも動物のように」見えるし、ダック一族のメンバーは「盗んだり隠れたりする猿のような本能」を持っている。(原注19) 家族研究は「白人のくず」神話を作り出し、それが優生学運動に中心的イメージを提供し、社会問題はその起源において主として遺伝的なものであるという主要な主張を正当化した。

優生学は勃興する社会研究の学問分野――心理学、刑事司法、社会学、ソーシャル・ワーク――に強い影響を与え、犯罪統制、教育、結婚、産児制限、アルコール消費、知的障害、貧困救済、断種に関する社会政策の形成を支援する立法を促した。指導的なアメリカの心理学者、社会学者、その他の社会科学者は彼らの研究に優生学の諸原理を組み込んだ。しかしながら、優生学の支援は傾向と行動が遺伝するという原理の受容以上のことに関係していた。「それはまた遺伝の制御について何かをする義務を社会に課した」とカール・デグラーは書いている。「たいていは知的欠陥あるいは犯罪傾向のある人びとの生殖の防止と解釈される義務」である。(原注20) ひとりの社会科学者が言ったように、社会は人口の「神経病理的な部分」の自己抑制(訳注1)に頼ることはできないのである(原注21)。

強制的断種手術

断種はアメリカにおいて犯罪をコントロールする手段として始まった。一八八七年にシンシナティ療養所の最高責任者が、刑罰および将来の犯罪抑止の双方のために、犯罪者の断種についての最初の公的勧告を発表した。当局が男性犯罪者の断種に用いた最初の方法は、農民が繁殖に供さない雄の動物の断種に用いるのと同じ方法――去勢(訳注2)――であった。去勢は一八九九年まで男性犯罪者の断種に用いられ、それ以降は精管切除(パイプカット)がより実際的(訳注3)な方法として採用された

公的政策として断種を実施するアメリカで最初の施設はインディアナ州少年院であった。同少年院のハリー・シャープ博士は、自慰防止効果を期待して一年間に数ダースの少年に精管切除を実施した。彼は後に「これは欠陥のある身体的に虚弱な連中の出産を防止するための良い方法だということがわかった」ときにようやく、自分がやっていることの優生学的価値を認識した(原注22)。

インディアナ州は一九〇七年に全米初の断種に関する州法を成立させた。それは「確認された犯罪者、白痴、低脳、強姦者」に対して、もし専門家の委員会が生殖は推奨できないと考えるならば、本人の意志に反してでも断種できると規定している。他の州はすぐにインディアナ州の後を追った。一九一五年までに一三の州が州の施設での犯罪者と知的障害者の断種を承認した。一九三〇年までにアメリカの州の半分以上が同様な州法を成立させた(原注23)。

優生学はアメリカの進歩的計画の公認された部分となり、カリフォルニア州は一九三〇年までに全米で実施された一万二〇〇〇件の強制断種の六〇％以上を占めることで先頭に立った。米国は「欠陥者」の断種を望む他の国々にとってのモデルとなった。一九二九年にデンマークは米国式の法律を成立させたヨーロッパで最初の国となり、ドイツはナチスの政権獲得から間もない一九三三年に断種法を成立させて後に続いた。（原注24）

米国で「遺伝性の精神病あるいは低脳」と診断された患者を州の施設で断種することを認めたヴァージニア州法への異議申し立ては、一九二七年には米国連邦最高裁に上告された。この事件（バック対ベル事件）は、その母や娘と同様に州によって「知的障害」と診断されたキャリー・ベルという若い女性に関するものだった。ヴァージニア州法を支持する八人の裁判官の多数意見をまとめたオリヴァー・ウェンデル・ホームズ判事は、断種法の背景にある優生学的諸原則を擁護した。彼は「経験が遺伝は精神病や低脳などの伝達に重要な役割を果たしていることを示している」と書いた。彼はもし州が戦時に若い男性に兵役を強制する権利を有しているのなら、「それよりは小さい犠牲なのだから、無能力者があふれるのを防止するために、すでに州の力を徐々に奪っている人びとに協力を求めることが」できるべきだと主張した。（原注25）

ホームズはナチスがまもなく自らの優生学的措置を正当化するために用いることになる論法とは違う論法で、自分の意見をしめくくった。「それは世界のためにより良いことだ」と彼は書いている。「もし堕落した子孫を犯罪の理由で処刑するのを待つ代わりに、あるいは低脳者が飢えるのを放置する代わりに、社会が明らかな不適格者が増えるのを阻止することができるとするならば。強制的ワクチン接種を支持する原則は、十分に幅があるので、卵管の切断にも適用できる。低脳が三代続いたら、もうたくさんだ」(原注26)。

一九三〇年代初頭までに強制断種は米国で広範な支持を得たが、最も強力な支持者のなかには、大学の学長、聖職者、メンタルヘルス・ワーカー、学校の校長、その他多くの人びとがいた。

訳注1　自発的な自己抑制に頼れないので強制する必要があるという論法である。
訳注2　睾丸の除去。
訳注3　ここで「実際的」というのは去勢よりも手術が簡便だということ。

ドイツにおける優生学

ドイツの科学者たちはアメリカの優生学的進歩に強い印象を受けた。ドイツ優生学の創始者であるアルフレート・プレッツは、一九一二年にロンドンで開かれた第一回国際優生学会議から帰国したあと、ドイツの指導的な新聞のひとつである『ベルリン日刊新聞』で、米国は世界で議論の余地なく優生学の指導国だと述べた。翌年ドイツの別の指導的な優生学者は「力にあふれ決断力のある」アメリカ人を賞賛した。「彼（アメリカ人）は、人口全体の精神的および身体的傾向を決めるにあたっての遺伝の重要性を認識したあと、ためらわずに理論的考察から精力的な実践へと進み、人種改良につながる法律を導入した」(原注27)。

第一次大戦後の年月のあいだに、優生学はドイツの医学および科学界において確固とした地歩を得て、「人種衛生学」として知られるようになった。一九二〇年に二人の尊敬を集めている学者――広く知られている法学者カール・ビンディングと神経病理学を専門とする精神医学の教授アルフレート・ホッヘ――が『生きるに値しない生命の根絶の擁護』を出版した。入院患者の問題を議論しながら、彼らは「生きるに値しない」患者――「治療できない知的障害」の人びとやその生命に「目的のない」人びと、親戚や社会にとって重荷となる人びと――の安楽死をドイツの法律は許すべきであると主張した。(原注28) これらの患者を説明するために彼らが用いた言葉(「人間の底荷」「劣等人種」「欠陥のある人類」「精神的に死んだ人びと」「人間の抜け殻」)は後にナチスの用語の一部になった。(原注29)

ホッヘは、医師が危害を与えてはいけないという伝統的概念には賛成せず、「古代の医師の誓い」としてのヒポクラテスの誓いを退けた。彼は知的障害者を殺すことの教育的価値を、彼らの身体が科学研究、特に脳研究に新しい機会を提供するがゆえに、激賞した。

アメリカとドイツが対立する陣営に分かれていた第一次大戦の後、チャールズ・ダヴェンポートはドイツの優生学者を国際的運動に再統合するための努力を主導した。ドイツとアメリカの優生学者の関係は一九二五年に友好関係に戻り、この年ドイツは国際優生学運動に復帰した。(原注30)

ドイツの優生学雑誌は、米国における展開、特に人種理論を断種、人種隔離、移民制限を支持する法律に移しかえるという事業におけるアメリカ人の進歩について定期的に報告した。フリッツ・レンツはいくぶん弁解気味に、優生学的立法の面でドイツが米国に遅れをとっているのは、「ドイツ人は実際的な政治家の手腕を発揮するよりも、科学的な研究のほうが向いているからだ」と説明している。

一九二〇年代から、アメリカの財団がドイツの優生学研究に広範な財政的支援を提供するようになった。群を抜いた最大の資金提供者であるロックフェラー財団は、(訳注4)指導的なドイツの優生学者たちを支援し、ドイツにおけるカイザー・ヴィルヘルム精神医学研究所、カイザー・ヴィルヘルム人類学・優生学・人類遺伝学研究所、その他の主要な科学研究機関の設立を助けた。ワイマール時代にドイツの優生学者たちはアメリカの優生学の偉業を賞賛し、もしドイツ人が進歩しないならば、アメリカが議論の余地なく世界の人種的指導者になるだろうと警告した。(原注31)

ナチスの政権獲得より一年足らず前の一九三二年にニューヨークで開催された第三回国際優生学会議は、テーマとして「優生学における進歩の十年」を掲げた。その会議は新聞向けにプレスリリースを発表して、「下等な生命の進化はこれまでになく大幅にわれわれの統制のもとにある」と誇らしげに宣言した。(原注32)

ナチスが政権を獲得するまでに、ドイツの諸大学にはすでに二〇以上の人種衛生学研究施設が設置されていた。ドイツ統計学会の会長フリードリヒ・ツアーンが述べたように、人種衛生学の目的は「目標をしぼった選抜とすぐれた生命の奨励と人口のなかの望ましくない部分の根絶」により、劣った生命および遺伝的劣化を防止することであった。(原注33)一九三二年までに人種衛生学はドイツの医学界においてすでに科学的正統派として自己を確立した。それはドイツのほとんどの大学の医学部で教えられ、ベルリンのカイザー・ヴィルヘルム人類学研究所(一九二七〜四五年)やミュンヘンのカイザー・ヴィルヘルム系図学研究所(一九一九〜四五年)のような権威ある研究機関の主要な研究目標であった。「この学問分野の主要な拡張は、ヒトラーが政権をとる前に起こった」とロバート・プロクターは書いている。「たとえば一二ほどの人種衛生学雑誌のほとんどは国民社会主義の勝利のずっと以前に創刊された」。(原注34)

断種は新しいナチス政府の最初の「人種浄化」プロジェクトになった。一九三三年七月十四日に政府は「遺伝的に劣った者の出生防止に関する法律」を成立させたが、それは州立病院および養護施設において精神的および身体的な異常のある患者を断種することを求めていた。この新しい断種法は先天性知的障害、統合失調症（精神分裂症）、躁鬱病、遺伝性てんかん、遺伝性セント・ヴィチュス舞踏病(訳注5)、遺伝性盲目、遺伝性難聴、重度の遺伝性身体奇形を対象としていた。

一部のナチスはユダヤ人をこの新しい法律の対象とすることを望んだ。ナチスが政権を獲得する前に、アルトゥーア・グット（後に内務省）はユダヤ人、特に東欧ユダヤ人の大量断種を提唱した。一九三五年までに帝国医師会長ゲルハルト・ヴァーグナー(訳注6)はその法律をユダヤ人にも適用すべきだと主張していたが、ナチスが「ユダヤ人問題」のより急進的な解決策へと進んだときに、その計画は不要になった。(原注36)

断種法を施行するために、ナチス政府はドイツ全土に一八一の遺伝衛生裁判所と遺伝衛生上訴裁判所を設置したが、そのほとんどは地方の民事裁判所に付設されたものだった。二人の医師と一人の法律家——そのうちの一人は「遺伝病理学」の専門家でなければならない——がそれぞれの遺伝衛生裁判所を統轄した。ドイツの医師たちは遺伝病の知り得たすべての症例を登録するように求められ、怠ったときは罰金を課せられた。あらゆる医師は人種研究所で遺伝病理学の研修コースを履修することも求められた。しかしながら、ナチスは追いつくために多くのことをしなければならなかった。彼らが一九三三年に断種プログラムに着手したときには、米国はすでに一万五〇〇〇人以上を断種しており、そのほとんどは刑務所あるいは精神障害者の施設に収容されているときに行われていた。(原注37)

訳注4　ロックフェラー財団は当時医学・生物学への資金助成が大きな方針。たんにドイツが医学先進国だという理由で助成したのであり、ヒトラー政権の成立以前には反ユダヤ主義への認識が甘かったのであろう。
訳注5　セント・ヴィチュス舞踏病（Saint Vitus Dance）という言葉は現在では用いられず、シドナム舞踏病（Sydenham chorea）という。連鎖球菌感染後数ヵ月して出現する感染後舞踏病。不規則に痙攣する不随意運動を起こす。遺伝病ではなく感染症である。
訳注6　一九二八年にはすでにナチス医師同盟ができていた。ヴァーグナーは古参のナチ党員で、ヒトラーの政権獲得とともにドイツ医師会長となった。一九四五年にベルリンで自殺。

アメリカとドイツのパートナーシップ

アメリカの断種法、人種隔離、移民制限はヒトラーとナチスに非常に好印象を与えたので、ナチス・ドイツは米国に人種問題の指導を期待するようになった。一九三一年から一九三三年までナチス党の経済政策局長であったオットー・ヴァーゲナーは、ヒトラーが米国における優生学の発展に特別な関心を抱いていると報告している。ヴァーゲナーによると、ヒトラーは次のように述べた。「今やわれわれは遺伝の法則を知っているのだから、不健康で重度の障害をもった者たちがこの世に生まれてくるのを相当程度まで防ぐことができる。私は非常な関心をもって、その子孫が種族にとっておそらく無価値あるいは有害であろうと思われる人間の再生産を防止することに関するアメリカのいくつかの州の法律を研究してきた（原注38）」。

未公刊の自伝において、アメリカ優生学会の事務局長レオン・ホイットニーはヒトラーのアメリカ優生学に対する鋭い関心を例証する物語を語っている。一九三四年にホイットニーはヒトラーのスタッフ・メンバーからホイットニーが最近出版した著書『断種の擁護』を総統に一冊送るように依頼する手紙を受け取った。その後すぐにホイットニーはその本をドイツに送ったが、彼はヒトラーが署名した感謝状を受け取った。後にホイットニーがその手紙をマディソン・グラントに見せると、グラントは微笑してデスクのフォルダーを開き、やはりヒトラーから来た手紙をホイットニーに見せた。ドイツの独裁者の手紙はグラントに『偉大な人種の死』の執筆を感謝しており、「この本は私のバイブルだ」と述べていた。(原注39)

ドイツ人たちはアメリカの断種法に特別な関心を抱いた。『民族と人種』は強制断種を正当化した米国最高裁判所の決定を賞賛した。一九三九年にナチの人種刊行物『人種生物学および社会生物学記録集(*Archiv für Rassen - und Gesellschaftsbiologie*)』は、アメリカの最初の断種法の成立以来、米国は「偉大なことを達成した」と書いている。しかしながら、ドイツの一部の優生学者はアメリカの断種措置のいくつかはあまりに「急進的」であると考え、アメリカの諸州が断種法を施行する恣意的なやり方や、いくつかの州が刑罰の一形態として断種を用いるやり方について不同意を表明した。彼らはドイツの法律によって求められている遺伝衛生裁判所が行う洗練された意思決定過程を誇らしげに指摘している。(原注40)

アメリカの優生学者たちはナチスが政権を獲得してからわずか六ヵ月後に成立させることができたドイツの法律はカリフォルニアの断種法およびモデル優生断種法――ハリー・ラフリンが一九二二年に考案――をベースにしているという事実を誇らしげに指摘した。ドイツ法はラフリンの基本的な指針にしたがっているが、犯罪者、アルコール依存症患者、経済的に依存している人びと――ラフリンのモデル法はこれらも対象としている――の断種に関する条項はない。しかし、ドイツ法はアメリカのモデルに十分に近いので、アメリカの刊行物『優生学ニュース』も「アメリカの優生断種法の歴史に通じている人なら、ドイツ法のテクストがアメリカのモデル断種法とほとんど同じであることがわかるだろう」と結論することができた。(原注41)

一九三五年に断種プログラムの担当者や遺伝衛生裁判所の判事と意見交換するためにナチス・ドイツを訪問したアメリカのある衛生委員会の代表は、次のように報告している。「ドイツの断種運動の指導者たちはゴスニー氏とポペノー博士が報告しているように、カリフォルニアの実験を研究したあとでようやく、法律が立案されたと繰り返し述べている。彼らが言うには、他での先行する経験に大きく依存することなしには、一〇〇万単位の人びとにかかわるこのような冒険を実行することは不可能だったろうということだ(原注42)」。

ゴスニーはカリフォルニアの主要な優生学組織である人類改良財団の理事長だった。ドイツのあるプロテスタント社会福祉組織の管理者に送ったカバーレターで、ゴスニーは「ドイツにおける優生法の採用によって、いまや一億五〇〇〇万人以上の人びとが優生法のもとで生活していることになる」という事実を賞賛している。ポペノーはドイツの法律は「これまで一度に優生法のもとにおかれた人数としては最大の人数」を対象としていると言明した。彼はドイツの断種法をカリフォルニアの優生学諸原則の成就とみなし、それはアメリカのほとんどの州の断種法よりすぐれていると述べた。(原注43)

ナチス・ドイツの努力はすぐに米国のそれをしのぐようになった。正確な数字は入手できないが、ナチスのもとで断種されたドイツ人の総数は推定で三〇万～四〇万人に及ぶ。(原注44)しかしながら、一部の人種衛生学者にとってはそれで十分ではなかった。ドイツにおける最も卓越した北方人種優越論の唱道者のひとりであるフリッツ・レンツは、ドイツ人口の一〇〜一五％は欠陥があり、断種されるべきであると主張した。(原注45)

ナチスはアメリカの優生学者が「堕落した人びと」の断種を正当化するのに用いた家族研究を援用した。ゴダードのカリカック家に関する本を一九一四年に初めて翻訳して出版したドイツ人たちは、ナチスが政権をとったあとの一九三三年十一月に第二版を出した。第二版への序文は、カリカック研究が七月に成立したナチス断種法の必要性を確証したと述べている。『人種学雑誌』はリチャード・ダグデールのジューク家についての初期の研究を「劣等性」の遺伝的特性を証明する最初の研究として賞賛した。(原注46)

遺伝病と北方諸国以外の人びとを阻止するアメリカの移民法もドイツ人に強い印象を与えた。一九三四年にドイツの人種人類学者ハンス・F・K・ギュンターはミュンヘン大学の聴衆にアメリカの移民法はナチス・ドイツにとって指針および刺激になるべきだと語った。(原注47)

ドイツの人種科学者たちもアメリカの人種隔離と異種族混交に関する法律を賛美した。ナチの理論家たちはドイツの人種政策がアメリカに遅れをとっていると不満を述べ、米国南部のいくつかの州では三二分の一黒人の祖先がいる人は法的に黒人であるのに対して、ドイツでは八分の一ユダヤ人である人、あるいは多くの場合は四分の一ユダヤ人である人は法的にはアーリア人とみなされると指摘した。ドイツ人たちはアメリカの異種族混交に関する法律を注意深く研究し、ドイツの医学雑誌は米国における人種関係の現状を示す表を載せて、黒人が白人と結婚できる州とできない州、投票できる州とできない州、などを示している。
一九三九年にドイツの指導的な人種雑誌、『人種生物学および社会生物学記録集』は、ミズーリ大学が黒人学生の入学を拒否したことを肯定的に報告している。数ヵ月後、同じ雑誌は、再び肯定的に、アメリカ医師会（AMA）が黒人医師の入会を拒否したことを報じた。ドイツの医師たちは最近、ユダヤ人がユダヤ人患者を診療する場合を除いて医療に携わることを阻止したので、ドイツの人種科学者たちは、ドイツは人種的純粋性を保持しようとする唯一の国ではなかったと指摘することができた。(原注48)

ナチス優生学に対するアメリカの支援

アメリカの優生学者たちはナチスの人種政策に対する国外では最強の支援者であった。一九三四年に『優生学ニュース』は、「世界のどこにも応用科学としての優生学をドイツほど積極的に実践しているところはない」ことを明らかにし、ナチスの断種法を歴史的な前進として次のように賞賛した。

……国民的性格の生物学的基礎の認識において世界の偉大な諸国を指導する国が登場するためには、一九三三年のドイツを待たねばならなかった。アメリカのいくつかの州の断種法規およびドイツの国家断種法規は、法の歴史において、人間の生殖の管理の主要な側面を世界で最も前進した国家が実施する一里塚となるであろう。それは重要性において国家が婚姻を法的に管理することにも比肩できる。(原注49)

「バック対ベル事件」が発生し、断種の実施件数ではカリフォルニアに次いで二位であるヴァージニア州では、州の優生学運動の指導者であるジョセフ・S・デジャネット博士が、一九三四年に、ヴァージニア州は十分な数の人びとを断種していないと不満を述べた。彼は州政府にもっとナチス・ドイツの法規に近づくために、断種の対象を拡張するように促し、州議会議員たちには次のように述べた。「ドイツ人は我が国がつくったゲームにおいてわれわれを打ち負かしつつある」(原注50)。

ドイツの人種プログラムに対する国際的反応をモニターする刊行物である『人種政策外信(*Rassenpolitische Auslandskorrespondenz*)』は、アメリカの優生学活動についての一一の報告を掲載したが、そのうちの四本は、アメリカ優生学運動のナチス人種政策に対する支援に関するものだった(原注51)。

アメリカの優生学者たちは、ドイツにおける優生学の進展をアメリカのメディアが広範に報じていることによって元気づけられた。レオン・ホイットニーは四〇万人のドイツ人を断種するというヒトラーの計画についてアメリカの新聞が掘り下げた報道を、アメリカの大衆の優生学への関心の顕著な増大の主要な理由とみなした。彼はヒトラーの野心的な計画が「[米国の]この主題にまったく関心をもったことのない何千もの人びとのあいだに」議論を巻き起こしたことをありがたく思った(原注52)。

ナチス・ドイツの熱狂的な支持者であったハリー・ラフリンは、一九三三年の政権獲得の前でさえ、ナチスについての新聞記事の切り抜きを集めていた。優生学的隔離のためのナチス人種局の設置についての新聞記事のひとつの欄外には、ラフリンは次のように書いている。「ヒトラーはERA[優生学研究協会]の名誉会員になるべきだ!」ラフリンは優生学記録所の管理者としての地位を利用して、ナチスの優生学のメッセージをアメリカの大衆に広げた。

ラフリンは優生学のメッセージを広げる道具としての映像の強力さに、特別な印象を受けた。彼は国民社会主義人種および政策局が一九三五年から一九三七年までに制作した断種についての五本のサイレント映画のひとつである『遺伝的病者（*Erbkrank*）』の英語版を入手した。ヒトラーは『遺伝的病者』を非常に好んだので、『過去の犠牲者（*Opfel der Vergangenheit*）』という続編の制作を命じ、それを一九三七年にドイツ全土の映画館で上映させた。（原注53）『遺伝的病者』およびその他の「遺伝病」の人びとについてのナチスのプロパガンダ映画のキャプションと解説は、彼らを「生き物」「存在」「生存」「生きるに値しない命」「白痴」「人間の形と魂の戯画化」などの言葉で描いている。

いくつかの映画では知的および身体的に障害のある人びとを動物と同一視している。『遺伝的病者』は髪の毛を剃った若い男がひとつかみの草を食べているところを写し、他のナチスの映画は、特に選抜育種のメリットを示すためによく用いられる血統書付きの猟犬や競走馬と対比して障害のある人びとは、動物のレベル以下だと宣告している。（原注54）

『遺伝的病者』は知的障害のある人びとの一団を示しており、この映画の英語の字幕のひとつは「多くの白痴は動物以下だ」と宣告している。植物を植える男女を示している最終場面にある字幕は次のように読める。「雑草の繁茂を防ぐ農民は、価値あるものを奨励する」。映画の冒頭部分では、人種政策局の局長ヴァルター・グロスは、映画のメッセージを次のように要約している。「酒飲みや犯罪者や白痴の子孫のために宮殿を建てながら、労働者や農民をあばら屋に住まわせておく国民は、急速に自滅の道をたどっているのだ（原注55）」。

その映画は、ユダヤ人は特に知的障害と不道徳に陥りやすいと主張しているのだが、ラフリンは『優生学ニュース』で、この映画には「何らの人種的プロパガンダも」含まれていないと言い張っている。彼が主張するところによれば、この映画の唯一の目的は、「人種を問わず、家族の身体的、知的、霊的な質の健全性について、大衆を教育する」ことだと言うのである。(原注56)

アメリカ人たちの訪問

ナチスが一九三三年に政権を獲得したあと、何十人ものアメリカの人類学者、心理学者、精神科医、遺伝学者がドイツを訪問し、暖かく迎えられた。役人たちがナチスの指導者や科学者とのハイレベルの会合、人種衛生研究機関、公衆衛生部局、遺伝衛生裁判所への訪問をお膳立てした。アメリカ人たちが帰国して訪問の成果を専門職の雑誌や新聞に報告するときは、ドイツの断種プログラムを賞賛し、遺伝衛生裁判所がいかにしてドイツ社会の「不適格」なメンバーが常に公正なヒアリングを受けることを保証しているかを説明した。

ドイツの権威ある大学(訳注7)からの名誉学位の授与は、ナチス政府が外国の科学者の支持をとりつけるための手段のひとつだった。一九三四年にフランクフルトのヨハン・ヴォルフガング・ゲーテ大学はアメリカの有名な古生物学者ヘンリー・フェアフィールド・オズボーンに名誉学位を授与した。アメリカの優生学運動の最も初期の最も重要な人物のひとりであったオズボーンは、二五年のあいだニューヨークのアメリカ自然史博物館の館長であり、コロンビア大学の生物学部の創設者であった。彼はまたアメリカ優生学会の創設者でもあり、一九二一年の第二回国際優生学会議の会長を務めた。権威ある名誉学位を認められたオズボーンは、それを受けるためにナチス・ドイツに行った。(原注57)

ナチスはハイデルベルク大学の創設五五〇周年を利用して、ドイツの学問と科学の新しい精神を誇示し、多くの卓越したドイツ人および外国人の科学者に名誉学位を授与したが、そのなかにはアメリカ人のフォスター・ケネディやハリー・ラフリンもいた。精神科医で、米国安楽死協会のメンバーであったケネディは、知的障害者の殺害を公然と支持することでよく知られていた。(原注58)

ラフリンはナチス・ドイツで最も尊敬されているアメリカの優生学者のひとりであった。ハイデルベルク大学の医学部長であり人種衛生学の教授であったカール・シュナイダー博士が一九三六年五月にラフリンに手紙を書いて、ハイデルベルク大学が彼に名誉医学博士の学位を授与したいと思っていると知らせると、ラフリンは世界で最も権威ある大学のひとつからそうした名誉を受けることに感動した。彼は自分で学位を受けるためにナチス・ドイツに旅行することはしなかったが、一九三六年十二月八日にニューヨーク市のドイツ領事館で誇らしげにそれを受けた。

名誉学位の学位記はラフリンを「実践的な優生学の開拓者として成功をおさめ、アメリカにおける人種政策の先見性豊かな代表者である」と賞賛した。(原注59) 彼は優生学の同僚から祝福を受け、ドイツと米国の新聞から第一人者として認知された。(原注60) 三年後、ラフリンの学位を推奨したシュナイダー教授は、ナチス安楽死プログラムの科学顧問となり、何千人もの知的および身体的に障害のあるドイツ人のガス室での根絶にかかわった。(原注60)

第二次大戦が始まったあと、ただし米国が参戦する前に、アメリカの優生学者は引き続きドイツを訪問した。一九三九～四〇年の冬に、遺伝学者T・U・H・エリンジャーはカイザー・ウィルヘルム人類学・人類遺伝学・優生学研究所の遺伝学者ハンス・ナハツハイムとの一連の会合のためにドイツに旅行した。エリンジャーはまたジプシー〔ロマ人〕とアフリカのブッシュマン〔サン人〕についての研究で知られる人類学者であり、ナチス親衛隊のメンバーでもあるウォルフガング・アーベルとも会った。アーベルはドイツの人口における「ユダヤ的要素」についてのドイツ人の研究結果についてエリンジャーと討論した。エリンジャーは米国に帰国すると、『遺伝学雑誌』にドイツにおけるユダヤ人の扱いは宗教的迫害とは何の関係もなく、むしろ「セム族（ユダヤ人）という人種の遺伝的特性を排除することを目的とした大規模な繁殖計画」であると説明した。エリンジャーはカイザー・ウィルヘルム研究所がユダヤ人の身体的および心理的特性について集めた「驚くべき膨大な量の偏見のない情報」に感銘を受けたと報告した。(原注61)

著名なアメリカの人類学者ロスロップ・ストダードが一九四〇年にナチス・ドイツで四ヵ月を過ごしたとき、ナチスは彼やその他の有名なアメリカ人が、戦争が始まったあとにもかかわらず、引き続きドイツを訪問していると誇らしげに指摘した。公的には、ストダードは北米新聞同盟のためにジャーナリストとしてドイツにいたが、ハイレベルの政府および科学研究にアクセスできたのは、有名な優生学者としての彼の名声ゆえだった。(原注62)

彼の最も人気ある本『白人優位社会に逆らう有色人種の増加（*The Rising Tide of Color Against White World Supremacy*）』（一九二〇年に刊行）のなかで、ストダードは進歩と文明は「北方人種」の成果であると書いた。北方人種は「清潔で男らしく、天才を生みだす人種であり、遺伝の間違いない作用を通じて世代を超えて資質が受け継がれており、好適な環境のもとでは人口が増え、問題を解決し、より高いより高貴な運命へとわれわれを押し上げる」というのである。『白人優位社会に逆らう有色人種の増加』と『文明への反逆（*The Revolt Against Civilization*）』や、西洋世界を通じて広く賞賛されているその他の本のなかで、ストダードは南欧、東欧の文明度の低い人びとや、アフリカとアジアの有色人種からの北方人種の優越性に対する脅威について警告した。（原注63）

ストダードは、ドイツのさまざまな人種衛生研究機関を訪問し、同国の指導的な科学者や政治指導者――ヒトラーやヒムラーも含む――に会った。ストダードはベルリンの遺伝衛生最高裁判所――二人の常勤判事である精神病理学者と犯罪心理学者によって構成されていた――のある開廷期間に出席した。彼は法廷に持ち出された諸事件について書いている。知的障害のある少女、家族にいくつかの「不幸な」遺伝的特徴のある聾唖の人、躁鬱病の人（ストダードは「彼が断種されるべきであることは疑いない」と書いた）、そして後退した額と広がった鼻孔を持ち、ホモセクシュアルの履歴があり、ユダヤ人女性と結婚して三人の「怠け者で役に立たない子どもたち」を持つ「類人猿のような」男である。

ストダードは「劣等要素」をうまく除去する法廷に深い感銘を受けて裁判所を離れ、ドイツの断種法は「その諸条項を厳格に実施するように運用されており、判断はどちらかといえばたいてい非常に控えめになされている」との確信をますます強めた。ストダードはアメリカの読者たちにナチスは「科学的で人道的な方法で、ドイツ人のなかの最悪の系統を除去しつつある」と保証した。「ユダヤ人問題」についてては、それは「すでにおおむね解決しており、第三帝国からユダヤ人の身体が排除されることによって、近いうちに実質的に解決される予定である」としている。（原注64）

訳注7　当時の米国の学者のあいだではドイツに留学して箔を付けることが流行していた。原爆開発のオッペンハイマー博士もその一例である。またノーベル賞受賞数でも当時のドイツは米英仏露などよりも優勢であった。

ヒムラー、ダレ、ヘス

アメリカ人のダヴェンポートやラフリンと同様に、ナチス親衛隊の隊長でホロコーストの主要な計画立案者であったハインリヒ・ヒムラーも、動物の育種から優生学への旅を始めた。彼は農業研究とニワトリ育種の経験から、あらゆる行動特性は遺伝的なものであるから、個体群——人間と人間以外の動物の双方——の将来を形成する最も効果的な方法は、望ましいものを選抜し、望ましくないものを除去する育種プロジェクトを制度化することであると確信した（原注65）。

ヒムラーの農業と動物育種への情熱は、ギムナジウム（高校）教育を終えるとすぐに始まり、農業に経験がなかったにもかかわらず、両親の希望に反して、農業でキャリアを積むことを決断した。彼はミュンヘン工業大学に入学し、そこで農業経営を学んで、農業機械会社での二ヵ月間のインターンシップを伴う実習課目の履修を完了した。一九二一～二二年の最終学年のあいだ、ヒムラーはいくつかの農業協会に加入した。彼はバヴァリアで農場経営者としての地位を得ることを望んだが、あまりに若く未経験だった。

一九二〇年代半ばにヒムラーが創設間もないNSDAP（ナチス）党の政治的に活発な支持者になっ

たとき、ドイツ農民の美徳と、新しいドイツの人種的前衛となることを運命づけられている役割を激賞するスピーチを行った。最初から、ヒムラーは自分を農業問題の権威者として押し出した。一九二六年四月二十二日付けの農場問題についての著述家への手紙のなかで、彼は書いている。「私は農場を持っていませんが、それでも農民であります」。その間、ヒムラーの養鶏場経営は、彼の優生学および動物と同様に人間を改良することへの執念を増大させた。フリッツ・レートリヒが書いているように、「ニワトリの育種と屠畜への関心は、人間の育種と殺戮へと移転された（原注66）」。

ヒムラーは多くの人種主義パンフレットを読んだあと、人種を意識した育種の便益をいっそう確信するようになった。彼は政治的指導者の仕事は、「あまりに多くの交雑育種によって疲弊した既知の種から純粋な新しい系統を育種したいときには、まず農場に行って望ましくない植物を淘汰（間引き）する植物育種の専門家のように」なることであると信じた（原注67）。戦後、彼が率いた親衛隊の将校のひとりは、ヒムラーの農業的背景が、人種育種への執念の背後にあると証言した。ジェノサイドへの道に沿った各段階で、動物搾取――育種、淘汰、屠畜――がお膳立てされたのである。

一九四〇年代初頭にヒトラーとその他のナチス高官が混血（ユダヤ人の血が入ったドイツ市民）の厄介な問題に対する解決策を探そうとしていたとき、ヒムラーはいつものように動物育種の視点から問題を考えた。彼はマルティン・ボルマン（訳注8）に次のように書いた。「われわれは植物と動物の増殖（繁殖）のとき行うのと同様の路線にしたがって前進しなければならない」。彼は少なくとも数世代にさかのぼって調べたとき混血歴のある家族の子孫を確認するための強制的人種スクリーニングを促し、「人種的劣等性の場合には、個人を断種して血統の継続を防止しなければならない」と勧告した（原注68）。

ヒムラーはかつてアメリカの優生学者ができなかったような方法で、動物育種の原理と方法を人間に適用できる立場にいた(原注69)。ヨッヘン・フォン・ラングは書いている。「ニワトリ育種家としての商業的な失敗のあと、ヒムラーは人間の育種家になるように選ばれた(原注70)」。人種的に純粋なナチス親衛隊の男性は繁殖用の雄牛のようなものであり、不適格あるいは厄介者とみなされた人びとは淘汰される運命にあった。「最も豊富な生殖の機会がドイツ国民の人種的エリートであるこの階級［ナチス親衛隊］に与えられるべきことは当然でなければならない」とヒムラーは宣言した。「二〇年から三〇年後には、われわれは本当にヨーロッパ全域に指導的階級を提供できるだろう(原注71)」。彼の伝記作家であるリチャード・ブライトマンによると、ヒムラーは自分の犠牲者を人間とは思わなかった。だから彼はその人たちの苦しみや運命についてまったく配慮しなかったのである。「彼らはどんな農民でも自分と家族を養うために処理しなければならない病害虫や害獣のようなものだ(原注72)」。

　ヒムラーと同様に、ナチス党の主要な農業の権威であり、最も初期の最も重要なイデオローグのひとりであったリヒャルト・ヴァルター・ダレは、農業を勉強し、家畜育種について知っていた。「第三帝国食糧大臣および帝国農民指導者」の称号をもつダレは、農民は人種的な力をもつ国民の宝であり、家畜育種の原理がナチス人口政策を導くべきであると信じていた（「国民はよく練られた育種計画が文化のまさに中心に立つときにのみ、霊的《スピリチュアル》および道徳的な安定に到達することができる(原注73)」）。

　ダレはヒムラーに、ドイツが人種的エリートを必要としていると確信させ、彼がナチス親衛隊をアーリア人の前衛に変えるのを助けた。ヒムラーはお返しにダレを親衛隊の名誉会員にした。ヒムラーと同様に、ダレは望ましくない要素を除去することによって国民の人種的資質を改良できると信じていた(原注74)。

「我が国の真の財産は良き血統である。劣等な血統を除去することによってのみ、あらゆる優生学的進歩は開始できる」[原注75]。

アウシュヴィッツ収容所長であったルドルフ・ヘスは、農業的背景をもつもうひとりの強力な優生学支持者であった[訳注9]。ヘスは一九二一年あるいは一九二二年にヒムラーに面識を得て、一九三〇年以降はよく知るようになった。「彼らはどちらも農業に情熱をもっていた」とブレイトマンは書いている。「彼らには語ることがたくさんあった[原注76]」。アウシュヴィッツがまだ小さな収容所にすぎなかった初期の時代に、この二人の男はサテライト収容所のネットワークを構築し、その複合体を大きな農業センターに転換する計画をたてた。ヘスは後に自伝で書いている。彼は農民だったからヒムラーの大胆な計画は自分を興奮させたと。「アウシュヴィッツは東部領域のための農業試験場になる予定だった。われわれがドイツでこれまで決して持てなかった機会が開かれていた。十分な労働力が利用できた。巨大な研究室と植物の苗床が設置されることになっていた。あらゆる種類の畜産がここで追求されることになっていた[原注77]」。

しかしながら、ヘスはまもなくこの収容所について別の計画があることを知った。「一九四一年の夏にヒムラーは私をベルリンに呼び、ほとんどヨーロッパ全域にわたるユダヤ人の大量虐殺という、いまわしい苛酷な命令を私に与えた。その結果、アウシュヴィッツは史上最大の虐殺施設となった」。一九四二年の夏までにアウシュヴィッツはドイツの人間と動物の個体群の改良のための包括的な優生学センターとしての大きな一歩を踏み出した。それは、家畜センターと、ユダヤ人、ジプシー、その他の「劣等人種」を淘汰するためのビルケナウ根絶施設を備えたものである。

訳注8　マルティン・ボルマン（一九〇〇〜一九四五）。元陸軍軍楽隊隊員で郵便職員の息子として生まれた。

メクレンブルク州の農場で働くために学校を中退した。ヒトラーの秘書になる。後にナチス党官房長。終戦時に自殺。

訳注9　ナチズムと農業・畜産との関連を示唆するエピソードをひとつ紹介する。獣医学関係者は、当時のドイツの他のいかなる職業集団よりも、ナチスの党員比率が高かったという。ボリア・サックス『ナチスと動物』（関口篤訳、青土社、二〇〇二年）二二三頁。

ドイツのT4作戦とガス室の発明

イスラエル・ガットマンとマイケル・ベレンバウムの言葉によれば、一九三九年にヒトラーが「アーリア人優越神話を困惑させるような知的障害、情緒障害、身体障害のあるドイツ人の系統的な殺害を開始する」命令を出したことで、ドイツの優生学キャンペーンは新しい致命的な局面に入った。（原注78）一九二九年にヒトラーはニュルンベルクでのナチス党年次大会で「もしドイツが毎年一〇〇万人の子どもを産み、最も弱い七〇〜八〇万人を排除したら、最終結果はおそらく［国民的な］力の増大であろう」と語った。（原注79）

一九三五年にヒトラーがそのことについて何かできる地位についたとき、帝国医師会長であるゲルハルト・ヴァーグナー博士に障害のある人口を国民から取り除きたいと語った。しかし彼はドイツおよび外国の世論からの望ましくない反応を恐れたので、戦争まで待ったほうがいいと思った。「そのときには全世界の注意が軍事作戦に向かうし、いずれにせよ人間生命の価値が減少するであろう」。そのときには「国民を知的障害者の重荷から解放する」ことがもっと容易になる。（原注80）マイケル・バーレイは秘密裏に起草された法案が「重篤な先天性の知的あるいは身体的奇形の人びと――長期間にわたるケアを必要とするがゆえに、他の人びとに『恐怖』を呼び起こすものであり、『最低の動物レベル』に位置している――の殺害を想定していた」と書いている。(原注81)

ヒトラーは総統官房長官フィリップ・ボウラーと主治医のカール・ブラントに、戦後のニュルンベルク医学裁判で米国の軍事裁判起訴状が「高齢者、精神障害者、不治の病人、奇形のある子ども、その他の人びとをガス、致死性薬物の注射、その他様々な手段で養護施設、病院、アシュラム（保護施設、精神病院）で系統的かつ秘密裏に処刑する」(原注82)と形容した仕事を担当させた。

ドイツ人の子どもたちの殺害は一九三九年十月にブランデンブルクのプロイセン地方のゲルデン州立病院で始まり、第三帝国全土に設置された二一の追加病棟で続けられた。いったん子どもたちが確認され、収容されると、医師と看護師は彼らを餓死させるか、致死量のルミナール(訳注10)（鎮静剤）、ベロナール(訳注11)（睡眠剤）、モルヒネ、スコポラミン(訳注12)を投与した。子どもが錠剤あるいは液剤の薬を飲み込むのを躊躇した場合には、静脈に注射された。(原注83)

「安楽死」プログラムの範囲は、次の段階――障害のある成人の殺害――に入ると大きく拡張された。断種から根絶への進展はナチスにとっては論理的なものであった。最初に、ナチスのレジーム（体制）は、不適格な乳児の出生を抑制するために強制断種を実施した。それから、その出生が断種プログラムによって防止されなかった不適格な乳児あるいは子どもを除去するために、子どもの安楽死を導入した。最後の段階は国から知的および身体的な不適格者をきっぱりと取り除くために考案された成人の安楽死プログラムであった。(原注84)

子どものプログラムと同様に、成人のプログラムはベルリンのヒトラーの官房の仕事とされた。しかしながら、範囲がより大きかったため、官房は追加スタッフを雇用し、事務所をベルリンのティーアガルテン通り四番地（訳注13）の没収されたユダヤ人大邸宅のなかの新しい場所に移さなければならなかった。この住所がその後プログラムの名称――オペラチオンT４あるいは単にT４――になった。「処理」される患者の選択は、医学専門家の委員会の手に委ねられた。この委員会は四〇人の特別に指名された医師から成り、そのうちの九人は大学の医学部教授であった。しかしながら、T４の精神科医たちは実際の殺害を担当していた。病棟で殺害される子供たちと違って、成人の患者は「引き渡し施設」から処刑の場所へと移送されなければならなかった。（原注85）

患者の最も効率的な殺害方法については、多くの論争があった。ほとんどのT４の医師と技師は、一酸化炭素ガスの使用を好んだ。ビンディングは二〇年前にガスを推奨していたが、作動中の自動車エンジンと機能不全のストーブでの経験にもとづいてその効果を保証した。ブラントがこの問題をヒトラーと議論したとき、ヒトラーはガスを使うべきだという彼の勧告を受け入れた。化学者アルベルト・ヴィドマンは患者が眠っているあいだにガスを病棟に放出すべきだと勧告したが、T４の管理者たちは、それはあまりに非実際的だと結論した。患者のところへガスを持ってくるよりもむしろ、患者をガス噴射センターに移送することを彼らは決定した。ヴィドマンは人間について勧告する前に、マウス（ハッカネズミ）とラット（ダイコクネズミ）でガス噴射の試験を行った。（原注86）

一九三九～四〇年の冬に、ドイツ人はブランデンブルク市にあるナチス親衛隊がつくった施設で二日間にわたりガス噴射の公開実験を行った。試験で八人の男性患者がうまく殺されたあと、T４は六ヵ所のガス噴射施設を建設した。ブランデンブルクとグラーフェンエックで一九四〇年一月に開設、ハルトハイムとゾンネンシュタインでそれぞれ五月と六月に開設、ブランデンブルクとグラーフェンエックの施設に取って代わるベルンブルクとハダマールでは年末の開設であった。ナチス政府は知的不適格者と身体的不適格者を除去するためのT４キャンペーンを公式には一九四一年八月に停止したが、「不適格者」の殺害は非公式には戦争が終わるまで続けられた。公式のT４作戦は七万ないし九万人を殺害したと見積もられている。しかしながら、知的障害者の殺害はT４作戦に限定されなかったし、一九四一年以降もずっと続けられたので、犠牲者の総数はその二倍に近づいた。[原注87]

一九四二年に、ドイツの精神科医たちが最後の患者をガス室に送り出してから間もない頃のことであるが、『アメリカ精神医学会雑誌』は知的障害のある子供たち（「自然の失敗作」）の殺害を提唱する論文を掲載した。[原注88]

訳注10　フェノバルビタールの商品名。
訳注11　ジエチルバルビツール酸の商品名。
訳注12　副交感神経遮断薬。
訳注13　ティーアガルテンは小規模の動物園という意味。

動物搾取から大量殺人へ

一九四一年八月にT４作戦が公式には終結したあと、その技術的専門知識と設備の多く、そして人員の少なくとも九〇%はポーランドへ送られ、絶滅収容所の設置と操業に携わった。T4の患者を移送し、騙し、殺害するためにすでに開発されている技術は、ユダヤ人大量殺戮の手順となった。ヘンリー・フリードランダーはT4作戦の最終解決への貢献を次のように説明している。

……殺害技術はT4作戦が最終解決に対して行った最も重要な貢献であった。この技術は殺害過程のハードウェアとソフトウェアの双方にかかわっていた。それはガス室と火葬場だけでなく、犠牲者をおびき出してガス室に入れ、流れ作業ラインのように彼らを殺害し、その遺体を処理するために開発された方法にもかかわっていた。これらの技術は、金を含む歯やブリッジを抜き出すことも含めて、T4によって開発され、東方へ移転された。(原注89)

「安楽死プログラムはおそらく最終解決を遂行するスタッフの訓練場となることを意識して考案されたものではなかった」とジョン・ロスは書いている。「しかしハルトハイム城やその他のセンターの人員が死の収容所を運営するためにポーランドに再集結したのは、まったくの偶然の一致ではありえなかった」(原注90)

安楽死による殺害はナチス・ジェノサイドの序章であった。「障害者の大量殺戮がユダヤ人とジプシーの大量殺戮に先行し、安楽死に続いたのは最終解決であった」とフリードランダーは書いている。ブランデンブルク、グラーフェンエック、ハルトハイム、ゾンネンシュタイン、ベルンブルク、ハダマールの安楽死殺害センターで業務を学んだ殺人者たちは、ベウジェツ、ソビボル、トレブリンカの殺害センターのスタッフにもなった」(原注91)。

アメリカとドイツの優生学思想のゆりかごである畜産は、後にポーランドに送られて死の収容所のスタッフになった多くの人びとを含めて、T4の重要な職員の多くを生みだした。T4のチーフマネージャーであったヴィクトル・ブラックはミュンヘン工科大学で農学の学位を取り、障害児の殺害を調整した事務所の長であったハンス・ヘフェルマンは農業経済学の博士号を持っていた(原注92)。T4の中央財務局長であったフリードリヒ・ローレントはナチス党の専従職員になる前に農業研究所で訓練を受けた。T4のグラーフェンエック殺害センターを管理したヤーコプ・ヴォーガーは農民の息子であるが、一九四一年に他のT4職員とともに東方へ送られ、ポーランドの死の収容所で働いた。しかし深刻な交通事故によりキャリアは中断された(原注93)。

オーストリアのハルトハイム殺害センターで一年以上を過ごす前に、ブルーノ・ブルックナーはリンツの屠畜場で運搬人として働いていた(原注94)。ゾンネンシュタインとトレブリンカの双方に勤務したオットー・ホーンはかつて農業労働者であり、T4に雇用される前は男性看護師であった。ヴェルナー・デュボイスは農業を勉強し、ナチスで働く前はオーデルのフランクフルト近郊の農場で働いていた。ナチスの職員になると、最初は親衛隊の自動車部隊の運転手としてザクセンハウゼンの強制収容所で働き、次に患者殺害のために、グラーフェンエック、ブランデンブルク、ハダマール、ベルンブルクに移送するT4バスの運転手になった。彼はまた遺体と骨つぼも搬送し、それからT4の火夫となったが、その仕事は遺体をガス室から運び出し、金歯を抜き、焼却することであった。彼の最後の仕事はベウジェツの死の収容所での仕事で、そこで彼はガス室のディーゼル・エンジンを運転していた。

トレブリンカの特にサディスティックな看守であったヴィリ・メンツは一九四〇年には雌牛の乳搾りをしていたが、そのときミュンスターの農業労働力の交換でグラーフェンエック殺害センターの乳搾りの仕事に雇用された。T4は、彼に最初はグラーフェンエックで次はハダマールで、雌牛と豚の世話をさせた。一九四二年七月にトレブリンカに転勤したあと、彼の最初の仕事はガス噴射が行われている上部の区画で遺体を焼却することであった。彼の次の仕事はラザレットにおけるもので、彼は偽の診療所で母親と幼い子どもを射殺する仕事をした。トレブリンカに送られた別のT4労働者は、アウグスト・ミーテで、彼は地域の農業会議所の斡旋でグラーフェンエックでの職を得た。(原注95)

トレブリンカの最後の所長であったクルト・フランツは、ナチス親衛隊に入る前には、食肉処理の親方として訓練を受けた。ソビボルで働く前にハダマールで火夫として勤務したカール・フレンツェルも食肉処理の仕事をしていた。(原注96) トレブリンカの所長フランツ・シュタングルにインタビューしたギッタ・セレニーは、フランツ、ミーテ、メンツを「親衛隊員のなかで三人の最悪の殺人者」と呼んだ。彼らはもし一九四三年八月二日の反乱が成功していたとするならば、囚人たちが一番処刑したいと思っていた看守であった。(原注97)

T4の職員とユダヤ人を根絶するためにポーランドに送られた絶滅収容所の労働者たちにとって、動物の搾取と屠畜での経験は、素晴らしい訓練であった。

第5章　涙の誓いなしに　アメリカとドイツにおける殺戮センター

　いかにして動物の家畜化／奴隷化が人間奴隷制のモデルおよび刺激になってきたか、いかにして家畜の育種が強制断種、安楽死殺害、ジェノサイドのような優生学的措置を導いてきたか、そしていかにして牛、豚、羊、その他の動物の工業的屠畜が少なくとも間接的に、いわゆる最終解決への道を開いてきたか、これまでの章で論じてきた。（訳注1）

　人類が主人たる種へとのぼりつめる歴史を通じて、われわれ人間による動物の犠牲は、人間同士をお互いに犠牲にすることのモデルおよび基礎として役立ってきた。人間の歴史の研究は次のようなパターンを明らかにする。最初に人間が動物を搾取し屠畜する。次に人間が他の人びとを動物のように扱い、動物に対するのと同じことをする。

　ナチスが犠牲者を殺戮する前に動物のように扱ったことは重要である。ボリア・サックスが書いているように、多くのナチスの実践は、人間殺害を動物の屠畜と同じように見せかけるために考案された。「ナチスは殺されようとする人びとに服を完全に脱ぐように強制し、狭いところに詰め込んで、通常の人間行動でないものを強いた。全裸であることは動物としてのアイデンティティを示唆している。狭いところにたくさんの人数を押し込むことと結びつけると、それは牛や羊の群れとの類似をほのめかす。この種の非人間化が、犠牲者を射殺したりガスで殺したりすることを容易にするのである」(原注1)。

二十世紀のあいだに世界の近代国家のうちの二つ——米国とドイツ——が何百万もの人間と何十億もの他の動物を殺戮した(原注2)。それぞれの国はこの世紀の大虐殺に独自の貢献をした。アメリカは近代世界に屠畜場を与えた。ナチス・ドイツはガス室を与えた。

ここで論じている二十世紀の二つの殺害事業は犠牲者のアイデンティティと殺害の目的の両方の側面で違っているが、いくつかの特徴を共有している。

訳注1 ノルウェーの平和学者ヨハン・ガルトゥングの「構造的暴力」と「間接的暴力」が同義語であることを想起されたい。「間接的」と「構造的」は無関係ではない。「社会の構造」「文明の構造」が問われているとみるべきであろう。

プロセスの洗練

殺害センターでは事業の成功のためにスピードと効率は不可欠である。騙し、脅し、物理的な力、速度をちょうどうまくブレンドすることが、プロセスを混乱させるパニックや抵抗のチャンスを最小にするために必要である。ポーランドのベウジェツの死の収容所では「犠牲者が、何が起こっているかを把握するチャンスがないように、あらゆることが最高速度で進行した。逃亡や抵抗の試みを防止するために、犠牲者の反応は麻痺させせられた。スピーディなプロセスは、センターの殺害能力を増大させせるためでもあった。こうしたやり方で、同じ日に数部隊分の護送者を受け入れて始末する（殺す）ことができた」(原注3)。フリードランダーはT4施設での洗練された操業を次のように説明している。「彼らが殺害センターに到着した瞬間から、患者は彼らの殺害をスムーズに効率的にするために、プロセスのなかを容赦なく通過させられた」(原注4)。

プロセスをできるだけスムーズで効率的にすることは、殺害者の側に良心のとがめを引き起こすのを防止するのにも役立つ。ニール・クレッセルはジェノサイドの組織者が大量殺戮の行為をできるだけルーチン（日常の仕事）、機械的、反復的、プログラム化されたものにしようとしたと書いている。「考えたり意思決定したりする必要性を減少させることによって、殺戮のルーチンワーク化は、かかわっている者が自分たちの行為の道徳的次元を認識するチャンスを減少させる」(原注5)。シカゴのユニオン・ストックヤーズでユルギス・ルッドクスは屠畜場の労働者たちが「謝罪の演技も涙の誓いもなく」豚を吊り下げるときの「冷血で非人格的なやり方」に衝撃を受ける(原注6)。

ドイツ人が一九四四年にハンガリーを占領して多くのユダヤ人のアウシュヴィッツへの移送を始めたときまでに、巨大な人間虐殺施設はその効率のピークに達していた。長い列車がハンガリーのユダヤ人をビルケナウの収容所別館の三本の待避線まで輸送し、そこはフル稼働している新しい火葬場に直結していて、前の列車が積んでいる人をおろした直後に次の列車が到着するのを可能にしていた。最後の遺体がガス室から運び出されて火葬場のうしろの焼却溝に引きずっていかれ、そのあいだに次にガス室に送られる予定の人びとが大きな部屋で服を脱ぐのである(原注7)。

アメリカの食肉産業は一世紀以上をかけて操業を洗練させてきたのであるが、最近の二五年間におけるライン速度の加速は食肉と家禽の産業が動物を屠畜するペースを著しく増大させた。以前の政府の検査官は欠陥のある食肉や、適切に失神させられていない動物を見つけたときにはラインを止めたものであるが、今日の屠畜ラインは一分の「停止時間」でも、その分の利益を損なうのをおそれて、ラインを止めないのである。(訳注2) ある屠畜場労働者が言うように、「やつらは何があろうとラインの速度をゆるめることはないのさ(原注8)」。

米国農務省（USDA）の検査官は仕事をする際の危険をすぐに学ぶ。政府説明責任プロジェクト（GAP）によると、「ラインを止めようとする検査官は、叱責されたり、転任命令を出されたり、工場の従業員に暴行されたりするし、それから喧嘩したという理由で懲戒され、勤務評価が下げられ、強制捜査され、解雇され、あるいは『中立化』するために必要な別の形の報復を受ける(原注9)」。

労働者はラインを最高速度で動かしておくために、絶えざる圧力をかけられる。「チェーンが動いている限りは、豚をラインに乗せる手を休めないためにトイレに行くこともできない。豚をちゃんとフックにかけるか、現場監督に尻を蹴られるかだ(原注10)」。動物のフローに一瞬でも遅れを許す──「ラインに穴をあける」と呼ばれる──労働者は、解雇の危険にさらされる。「あらゆる追い立て労働者《ドライバー》は斜面路を通れない豚を殺すために鉄パイプを使う。もし豚が斜面路に入るのを拒んで生産ラインが止まるようなことでもあれば、その豚を打って殺す。それからその豚をわきへどけておいて、後で吊り下げる(原注11)」。

訳注2　最近の原発の定期点検で、停止中の代替火力発電の燃料代を節約するために、原発を止めずに定期点検の準備作業を行うことも、これとよく似た資本の論理であろう。二〇〇四年八月九日の関西電力美浜原

発での熱水を循環させる管の破断事故で下請け社員五人が死亡、六人が重傷を負った事故の背景にもそれがある。

シュート・漏斗・チューブ

殺害センターで犠牲者を死に至らせる経路の最後の部分は、「シュート」「漏斗《じょうご》」「チューブ」「殺害路地《キル・アレー》」など様々な名称で呼ばれる。サウスダコタ州のシューフォールズでは、家畜を家畜置き場からモレル精肉工場に送るために使われる一ブロック近くの長さの地下通路は「死のトンネル」と呼ばれる(原注12)。

米国の精肉と家畜飼養についての本のなかで、ジミー・スキャッグスはカンザス州ホルコームのＩＢＰ（アイオワ・ビーフ・パッカーズ）の一四エーカーの工場での「シュート」を描写している。毎日「カウボーイが三七〇〇頭の牛をシュートに押し込み、解体作業ラインに原材料を供給している」。いったん去勢牛がシュートに入ると、彼の運命は確定される。彼がシュートから工場にあらわれると、「直ちに空気銃で黄色いペレットを頭骨のなかに撃ち込まれる」（スキャッグスにとって去勢牛は常に「それ」または「獣」である）。去勢牛が「膝を折り、目がとろんとすると」労働者たちは彼の後肢の蹄をチェーンにつなぐ。それから高架式滑車が「昏睡状態に近い獣」をプラットフォームから引っ張り上げ、逆さ吊りでもがく牛は殺害《キル》フロアの上に放り出される。そこで「男たちが長いナイフを持って血糊のなかに立ち、去勢牛の喉を裂いて、頸静脈に穴をあける」(原注13)。

別のＩＢＰの施設は労働者が牛を一頭ずつ工場に追い込む傾斜路を「牛漏斗」と呼ぶ。カンザス大学の社会科学者ドナルド・スタルによると、傾斜路は「殺害フロアより高いノックボックスへと曲がりくねってのぼるときに徐々に狭くなっていく」。スタンガンを持った二人のノッカーがやって来る牛に至近距離から鋼鉄のピストンを撃ち込んで頭骨を骨折させ、衝撃で意識を失わせ、あるいは少なくとものたうち回ることができないように気絶させる。いったん去勢牛がフックにかけられチェーンにつながれると、彼は「前方へ倒れて、機械化された高架式滑車に載せられ、フロアに放り出されて、左後肢からさかさに吊り下げられる」(原注14)。

ベウジェツ、ソビボル、トレブリンカでは、「チューブ」はガス室へ導く最終通路である。ソビボルではチューブの幅が三～四ヤード(訳注3)で長さが一五〇ヤードの通路で、両側は木の枝を絡み合わせた有刺鉄線のフェンスになっている。ナチス親衛隊の男たちと補助者たちが裸の犠牲者たちをチューブを通してガス室へと追い立てる(原注15)。収容所の管理部門の長であったハンス・ハインツ・シュットは言った。「いったん小屋から絶滅収容所へ通じているいわゆるチューブに入れられたら、もはや逃れることはできない」(原注16)。

トレブリンカでは長さ八〇～九〇ヤード、幅五ヤードの「チューブ」が下の収容所の「脱衣室」から上の収容所のガス室へとつながっていた。キャンプの東側へと約三〇ヤード進んだあと、チューブは九〇度に近い角度で鋭く曲がり、上の収容所のガス室ビルの中央入り口へとまっすぐにつながっている。木材、灌木、樹木で分厚くカモフラージュされた有刺鉄線のフェンスがチューブを囲んでおり、外部の視線から隠している。裸の犠牲者たち四～五人が並んで腕をチューブから突き出して上にあげながら走るように、看守たちは拳、鞭、ライフルの台尻を使って強制する(原注17)。

トレブリンカとソビボルでは、親衛隊がチューブを「天国への道」と呼んだ。[原注18] トレブリンカではドイツ人たちは、シナゴーグ（ユダヤ教の礼拝堂）から取ってきた暗いカーテンを、ガス室を入れた建物の入り口にかけた。そのカーテンにはヘブライ語で「これは正しき者が入る門である」と書かれていた。[原注19]

あざけるような皮肉と自己弁明の交錯が同じように米国の場合も明らかに見てとれる。食肉産業に雇用されている動物科学者テンプル・グランディン博士は、牛を死の場所へ運ぶために彼女が考案した傾斜路と二本線のコンベアを「天国への階段」と呼ぶ。アリゾナ州トルソンのスウィフト精肉工場で彼女は最初の「天国への階段」を設計したのであるが、彼女は最初の動物を殺したときに通過儀礼を経験した。「家に帰ると、自分のしたことが信じられませんでした」。彼女は言う。「非常にエキサイティングでした。いくらかの熟練を要したので、失敗したのではないかとおびえました」。[原注20]

訳注3　一ヤード＝九一・四四センチ＝三フィート

病人・弱者・障害者の処理

殺害センターでは、病気、弱った状態、怪我をして到着する者は、操業のスムーズな進行を妨げる。それぞれのセンターは、ついていけない者たちを処理する方法を見つけなければならない。

トレブリンカでは、収容所のスタッフメンバーが新しく到着した人びとに手荷物や貴重品の中身をひろげるように命令し、「旅行」を続ける前に必要なシャワーの準備をさせる。スタッフメンバーは老人、病人、けが人、赤ん坊を連れた母親に、医療措置を受けるために「診療所」へ行くように言う。それは事業が、ドイツ人が言った通りのもの——さらに東の労働収容所におちつくまでの旅——であるという印象を強めた。だから守衛がガス室へ送られる人たちを脱衣エリアに追い立てるあいだ、他の守衛は「診療所」へ送られるとされた人びとを処刑穴への道へと導いたのである。

彼らが穴に到着すると被収容者たちは、看守に服を脱いで穴の近くの土のマウンドの上に一緒に座るように言われた。守衛はそれから彼らを最初はライフルで撃ち、しかしあとで首のうしろをピストルで撃った。ドイツ人の守衛が大部分の射殺を行ったが、被収容者の人数が多くなってくると、ドイツ人はウクライナ人の補助員に協力を求めた(原注21)。

アメリカの家畜置き場と精肉工場に病気、衰弱、怪我の状態で到着する動物は、食肉産業にとって長いあいだ悩みの種だった。南北戦争の少しあと、『ニューヨーク・タイムズ』の社説は、動物が屠畜場に送られるときの非人道的なやり方を描いているのであるが、次のように結論している。「生きた牛が修羅場［屠畜場］へと引きずられ、あるいは追い立てられるときのやり方は、最も野蛮な形の残酷さに慣れて非情になっているわけではない人の自然の感情に対する侮辱である(原注22)」。

その点では一八六五年以来変わっていない。今日の家畜置き場、競売場、屠畜場に到着する動物は、しばしば病気、衰弱、怪我のために立っていられない。生まれて以来小さな木の枠や区画に入れられる仔牛と豚は、特に辛いときを過ごしてきた。トラックにぎゅうぎゅう詰めにされたあと、動物たちが目的地で出会うのは、叩いたり、蹴ったり、電流の流れる突き棒でショックを与えたりする労働者である。すべりやすい傾斜路をおりていくときに動物は転倒したり、骨折したり、踏みつけられたりする。あまりに衰弱したり怪我したりして立ち上がれない動物は「ダウナー(訳注4)」と呼ばれる。

一九八九年にベッキー・スタンステットはミネソタ州サウスセントポールのユナイテッド・ストックヤーズでダウンした動物の苦しみを映像におさめた。彼女が撮影したシーンは一二四年前に『ニューヨーク・タイムズ』の社説が描いたものとあまり違わなかった。ダウンした動物は囲いに何日も放置され、餌も水も与えられない。怪我した牛はトラックのうしろに後肢を重い鎖でしばりつけられた状態で引きずられ、窩（股の付近のくぼみ）の皮膚や筋肉は引き裂かれ、骨折する。ブルドーザーが怪我した牛を地面からすくい上げて、「死体置き場」に捨てに行く。冬にはスタンステットは怪我した雌牛や豚が地面の上で凍っているのを見た。スタンステットは四〇時間分のビデオ記録を集めたあと、そのことを公表した。彼女の暴露は結果的にストックヤーズに対し、ダウンした動物についての新しい方針を発表することを余儀なくさせた。(原注23)

ダウナーは家畜置き場と屠畜場の操業を妨げるので、労働者はたいてい倒れた場所に放置するか、邪魔になるときは他の場所へ引きずっていき、あとで処理できるときまでそのままにする。もしダウナーが死んだか、死んだように見えるときには、「死体置き場」に引きずっていかれる。もしあとでまだ生きていることがわかったら、彼女を殺して人間による消費に回す。もし死んでいたらレンダリング業者(訳注5)にまわされ、そこで金銭価値の高い身体部分をはぎ取ったあと、残りをペットフードなどの原料にまわす。ある労働者は「引きずり屋（ハウラー）」と呼ばれる怪我した雌牛は殺害路《キル・アレー》を通ってノッキングボックスへと引きずっていかなければならないので、「（雌牛の糞便に）まみれて」(訳注6)ラインに到着すると言っている。(原注24)

病気や怪我の豚はまだましである。米国中西部の「病獣の屠畜場」で働いたある食肉検査官は、そのプラントを、疲れ果てた、病気の、身体障害の豚の終末ラインとして描いている。「これらの動物のほとんどは老齢ではなく、ただ虐待されていた。栄養不足、凍傷、怪我といった状態だ。多くがＤＯＡ（到着時死亡）だ。骨盤を骨折した雌豚が後半身を引きずって前肢だけで歩いており、尻をつけて長いあいだ急いで移動（スクート）していたので衰弱していた。彼女らはスクーターと呼ばれた」(原注25)。こうした病獣の屠畜場で処理された食肉は検査を通過すると、ソーセージ、ホットドッグ、豚肉副産物、ハムになり、検査で不良品とされた肉はレンダリング業者に送られて動物飼料、化粧品、プラスチック、種々雑多な家庭用品や工業用品の原料になる。

ある労働者は養豚場でコンクリートの上で生活することを強制された雌豚は痛くて歩けなくなることがあると説明する。「私が働いていた農場では」と彼女は言う。「生きているが立ち上がれなくなった豚を木枠の外に引きずり出していました。耳か足をトラバサミではさんで、建物の全長の距離を引きずりました。これらの動物は痛くて悲鳴をあげていました。コンクリートの上を引きずっていくと皮膚が裂け、トラバサミが耳を引き裂いていました」(原注26)。疲れ切った雌豚たちは積み重なる状態でそこに二週間放置され、それから間引きトラックが来て、荷台に載せてレンダリング業者に運ぶ。そこですりつぶされて何か利益の出る商品になる(原注27)。

おそらく分娩中の雌ほど「ダウンした」弱い動物はいない。スー・コーはテキサスのダラス・クラウン・パッキングの工場である分娩を目撃したが、そこでは欧州市場、ほとんどはフランス向けに、一日に一五〇〇頭の馬を殺していた。スー・コーは工場を訪れたとき、近くの拘束囲いの前で一頭の白い雌馬が苦しんでいるのに気づいた。コーは彼女が見たものを記録している。「彼女が分娩しているときに、二人の労働者が六フィートの鞭を使って、分娩を急がせ、殺害《キル》フロアに追い立てようとしていた。カウボーイハットをかぶったボスが、頭上の通路からその光景を眺めていた（原注28）」。

訳注4　最近では足腰がふらつきＢＳＥ（牛海綿状脳症、いわゆる狂牛病）の疑いがある牛もダウナーと呼ばれる。

訳注5　肉骨粉などをつくる飼料・肥料製造業者

訳注6　執行される死刑囚でしばしば見られるように、苦痛のあまり排泄するのであろう。

若齢者の殺害

食肉産業は動物が十分に肉をつけるとすぐに（一日も早く）屠畜場に送るので、これらの非常に若い動物は自然な寿命のごく一部分を生きるにすぎない。食用に殺される動物の圧倒的大部分を占めるブロイラーチキンは屠畜されるときにはわずか生後七週にすぎない。彼らの自然な寿命は一五～二〇年であるから、これらの人為的にふとらされた幼児たちは、自然な寿命の一％以下を生きるにすぎない。「家禽を憂慮する連合（United Poultry Concerns）」の創設者であり会長であるカレン・デイヴィス博士は言う。「店で見かけるのはみんな、巨大にふくれあがった体を持つ赤ちゃん鳥にすぎないのです（原注29）」。豚と仔羊は生後五～七ヵ月で屠畜場に送られる。食用仔牛は木枠を離れてトラックへ初めての歩行をし、屠畜場に連れていかれるときは生後四ヵ月である。

ロバート・ルイス・スティヴンソンはかつて書いた。「カンニバリズム（食人）よりもわれわれの嫌悪感をそそるものはない。しかしベジタリアンはわれわれを見て同じ印象を持つだろう。人間の赤ちゃんでないにしても、われわれは赤ちゃんを食べるのだから（原注30）」人びとが食べる動物の一部は、文字通りの意味で「赤ちゃん」である。赤ん坊の乳離れしていない豚は殺され、内臓だけ抜いたそのままの姿で売られるのであるが、重さは二〇～三五ポンドであり、ほ乳瓶で養われる赤ん坊の仔羊は「ごちそう（美味、珍味）」とされるのであるが、屠畜されるときに生後一～九週間にすぎない。食用仔牛のなかで最も若齢のものは、ボブあるいはボビーヴィールと呼ばれるのであるが、人間で言うとゆりかごの赤ちゃんを奪うことに相当する。これらの赤ん坊の仔牛は殺されて食べられるときに生後わずか一～五日である。

酪農産業および鶏卵産業が乳と卵を搾取する雌の動物でさえ、有用性が尽きて屠畜場に送られる時点で、自然な寿命のごく一部を生きたにすぎない。健康な環境で二五年生きられる乳牛はたいてい三年か四年後には屠畜されて挽肉になるし、卵の生産に使われる雌鶏は通常生きられる寿命の十分の一以下を生きるにすぎない。

若齢の動物を殺すことは、ときには屠畜場の労働者にとっても厄介な問題でありうる。ある英国人の観察者は次のように書いている。「屠畜労働者の無感覚になった心――消費者によって委託された仕事ゆえに無感覚にさせられるのであるが――をなおゆり動かすものは興味深い。ある労働者にとってそれは山羊だった。やつらは赤ん坊のように泣くんだよと彼は言う。あるベテランの血と内臓を処理する労働者にとってそれは生後三ヵ月の仔牛をシューティングボックスに運び、家畜銃で殺すことだった（原注31）」

あるアメリカの労働者は、仔牛をより早く殺すために、八頭あるいは九頭を一度にノッキングボックスに入れると報告している。「ボックスに入り始めるとすぐに、撃ち始める。仔牛たちはジャンプしている、みんなお互いの上に乗ろうとしているんだ」。彼は言う。「どれがすでに撃ったやつで、どれがまだ撃ってないやつかわからない。一番下のやつを撃つのを忘れる」。彼らは生きたまま吊り下げられ、ラインを下がっていくが、身をよじり、叫びをあげる。「生後二週か三週のやつを殺すのは、罪悪感を感じるよ。それでただ横を歩かせるんだ（原注32）」。しかし彼が赤ん坊の仔牛を「横を歩かせる」ことは彼らに恩恵を与えることにならない。それはラインのさらに下流の労働者が吊し、放血し、切り開くときに仔牛が完全に意識を保っていることを意味するからだ。

イングランドで英国ベジタリアン協会の研究顧問として定期的に屠畜場を訪れているアラン・ロング博士は、一部の労働者が若齢の動物を殺すことである種のショックを受けていることに気づいた。労働者たちは、仕事のなかで一番辛い部分は、仔羊と仔牛を殺すことだ、「彼らはほんの赤ちゃんなのだから」と打ち明けた。ロングは、「母親から引き離されたばかりでまごついている仔牛が、乳が出てくるかと期待して屠畜労働者の指をすうが、人間の不親切な対応しか返ってこないのは」胸を刺すような瞬間だったと言う（原注33）。彼は屠畜場で進行していることを「情け容赦のない、無情で無慈悲なビジネス」と呼んでいる。

ロングはしばしば休憩時間中の労働者と話をした。「私はしばしば屠畜労働者の一団と彼らの小屋に行った。そのとき彼らは屠畜の仕事で血を浴び、髪が乱れていた。私はできるだけ多くのものを見つけ、彼らの観点を理解しようとした。彼らが言いそうな種類の内面を明らかにする意見はこういうものだ。しかしこれは合法じゃないのか、と。私はいつもそうした意見が、彼らがたぶん少しばかり驚いていることを示唆していると考えた（原注34）」

ロングは赤ん坊の動物のことになると、一部の労働者は「センチメンタルな言い逃れ」をすることを発見した。彼は言う。「ときには雌羊が屠畜場で分娩することがあるだろう。彼らはその赤ん坊羊を殺さないだろう。ミルクを与えて、ペットにするんだ。しかしそんな大きさの仔羊は肉がほとんどないから屠畜してもあまり意味がない。ほとんど骨ばっかりだ。だから屠畜労働者がするのはそれをペットにして、最終的には農家に提供することだ。少しあとになって、気づかれないうちに屠畜場に戻ってきて、他のみんなと同じように屠畜されるのである」(原注35)。

ゴードン・ラット博士は同じような出来事を描写している。「屠畜場での昼食の時間に、仔羊が囲いを飛び出して、気づかれずに屠畜労働者たちのところへやってきた。彼らは輪になって座り、サンドイッチを食べていた。仔羊は近づいて来てひとりの男が手に持っているレタスを少しずつかじった。男たちは仔羊にもう少しレタスを与えたが、そのとき昼食時間が終わった。彼らはこの仔羊の行動に非常に心を動かされたので、誰も屠畜する心の準備ができず、その仔羊をよそへ送らなければならなかった」(原注36)。

行動部隊(アインザッツグルッペン。ドイツの機動殺害部隊)のメンバーのほとんどは、子供を殺すのは、成人の男あるいは男女を殺すより難しいと感じた。だから多くの部隊は女と子供を撃つために、あるいは子供たちを撃つために、地元の人たちに協力を求めたのである。たとえばウクライナでは、行動隊4Aが、子供たちを撃つ仕事をウクライナ人の補助員に与え、自分たちは成人男女を殺した。

子供を撃つほうが大人を撃つよりも問題がある理由のひとつは、近くから撃つということである。一九六五年の元特別行動隊7aの隊長アルベルト・ラップ――一九四二年三月にスモレンスク地域でジプシーの女性と子供を射殺したことで告訴されていた――の裁判での証言によると、母親たちは集団墓地として準備された溝に赤ちゃんたちを運ばなければならなかった。そこで処刑者たちは子供たちを母親たちの腕から奪い取り、腕の長さのところに保持して、首を撃ち、それから溝に放り込んだ。目撃者によると、射撃は非常に急いで行われたので、犠牲者の多くが倒れたり溝に放り込まれたりしたときには、まだ生きていた。「溝のなかでもつれた体が動き続けて、起きあがったり倒れたりした(原注37)」。

そうした殺害業務の責任者であったナチス親衛隊員エルンスト・ゲーベルは部下のひとりが子供たちを殺害したときの野蛮なやり方に反対した。「アブラハムは何人かの子供たちの髪をつかんで地面から持ち上げ、後頭部を撃って、墓場に投げ込んだ」。すこしたつと、それ以上見ていられなくなって、アブラハムにやめるように言ったとゲーベルは語った。「私が言おうとしたのは、子供たちの髪をつかんで持ち上げるべきでなく、もっと品位のある殺し方をすべきだということだ(原注38)」。

一部のドイツ人は割り当てられた仕事を躊躇した。戦後、親衛隊二等兵エルンスト・シューマンは、彼が大量射殺のひとつを行う前に親衛隊少尉トイプナーに不安を表明したとき、トイプナーは彼を臆病者と呼んだと証言した。シューマンは彼に女性や子供を射殺するためにロシアに来たのではないと言った。「私も郷里には妻と子供たちがいた(原注39)」。

ドイツの殺害業務の成功は、メンバーがためらわずに仕事をする能力にかかっていたので、現場の指揮官たちは絶えず悩みの兆候を探して、緊張を緩和する方法を探った。ホロコーストの歴史家ラウル・ヒルバーグは、ナチスが「思わずやってしまう行動をとめると同時に殺害者をおしつぶす心理的負担を軽くするための装置と方法」の開発へと研究を広げたと書いている。「ガストラックとガス室の建設、ユダヤ人の女性と子供を殺害するためのウクライナ人、リトアニア人、ラトビア人の補助員の雇用、遺体の埋葬と焼却のためのユダヤ人の使役、これらはみんな同じ方向の努力であった」（原注40）。

ウクライナで置き去りにされたユダヤ人の子供たちの発見は、殺害業務のひとつに予期せぬ遅れを引き起こした。数人のドイツ兵がひとりのウクライナ人守衛に連れられて建物のなかにいた子供たちのほうへやって来た。彼らはその発見を近くの野戦病院にいた二人のドイツ人従軍牧師に報告した。その従軍牧師は調査するために建物に行き、幼児から七歳までの九〇人のユダヤ人の子供たちが二つか三つの部屋に集まっているのを発見した。子供たちは少なくとも一日は飲まず食わずであった。何人かは自分の糞尿のなかに横になっていた。何人かは壁をなめていた。

従軍牧師たちはそのウクライナ人が誰の命令で行動しているのかわからなかったので、その問題を師団のカトリック従軍神父とプロテスタント従軍牧師に報告し、報告を受けた彼らは、今度は師団の参謀将校に情報を伝えた。参謀将校はドイツのある特別行動隊［アインザッツグルッペンの下部組織］がその子供たちの両親を射殺したこと、子供たちも絶滅の予定になっていたことを知った。彼はその問題が「最高上層部から」命令を受けたある親衛隊中尉の手に委ねられたと言われた。その参謀将校は陸軍南方部隊の司令部に連絡をとり、その問題が明らかになるまで業務を一日遅らせることを求めた。そのあいだ、彼は子供たちに送るようにパンと水を手配した。

その参謀将校が出席を求められた師団の上級将校の会合で、上級将校たちは彼にユダヤ人の子供たちの処分（殺害）が緊急に求められていると述べ、業務を一日遅らせたことで彼を批判した。彼らは殺害を進行させる命令を出したが、子供たちの両親を殺害した特別行動隊に仕事を割り当てる代わりに、陸軍からウクライナ民兵部隊を借りてその仕事をやらせた。

戦後、親衛隊中尉ハフナーはウクライナ人たちがその仕事の割り当てを少しいやがった(「彼らはふるえながら立っていた」)と証言した。彼はまた法廷に小さな少女たちのひとり、撃たれる少し前に彼のほうに来て手をとった少女のことについて語った(原注41)。

イスラエルの心理学者ダン・バルオンが「第三帝国の子供たち」についての著書のためにインタビューしたドイツ人のひとりは、殺した子供について話した父について語っている。「彼は死ぬ少し前に私のほうへやってきた。彼は告白のなかで長年のあいだ六歳の少女の茶色の目がちらついて平静にさせてくれない、と語った。彼はワルシャワのゲットーの蜂起のあいだ、国防軍の兵士だった、彼らは貯蔵庫を掃除していた。ある朝、六歳の少女が貯蔵庫のひとつから出てきて、彼のほうに走って来て抱きついた。彼は彼女の目のなかに恐怖と信頼の表情があったことをまだ覚えている。それから彼の上官が彼女を銃剣で刺すように命じた。彼は命令に従った。彼女を殺した。しかし彼女の目の表情はその後もずっと彼につきまとった。彼はそのことをこれまで誰にも話さなかった(原注42)」。

死の収容所では子供たちに慈悲が示されることはなかった。ヤンケル・ヴィルニックは、トレブリンカで冬に子供たちが裸で戸外に立って、ますますフル回転するガス室に入れられる順番をいかに何時間も待っていたかを説明している。「彼らの足の裏は凍傷になり、凍った地面にはりついた。彼らは立って叫んだ。一部の子供は凍死した」。そのあいだ、ドイツ人とウクライナ人は列の前を歩いて行ったり来たりしながら、彼らをなぐったり蹴ったりした。ヴィルニックはドイツ人のひとりのジープという男が子供たちを痛めつけることに特別な喜びをおぼえていたと言った。彼に押された女性たちが子供が一緒なのでやめるように懇願すると、彼は女性の腕から子供をひったくって、体を二つに裂いたり、足をつかんで頭を壁にぶつけたり、体を放り投げたりといったことをやろうとした。ヴィルニックはそうした出来事は決して例外ではなかったと報告している。「この種の悲劇的な場面はしじゅう起こっていた(原注43)」。

戦後アウシュヴィッツの生き残りペリー・ブロードが、一九四四年の夏に手荷物の一時預かり所から取り除かなければならなかった衣類の巨大な山のなかに小さな子供たちが隠れているのを時々見つけたと語っている。ハンガリーのユダヤ人たちが新しくガス室に送られてくるたびにそういうことがあったのだ。「ときには忘れられた子供の甲高い声が衣類の束の下から聞こえた。子供は引きずり出されて立たされ、処刑者を補助した人でなしのひとりによって頭に銃弾を撃ち込まれた(原注44)」。

収容所の通常の手順が稀に横道にそれた事例のひとつは、ポーランド東部のクルムホーフ（ヘウムノ）死の収容所での一三歳のユダヤ人少年シモン・スレブニクにかかわるものだった。理由は不明であるが、親衛隊はその少年の命を助け、ヴァルテラントの一〇万人のユダヤ人を殺害するあいだ、彼をある種のマスコットのように扱っていた。少年は彼らのためにポーランドのフォークソングを歌い、お返しに彼らは少年にドイツの行進曲を教えた。しかし、歌は彼を救わなかった。ヘウムノを去る日がやってくると、ドイツ人は少年の頭部を撃ち、死んだと思って遺体の山の上に放置した。ひとりのポーランド人が彼を見つけて豚小屋に隠し、少年は戦争を生き延びた(原注45)。

子供たちを殺害することについての良心のとがめが兵士のなかにあったにしても、ドイツ人は方針を変えなかった。一九四四年五月二十四日に親衛隊とゲシュタポの長官ハインリッヒ・ヒムラーがゾントホーフェンでドイツの将軍たちに話をしたとき、政策の背景にある論法を明らかにした。保存されている彼の話の録音では、将軍たちにユダヤ人問題は完全に解決し、それから子供たちの殺害の問題を扱うと言っているのが聞き取れる。「ユダヤ人の女性と子供に関して、私は子供たちが復讐者となってわれわれの父や孫を殺すのを許すことはできなかったと思う。そんなのは臆病だと思っただろう。だから問題は妥協なく解決されねばならない(原注46)」。

三年前にヒムラーは東方戦線で親衛隊の部隊にユダヤ人パルチザンに対して報復を行えと言った。彼らは「鉄の時代」を生きているのだから、「鉄のほうき」で掃かなければならないと彼は言った。みんなが「良心を第一に問うことなく、義務を遂行しなければならない」。ユダヤ人の赤ん坊については?「たとえゆりかごのなかの子供でも、ふくれたヒキガエルのように押しつぶさなければならない(原注47)」。

収容所の動物たち

ドイツの殺害センターの目的は人間の絶滅であったが、それらは動物の搾取と屠畜という社会のより大きな文脈——それをある程度彼らは反映していた——のなかで操業していた。ドイツ人は、人びとを殺戮しているあいだも、動物の屠畜をやめなかった。所長のルドルフ・ヘスが「人類史上最大の人間屠畜場《ヒューマン・スローターハウス》」と呼んだアウシュヴィッツは、自営の屠畜場と肉屋を持っていた(原注48)。他の死の収容所も同様にその職員に動物の肉を十分に供給していた。ソビボルには雌牛の小屋、豚小屋、鶏舎があり、それらはユダヤ人をガス室に送るチューブに隣接していた。トレブリンカには馬小屋、豚小屋、鶏舎があり、それらはウクライナ人補助員のバラックに隣接していた(原注49)。

最初はソビボルでは遺体を輸送するのに、また列車から降りた病人とけが人を射殺して埋める場所である溝へ運ぶのに（囚人と同様に）馬を用いていた。後に収容所に新しいガス室が建設されたとき、狭軌の鉄道線路と五～六台の貨車を引っ張る小型のディーゼル機関車が配備され、もはや馬は不要になった。(原注50)トレブリンカは「動物園」さえ持っていた。「われわれはそこで多くの素晴らしい鳥を飼っていた」と戦後にフランツ・シュタングル所長は言った。(原注51)シュタングルの後任で収容所長になったクルト・フランツのアルバムの写真は、小さなフェンスに閉じこめられて不幸せそうに見えるつがいのキツネを示している。(原注52)

ドイツ人は囚人を攻撃させるためにイヌを訓練し、うなるドイツシェパードによって引き裂かれる脅威は、元囚人が証言しているように、恐ろしい可能性のひとつであった。(原注53)ドイツ人は革の鞭でイヌを訓練し、その鞭を囚人に対しても用いた。トレブリンカの囚人であったアブラハム・ゴールドファーブはガス室へ送るチューブの両側のフェンスに沿ってイヌを連れたドイツ人看守がどのように立っていたかを説明している。「イヌは人びとを攻撃するように訓練されていた。イヌは性器や女性の胸を噛み、肉片を引きちぎった。ドイツ人は人びとをせきたてるために鞭や鉄の棒で打ち、できるだけ早く「シャワー」のところへ進むようにしていた。(原注55)

トレブリンカでクルト・フランツはバリーと呼ばれるイヌを飼っていたが（雑種であったが、セントバーナードの身体的特徴が優勢であった）、それを訓練して囚人を攻撃させた。フランツは「おい人間、あのイヌを追え！」という命令でバリーをけしかけるのを楽しんでいた。「人間［英語と同様にドイツ語でもマンという］」というのはバリーのことで、「イヌ」というのはバリーが攻撃するよう命じられた囚人のことであった。しかし、囚人のひとりが戦後証言しているように、フランツがいないときには、バリーは「誰も傷つけることなく、愛撫されるのを、そしてからかわれるのさえ許した」[原注56]。

ジープ・サピルはヤボジノ収容所［ポーランド］で毎朝早く囚人たちが三〇人ずつグループとなり、手を鎖でしばられ、四人の親衛隊員と二頭のイヌにガードされて炭坑へ働きに行く様子を説明している。「ドイツ人はイヌを囚人にけしかけて楽しんだ」とサピルは書いている。「彼らは命令を与えた。「おい、人間ども、犬に噛みつけ！」イヌはそれから鎖にしばられた無力な囚人を攻撃し、囚人は仕事場に到着したときには出血し、服は破れていた」[原注57]。

ワルシャワのゲットーの小さな少女も、ドイツ人のイヌびいきのことを知っていた。「ドイツ人はイヌが好きだから、私はイヌになりたかった。そうすれば彼らに殺されるのを恐れなくてすんだだろう」[原注58]。実際には、ドイツ人は〈すべての〉イヌが好きなわけではなかった。自分たちのイヌだけが好きだった。ボリア・サックスが説明しているように、「ユダヤ人のイヌは射殺されたが、ドイツ人のイヌは敬意をもって扱われた」[原注59]。ドイツのオーストリア併合のあいだ、ドイツ人がオーストリアに行進するときには、ユダヤ人の家で見つけたイヌをみんな殺した。彼らは「ユダヤのイヌ」だったからである。彼らがワルシャワのゲットーのイヌも同じ理由で射殺した[原注60]ときには、イヌは撃たれるために「ユダヤ」である必要さえなかった。占領されたロッテルダムでは、イヌがドイツ人パトロールに吠えかかると、担当将校がただちにイヌを殺して、飼い主を逮捕した[原注61]。

一九四二年二月十五日にドイツで出されたユダヤ人がペットを飼うことを禁止する布告[原注62]は、ヴィクトル・クレンペラーと彼の妻エヴァに、飼い猫ムスケル——エヴァにとって常に「サポートであり慰めであった」――の命を絶つことを強制した。(原注63) ネコをゲシュタポの手による「さらに残酷な死」の運命にさらすよりはと、彼らは内密に雄猫をある獣医師のところへ連れていった。「彼女（エヴァ）は動物をなじんだ厚紙のネコボックスに入れて連れていった」とクレンペラーは日記に書いている。「非常に速効性の麻酔薬で彼が眠らされるあいだ、彼女は立ち会っていた」。(原注64)

ドイツの機動殺害部隊と絶滅収容所の職員の多くにとって、動物を撃つことは人気のある気晴らしだった。勤務時間に人間を殺して過ごした多くの人びとは、自由時間には動物を殺して過ごすのを好んだ。一九四一年七月二十一日の日記に、行動隊［アインザッツグルッペンの下部組織］のメンバーであったフェリックス・ランダウは次のように書いている。「今日は休日だ。何人かは狩りに行っている」。(原注65) 第二五警察連隊のメンバーたちは野生のイノシシを非合法に狩りしたため叱責を受けねばならなかった。(原注66)

戦争初期にドイツが新しい土地を占領したことは、殺したり食べたりするために、より多くの動物が利用できることを意味した。ソビエト連邦に侵攻していたドイツ第六陸軍の兵站本部からの一九四一年七月三日付けの特別命令は、「部隊が可能なときはいつでも現地調達で生活することが格別重要である。あらゆる機会を利用せよ」(訳注7) と述べている。(原注67) ベルギーで、ドイツの部隊が移動のためキャンプを閉鎖したとき、彼らは付近の地下室や農家の庭で見つけられるものは何でも持っていった。ヒトラーの個人秘書であったマルティン・ボルマンはたまたま居合わせたとき、ノートに簡潔に書いている。「ニワトリと豚の盛大な屠畜」。

もしドイツ人が殺した動物の一頭を家に持ち帰ることができたら、なおさら好都合だった。アウシュヴィッツの親衛隊医師のひとりだったエドュアルト・ヴィルツが一九四五年初頭に家族にあてた手紙で最近の狩りについて書いているが、妻に、六羽のウサギを撃ったが一羽を家族にとっておいたと語っている（「愛しいお前に明日一羽持っていくよ」）[原注69]。ブライロフ［ウクライナ］の町でユダヤ人の大量殺戮を目撃した人が示唆しているように、このウサギを殺す才能は役に立った。「五〇〇人以上のユダヤ人が市場に集められたといっていいだろう。ここにもあそこにも男たち、女たち、子供たちがいた。逃げようとしてあたかも野ウサギのように撃たれた子供たちを見たし、群集のまわりに血まみれの子供たちの遺体がたくさん転がっているのも見た」[原注70]。

訳注7　旧日本帝国陸軍の「兵站軽視、現地調達主義」は悪名高い。ナチスの陸軍でも同じようなことがあったのかもしれない。

ヒトラーと動物

仲間の多くと同様に、アドルフ・ヒトラーは他の人びとを中傷するために動物のあだ名を用いた。彼はしばしば敵を「豚」[原注71]「汚いイヌ」[原注72]と呼んだ。ボリシェビキは「動物」であり、「野獣のような人びと」である。ロシア人はスラブの「ウサギの家族」で、彼らをスターリンは全体主義国家の鋳型にはめたのだ[原注73]。ヒトラーはロシアを征服したあと、「ばかげた一億人のスラブ人」を「豚小屋」に住まわせることを望んだ[原注74]。彼は英国の外交官を「小さな虫」と呼んだ[原注75]。そして「半分ユダヤ化して半分黒人化した」アメリカの人びとについては、彼らは「雌鶏の脳を持っている」のであった[原注76]。ヒトラーはまたドイツの国民をも軽蔑しており、彼らを「羊のような人びとの大きな愚かなマトンの群れ」と呼び[原注77]、戦争末期に敗色が濃くなってくると、彼らを挑戦する心を持っていないと非難した。ヒトラーは自分の姉妹をも「愚かなガチョウ」と呼んだ。(原注78)

しかしドイツ〈民族〉がどのような欠陥あるメンバーをかかえていようとも、ヒトラーはアーリア／北方人種がまわりの「人間と類人猿のあいだの怪物」(原注79)のような「劣等人種」の海よりも無限にすぐれていると信じていた。一九二七年にミュンヘンでの演説では次のように述べている。

われわれの前に明らかにあらゆる文化の保持者であり、人類の真の代表であるアーリア人種がいる。われわれの産業科学全体は例外なく北方人種の業績である。ベートーベンからリヒャルト・ヴァーグナーに至るあらゆる偉大な作曲家はアーリア人種である。人間にとって重要なあらゆるものは闘争の原理、そして首尾よく前進するひとつの人種のおかげである。北方ドイツ人を取り除いたら、類人猿のダンスしか残らないだろう。(原注80)

ヒトラーはイヌ、特にドイツ・シェパードを愛した（彼は、ボクサーが「退化」していると考えていた）。(原注81)そうしたイヌをコントロールし支配することを好んだ。第一次大戦の前線で、彼はホワイトテリアのフクスル（「狐ちゃん」の意味）と友達になったが、そのイヌは敵の陣地を横切って迷い込んで来た。後に彼の部隊が移動しなければならなくなったとき、フクスルは見つからず、ヒトラーは取り乱した。「私は彼が大好きだった」「彼は私だけに従った」と回想している。ヒトラーはしばしばイヌ用の鞭を持ち歩き、父が自分のイヌを打つのを見ていたのと同じようなやり方で、ときどき意地悪くイヌを鞭打った(原注82)。第二次大戦中の総統本部で、ヒトラーの雌のドイツ・シェパード、ブロンディは彼に友情に一番近いものを提供した(原注83)。「しかし彼が接触したあらゆる人間との関係と同様に、イヌとのあいだでは、あらゆる関係が主人であるヒトラーへの従属にもとづいていた(原注84)」とイアン・カーショウは書いている。

ヒトラーはチーズ、バター、ミルクのような動物製品は食べたが、「神経質な胃」をなだめるために、肉は避けようとしていた。彼は青年時代から消化不良と時折の胃痛に悩んでおり(原注85)、また胃腸にガスがたまることや、発汗が制御できないことにも悩んでいた(原注86)。彼が食事をコントロールすることで胃の問題に対処しようとした試みの最初の証拠は、ウイーンに住んでいた一九一一年に書いた手紙に見られる。「まったく気分爽快だとお伝えできることは嬉しい。……小さな胃の不調のほかは何もなかった。果物と野菜の食事で治療しようとしている(原注87)」。彼は肉の摂取を減らしたときには、大量の汗をかくこともないし、下着につくしみも少ないことを発見した。ヒトラーはまた、野菜を食べると胃腸のガス――彼をひどく悩ませ、大いに困惑させた状態――のにおいが改善すると確信した(原注88)。彼は癌になることをとても恐れていた。彼の母は癌で死んでおり、肉食と汚染が癌を引き起こすと信じていた(原注89)。

にもかかわらず、ヒトラーは好物の肉料理を完全にあきらめることは決してなかった(訳注8)。特にバヴァリアのソーセージ、肝臓の蒸しだんご、詰め物をしてローストした猟の獲物が好きだった(原注90)。戦前にハンブルクのホテルで料理長をしていたヨーロッパ料理のシェフ、ダイオン・ルーカスは、しばしばヒトラーに呼び出されて好物の料理をつくったことをおぼえていた。「詰め物をした雛バト（およそ生後四週の巣立ちしたばかりのハト）をあなたが食べたいというのをじゃますつもりもありません」、彼女は料理の本に書いた。「しかしそれがよくホテルで食事をしたヒトラーの大好物だったということを知るのは興味深いかもしれません。だからと言って素晴らしいレシピを否定するつもりはありませんが」(原注91)。彼の伝記作者のひとりは、ヒトラーの肉食はほとんどソーセージに限定されていたと主張している(原注92)。

彼の食事の好みが何であったにせよ、ヒトラーはドイツにおけるベジタリアンの主張にはほとんど共感を示さなかった。彼が一九三三年に政権を握ったとき、ドイツにおけるすべてのベジタリアン組織を禁止し、その指導者を逮捕し、フランクフルトで出されていた主要なベジタリアン雑誌を発売禁止にした。ナチの迫害を受けて、肉食の国における少数派にすぎなかったドイツのベジタリアンは、国外に逃げるか、地下にもぐることを強制された。ドイツの平和主義者でベジタリアンであったエドガー・クップファー＝コーバーウィッツはパリへ、続いてイタリアへ亡命し、そこでゲシュタポに逮捕されて、ダッハウの強制収容所へ送られた(本書第8章を参照)。戦時中ナチス・ドイツはベジタリアンの食事が戦時中の食料不足を緩和するにもかかわらず占領地域におけるすべてのベジタリアン組織を禁止した(原注93)。

歴史家ロバート・ペインによると、ヒトラーが厳格なベジタリアンであったという神話は、主としてナチス・ドイツの宣伝大臣ヨーゼフ・ゲッベルスの功績である。

ヒトラーの禁欲主義は彼がドイツに投げかけるイメージにおいて重要な役割を演じた。広範に信じられている伝説によると、彼は煙草を吸わないし、酒を飲まないし、肉を食べないし、女性と何もしない。最初のものだけが真実である(訳注9)。彼はビールや薄めたワインを頻繁に飲んだ。バヴァリアのソーセージが大好物だったし、愛人のエヴァ・ブラウンがいたし、彼女はベルグホフで彼と静かに暮らしていた。女性とその他の控えめな情事もあった。彼の禁欲主義はゲッベルスが彼の全面的な献身、自己制御、並みの人間とは違うことを強調するために発明したフィクションである。この禁欲主義の外見上の見せ物によって、彼は国民へのサービスに献身していると主張できたのである(原注94)。

実際、ヒトラーは「著しく自分を甘やかしており、禁欲の本能などまったく持っていなかった」とペインは書いている(原注95)。彼の料理人はヴィリー・カンネンベルクという大変肥満した男で、極上の料理をつくり、宮廷道化師のような人物だった。ヒトラーはソーセージの形態以外の肉は好きでなかったし、魚はまったく食べなかったが、キャビアは好きだった(原注96)。彼は甘いもの、砂糖漬け果物、クリームケーキについては通で、こうしたものをたらふく食べた。彼はクリームと砂糖を大量に入れた紅茶とコーヒーを飲んだ。彼ほど甘党の独裁者は前代未聞である(原注97)。

同情と穏やかさについては、そうしたものはヒトラーにとって唾棄《だき》すべきものであり、彼は力が正義であり、強者は地球をまるごと受け継ぐに値すると信じていた(原注98)。彼はベジタリアンの非暴力哲学を軽蔑しており、ガンジーをあざけっていた(原注99)。ヒトラーの最も基本的な信念は、自然は闘争の法則によって支配されているというものだった(原注100)。彼は若いドイツ人が、荒々しく、権威主義的に、恐れを知らない、残酷な人間になることを望んでいた（「私の砦で育つ若者は、世界を怖がらせるであろう」）。彼らは弱かったり穏やかであったりしてはならない。「自由で驚嘆すべき肉食獣の光が彼らの目から再び輝くに違いない。我が国の若者たちが強く美しくなることを望む(原注101)」。ヒトラーはかつて自分の世界観をひとつの短いセンテンスで要約した。「力を持たない者は生存権を持たない(原注102)」。

ヒトラーおよびその他のナチス高官が動物、特にイヌを愛すると主張されてきたことは(原注103)、マックス・

ホルクハイマーとテオドール・アドルノによって意味づけを与えられた。彼らは書いているが、ある種の権威主義的人格にとっては、〈動物愛好〉は他者を怖がらせる方法の一部である。産業界の大立て者やファシストの指導者がペットをまわりにはべらせたがるときに、彼らが選択するのはグレートデーンとか、ライオンの仔のような人を怖がらせる動物である。それらがかきたてる恐怖を通じて自分たちの力をより大きく見せようとしているのである。「残忍なファシストの巨人は自然の前で非常に盲目的なので、動物を人びとに屈辱を与える手段としてのみ見るのである。ファシストの動物、自然、子供への情熱的な関心は、迫害する欲望に根ざしている」。力が存在するところでは、いかなる生き物もそれ自体の権利を持たない。「権力の血に濡れた目的にとっては、生あるものも原料にすぎない」(原注104)。

訳注8　ヒトラーがベジタリアンであったという神話を本書が明快に否定していることの意義は小さくない。

訳注9　ちなみに当時の指導者の喫煙状況を見ると、枢軸側のヒトラー、ムッソリーニ、フランコは三人ともノンスモーカー、連合国のローズヴェル、チャーチル、スターリンは三人ともスモーカーであった。ロバート・プロクター『健康帝国ナチス』(宮崎尊訳、草思社、二〇〇三年)を参照。

われわれは王子様のように暮らす

ドイツの収容所に送られた動物の大多数は、殺され、切り開かれ、料理され、食事として供される動物であった。ドレスデンの巨大な家畜置き場と屠畜場では二四時間体制で殺害と食肉処理が行われ、占領された東欧諸国から輸送されてくる食肉用動物を国防軍と親衛隊に供給し続けた。ロシアのクルスク地域からだけでも、ドイツ人は二八万頭の牛、二五万頭の豚、四二万頭の羊を略奪し、ドレスデンに輸送したが、そこでは屠畜のペースがあまりに激しくなったので、占領された諸国からの捕虜を奴隷労働力として連行して来なければならなかった。ドイツと占領地域のあいだの牛輸送車のひっきりなしの交通は、絶滅収容所へのユダヤ人輸送を覆い隠すのに役立った[原注105]。

収容所での殺害者の手紙と日記から判断して、動物を食べることは彼らの最大の喜びのひとつだった。妻への手紙のなかで親衛隊の特別行動隊［アインザッツグルッペンの下部組織］の親衛隊中尉カール・クレッチュマー――特別行動隊4Aの指揮官であった――は、食事を除いてほとんどあらゆることについて不満を述べている。彼が戦わねばならなかった「ユダヤ戦争」について、そして気分が落ち込んでいることについて（「私は非常に憂鬱な気分だ。何とか乗り切らないといけない。女性や子供も含む死者を見るのは、気持ちのいいものではない」）不平を言ったあと、彼のトーンは突然変わる。「寒い季節がやってくると、誰かが外出するときにはたまにガチョウが手に入るだろう。このあたりでは二〇〇羽以上が鳴き騒いでいるし、雌牛、仔牛、豚、雌鶏、七面鳥もいる。われわれは王子様のような暮らしをしている。今日は日曜で、ガチョウをローストした（各人に四分の一羽分）。今晩はハトを食べる[原注106]」。

数週間後、クレッチュマーは妻に彼の部隊が朝の仕事（人びとを射殺すること）でどんな報償を受けたかを語っている。「ランチにはいつも良い食事が出る。たくさんの肉、たくさんの脂肪[訳注10]（われわれの家畜、豚、羊、仔牛、雌牛がいる）」。同じ手紙でクレッチュマーは再び外で聞く「鳴き騒ぎ」に反応している。「いま庭で六〇〇羽のガチョウがおそろしい騒ぎをやらかしている。あのなかからクリスマス・ディナーを選べるといいね。もしうまくいけば、自分で取ってこられる。うまくいかなければ、彼らに適当なときに取ってこさせよう(原注107)」。
家庭の「親愛なるムティ、親愛なる子供たち」に四日後に送った次の手紙では、「だからパパがお前達を忘れたと思う必要はない」と言って、クレッチュマーはよく食べることの重要性を説明する。

日曜はご馳走だった。ローストしたガチョウだった。ローストしたガチョウを朝食に、昼食に、そして（冷やして）お茶の時間にもいただいた。それから夕食には魚を食べた。最高級のローストでも食べ続けたら飽きてくるよ。とにかくここでの生活がひどいと心配する必要はない。仕事の性質から言って、われわれはよく食べ、よく飲まなければならない。詳しく説明したようにね。さもないとくじけてしまうだろう。……お前達のパパは非常に注意深く、適正なバランスをとるつもりだ。あまり心地よいものではないのだが(原注108)」。

「あまり心地よくないもの」への代償として良い食事を同じように高く評価する姿勢は親衛隊少尉ヨハンネス・パウル・クレーマー——一九四二年秋にアウシュヴィッツに配属された親衛隊の医師——の日記にも見られる。収容所はどこをとっても彼が聞いていた通りにひどいものだったが（彼は「世界の尻の穴」と呼んでいる）、代償となるものがあった。それはクレーマーにとっては親衛隊将校食堂での良い食事であり、医学実験のための人体の定期的な提供であった。
彼の八月三十一日の日記には次のように書かれている。「将校食堂での食事は素晴らしかった。今晩は酢漬けにしたアヒルの肝臓を食べた(原注109)」。二日後に彼は書いている。「午前三時に私にとって最初の特別行動［ユダヤ人の大量処刑］に立ち会った。これに比べるとダンテの『地獄篇』などはほとんど喜劇のように見える。彼らは何もしていないのにアウシュヴィッツを絶滅収容所と呼ぶわけではない」。彼の九月六日の日記には次のように書かれている。「今日は日曜で、素晴らしい昼食会だった。トマトスープ、ポテトと赤キャベツ（二〇グラムの脂肪つき）を添えた半身のチキン、デザート、素敵なバニラアイスクリーム」。クレーマーは六回目と七回目の特別行動に立ち会ったあと書いている。「夕方、二十時に、親衛隊大将ポールと将校食堂でディナー。本当のご馳走だった（原注110）」。

クレーマーのアウシュヴィッツ勤務中の残りの時期に、彼の日記は自分が立ち会った処刑、自分の医学研究、食事について記録している。十月十一日の日記には、「今日は日曜で、昼食はローストした野ウサギだった。太った脚だ。そして小麦粉の蒸しだんごと赤キャベツ」。クレーマーは処刑に特別に関心を持っていたが、それは飢餓の研究のために新鮮な人体を提供してくれるからだった。彼の十月十七日の日記には「今朝の寒い雨のなかで、一一回目の特別行動（オランダ人）に立ち会う。日曜だ。三人の女がわれわれに命乞いをする煩わしい光景（原注111）」。十一月十四日の日記にはこう書かれている。「今日は土曜日。共同ホール（本当に大きい！）でのバラエティショー。特に人気があったのはダンスするイヌと、命令されて鳴く二羽のチャボだ（原注112）」。アウシュヴィッツのもうひとりの親衛隊医師エドゥアルト・ヴィルツは、彼が参加した「将校官舎での各人に半身の野生のカモが振る舞われたスペシャルディナー」のような、様々なお祭り行事についてのとりとめのない話を妻に書き送っている（原注113）。

トレブリンカの所長フランツ・シュタングルはインタビューでギッタ・セレニーに、毎日の昼食には「たいてい肉、ポテト、カリフラワーのような新鮮な野菜を食べた」、と語っている。彼は収容所に自分がつくった製パン所を特に誇りにしていた。「腕の良いウィーンから来たパン職人がいたんだ。彼が実にうまいパンやクッキーを焼いてくれた」(原注114)。

ドイツ人が殺して食べた動物の残りはときどき囚人の食事にまわされたが、それらはけっして彼らが選んだものではなかった。強制労働収容所にいたユダヤ人女性が食事を描いている。「パンは硬くてほとんど口に合わなかった。昼には私たちが〈砂のスープ〉と呼ぶスープが出た。ジャガイモとニンジンのスープだったが洗ってなかった。このスープには一個か二個の雌牛の頭が歯も毛も目もついたままで入っていた」(原注115)。

訳注10　「たくさんの脂肪」とあるが、一九四〇年代には「動物性脂肪を食べ過ぎると生活習慣病になる」という議論はほとんどなかった。

人道的屠畜と殺害

殺害事業の苦々しく皮肉な特徴のひとつは、殺害をより「人道的」なものにしようとする試みである。「人道的」ということで職人が意味するのは、殺害がより効率的に行われ、殺害者のストレスが少なくなるようにしたいということである。もちろん真実は、彼らが「人道的」であることに本当に関心があるわけではないということだ。もしあるのなら、そもそも殺害しないはずだから。

ナチス・ドイツが優生政策を施行し始めたとき、ヒトラーとヒムラーはどちらも、政策が「より人道的」であることを望んだ。ヒトラーは欠陥のある子供たちを殺すことがより人道的であると信じた。

「病人、弱者、奇形の子供を［ガスに］暴露すること、要するに殺害は、最も病理的な対象を保存しようとする今日の惨めな狂気よりも、親切であり、実のところ一〇〇〇倍も人道的だった」(原注116)。Ｔ４プログラムの責任者に任命したカール・ブラントとの一九三九年の会合のあいだに、ヒトラーは、知的障害のあるドイツ人を殺すための最良の方法について語っているときに、同じ表現を用いた。ブラントが一酸化炭素ガスの使用も含めて考慮中のさまざまなオプションについて彼に語ったとき、ヒトラーは彼に尋ねた。「どれがより人道的かね？」ブラントはガスを推奨し、ヒトラーは裁可を出した(原注117)。自殺する前日にベルリンの地下壕で書いた政治的遺書のなかで、ヒトラーはユダヤ人を絶滅するために用いられた「人道的」方法について語っていた(原注118)。

一九四一年八月にドイツが占領するロシアのミンスクへの訪問のあいだ、ハインリッヒ・ヒムラーは行動部隊Ｂ［アインザッツグルッペン］の指揮官アルトゥーア・ネーベに、どんなものか見るために処刑を間近で視察したいと述べた。それでネーベは部下にユダヤ人を約一〇〇人かき集めるように命じた。射殺が進行しているとき、ヒムラーは精神不安定になり、一斉射撃のたびに目を落とした。処刑が終わったあと、親衛隊大将フォン・デム・バッハ＝ツェレフスキー——彼も立ち会っていた——はヒムラーに言った。「この行動隊の男たちの目をごらんなさい。いかに深く動揺しているか！　この男たちの人生の残りは終わったのです。ここでわれわれはどんな種類の部下を訓練しているのでしょうか？　精神障害者か野蛮人です！」。

士気を高めようと男たちに語ったことのなかで、ヒムラーは彼らが遂行している義務が「ひどく不快な」ものであることを認めたが、無条件に命令を遂行することはドイツ兵としての義務であることを想起させた。彼らに神とヒトラーの前で起こっているあらゆることに責任を負うこと、そして彼らが実行するように命令されている仕事は、「最高の法則」に従っているのだと語った。

ネーベとフォン・デム・バッハ＝ツェレフスキーを同行させて、ヒムラーは次に近くの知的障害者収容施設に視察に行った。そこも心をかき乱す場所だった。彼はネーベに収容者の苦しみをできるだけ早く終わらせるように言った。それから、ネーベの部下が患者達を射殺したあと、ヒムラーはネーベに「もっと人道的な」別の殺害方法を探してみるように言った（原注119）。

マールブルク大学の衛生学教授で、親衛隊中佐でもあったヴィルヘルム・プフォナーシュティール博士は、戦後、ベウジェツ絶滅収容所への戦時中の訪問について報告した。「私は人間を絶滅するプロセスが何らかの残酷さを伴っているかどうかを特に知りたかった」。彼はその事業が、自分が望むほど人道的ではなかったことを認めた。「私は十八分が経過するまで死が訪れないことが特に残酷であることに気づいた」。彼はまた殺害を行う親衛隊員の福祉についても心配していた（原注120）。

戦後の裁判のあいだに、ザクセンハウゼン強制収容所の元所長であったアントン・カインドルは、宣誓証言のなかで、強制収容所の監察官であったリヒャルト・グリュックスが収容所長たちにアウシュヴィッツのモデルにならってガス室を建設するように命じたと言明した。ザクセンハウゼンでの絶滅は一九四三年までは射殺あるいは絞首刑によって遂行されていたが、そのときカインドルは「既存施設がもはや計画されている絶滅のためには十分でない」ためにガス室を導入した。医長は彼にシアン化水素（青酸）を用いると即死すると断言した。「だから私はガス室が大量処刑のためには適切であり、人道的でもあると考えたのです（原注121）」。

「人道的に」殺す人びとはしばしば、犠牲者は最小限の苦しみしかないか、あるいはまったく苦しまないと主張する。この主張は罪の意識を軽減し、殺害をもっと受容可能なものにするのに役立つ。ベウジェッツで到着者のうちもう歩けない者を射殺する仕事をしていた親衛隊のロベルト・ユルスは、形容できないほどぎゅうぎゅう詰めにされた貨車での長い旅(訳注11)の後のユダヤ人の不幸な状態ゆえに、彼らを射殺することは「親切であり解放であると見ていた。私は溝のふちに立って、ユダヤ人たちを機関銃で撃った。いつも私は即死するように頭を狙った。誰も苦しまなかったと絶対の確実性を持って言える」と述べた。(原注122)

一九五八年に米国連邦議会は家畜の屠畜を「もっと人道的に」するために、人道的屠畜法を成立させた。(原注123)この法律は、その肉が連邦政府またはその機関に売られる動物が「束縛され、吊り上げられ、投げ出され、切り開かれる前に、一発の銃弾あるいは電気、化学、その他の迅速で効果的な手段」によって、「痛みを感じないようにされる」ことを要求していた。(原注124)

通過に先立つ法案についての委員会の公聴会で、ある参考人は当時いくつかの場所で使われていて、仔牛、仔羊、豚にはすでに導入されていた失神装置の広範な利用を推奨した。もともとマサチューセッツ動物虐待防止協会のジョン・マクファーレンによって提案されたこの装置は、武器製造会社であるレミントン・アームズがアメリカ食肉研究所およびアメリカ人道協会と共同で開発したものである。その参考人は委員たちに失神装置がどのように作動するかを実演してみせた。「この引き金が動物の頭に接触するとカートリッジの中身が放出されてこれが飛び出し、動物の頭に撃ち込まれます」と彼は説明した。(原注125)

五世紀近く前にレオナルド・ダヴィンチは「私のような人間が動物の殺害を、現在殺人を見るのと同じような目で見る時代がやってくるであろう」と予測したが、そのような時代はアメリカではまだ先のことである。公聴会のどの時点でも、動物を殺すこと自体を問うたり反対したりする人はいなかった。法案にかかわったあらゆる党派が、動物福祉団体も含めて、動物が「人道的に」殺されることのみに関心を持っていた。

最終的にできた法律が宗教的な儀式的屠畜を適用免除にしていたので、一部の人びとはユダヤ式儀式屠畜を「非人道的」と非難することになった。なぜならそれは動物が屠畜されるときは意識がなければならないとしていたからである。しかし、ブライアン・クラッグが指摘するように、

私は多くの屠畜場で動物の屠畜を見た。宗教儀式的な方法で行うにせよ、世俗的な方法で行うにせよ、どの屠畜場でも人間の仲間である生き物をかわいそうなやり方で扱っているという印象しか私は受けなかった。動物の名においてイスラムやユダヤ教の方法だけを取り出して問題にすることは、私には不公平にみえる。「人道的」という言葉で他の方法に威厳をつけることは、究極の被害にさらに侮辱を付け加えるもののように思われる。(原注126)

一九七八年に米国連邦議会は、その諸条項が連邦政府に販売される食肉だけでなく、連邦政府の検査を受けるすべての屠畜場に適用できるように、人道的屠畜法を改正した。またもや、人道団体や動物福祉団体も食肉産業と同様にこの改正を支持した。(原注127) ジョン・マクファーレンは公聴会の第二部に再び登場して、この改正を支持する証言を行った。二十年が経過するあいだに、マクファーレンはマサチューセッツ動物虐待防止協会のポストを離れて、家畜の扱いについてのコンサルタントになり、家畜保全研究

所の理事会のメンバーになっていた。
人道団体からの数人の発言者は、動物の意識をなくさせる屠畜方法は業務をより効率的に、経済的に、殺害を行う人びとにとってよりストレスの少ないものにしたと強調した。人道情報サービスのエミリー・グレックラーは「人道的屠畜方法が労働力利用においてより効率的であり、コストも下がることに気づいた」精肉業者によって法案が支持されていると語った。彼女は委員会に法案が「それを施行する政府にも、家畜産業にも、精肉産業にも、消費者にも、何ら大きな重荷となることはないだろう」と請け合った。屠畜される動物に課される重荷については、彼女は言及しなかった。動物福祉団体からの別のスポークスマンは、「人道的屠畜は長い目でみて、精肉工場にとってコスト節約に」なり、「労働の困難さ」を避けるのにも役立つと強調した。「困難」という言葉で、彼女はおそらく屠畜場労働者の精神的および感情的ストレスのことを言おうとしていたのであろう。(原注128)
ホロコーストの歴史家ラウル・ヒルバーグによる、殺害業務を行うもっと人道的な方法を探そうとするドイツ人の試みについての観察が、ここで関係してくる。殺害プロセスの「人道性」はその成功の重要な要因のひとつであった。もちろん、この「人道性」は、犠牲者の利益のためではなく、殺害遂行者の福祉のために発展させられたものであることが、強調されねばならない。(原注129)

訳注11　ユダヤ人は「動物扱い」されたので、家畜用貨車に乗せられて鉄道で輸送された。また、ソ連のスターリンは一九四四年にチェチェン民族全体に対独協力のぬれぎぬを着せて強制移住を行ったが、このときも家畜用貨車が使われた。輸送中の死亡率も高かった。ハッサン・バイエフ『誓い　チェチェンの戦火を生きたひとりの医師の物語』(天野隆司訳、アスペクト、二〇〇四年)第二章を参照。

第3部——ホロコーストが反響する

立場をはっきりさせろ。中立は抑圧者を利するだけだ。決して犠牲者のためにはならない。沈黙は拷問者に自信を与える。決して拷問される人のためにはならない。

エリ・ヴィーゼル(訳注1)

われわれの孫たちはいつか私たちに尋ねるでしょう。動物のホロコーストのあいだあなたたちはどこにいたの？　あの恐ろしい犯罪を止めるために何をしたの？　二回目は同じ弁解をするわけにはいかないでしょう。知らなかったというわけにはは。

ヘルムト・カプラン(訳注2)

訳注1　エリ・ヴィーゼル　一九二八年生まれ。ルーマニア出身のアメリカのユダヤ人作家。ホロコースト体験を描く。一九八六年にノーベル平和賞。ボストン大学教授。邦訳は『そしてすべての川は海へ　20世紀ユダヤ人の肖像』(村上光彦訳、朝日新聞社、一九九五年)ほか多数。

訳注2　ヘルムト・カプラン　一九五二年生まれ。ドイツの哲学者、作家。哲学博士。邦訳に『死体の晩餐　動物の権利と菜食の理由』(田辺リューディアほか訳、同時代社、二〇〇五年)がある。

第6章　私たちも同じだった　ホロコーストを意識する動物擁護活動家

本書をしめくくる第三部では、その動物擁護運動がホロコーストによって影響を受け、場合によってはそれによって形成されたといってもよい正反対の記憶の持ち主――ユダヤ人とドイツ人――に焦点をあてる。

この章では多くのホロコースト生き残りとその家族を特徴づける他者の苦しみへの感受性を持つホロコースト関連活動家のプロフィルをとりあげる。オスロ大学の心理学教授を退官した人で、自身もアウシュヴィッツの生き残りであるレオ・アイティンガーは、収容所の元囚人たちが他者に対するより高い感受性と、より大きな共感能力を持っていると結論した。(原注1)生き残りの多くの子どもたちは、世界の回復を可能な限り達成しようとして、人を援助する専門職――たとえば教師、結婚および家族セラピスト、メンタルヘルス・カウンセラー、精神科医、心理学者、ソーシャルワーカーなど――のキャリアを追求してきた。(原注2)

ここでプロフィルを描く活動家たちは、関心と共感を生物種の壁を超えて、自身もホロコースト関連動物問題活動家であるヘンリー・スピラの言う「世界の犠牲者のなかで最も無防備な者」にまで広げることができた。

精神異常と戦う

アン・ミュラーは子どもの頃写真アルバムを見ていたことをおぼえている。彼女の母は「これまでに見たなかで最も美しく、また美しく着飾った人びとの何人かを指さして、あれがお前の叔母さんで、彼女は強制収容所で殺されたんだよ」。約一二人がうつっている家族写真のなかで「彼女はそれぞれの人を指さして名前を言い、簡単な経歴を説明し、彼らは強制収容所で殺された」と説明するのである。

親族の喪失はミュラーに深い印象を残した。「家族が政府によって、そして彼らは価値がないと考える大衆によっていかに殺されたか、あるいはもっとひどい場合は、誰が彼らに対して絶対的な権力を持っていて、野蛮な力をもってそれを実施し、生命をも含めあらゆるものを奪ったかを聞かされながら育ったなら、苦境におかれた人びとに対して深い思いを抱かざるをえないでしょう。動物たちは弱く、声をあげることができず、お互いをあるいは自らを助けることができないのです。私たちもそのような存在でした」。

ニューヨークのニューパルツに住んでいるミュラーとその夫ピーターは、二つの動物保護団体を率いている。カナダガン（訳注1）殺戮防止連合を含む野生生物ウォッチと、スポーツ・ハンティング廃絶委員会である。（原注3）ミュラーは彼女が初めて狩猟について学んだとき、それが深い心の底からの反応を呼び起こしたという。彼女は「ハンターは州政府と連邦政府の支援と奨励を受けて合法的に殺害をしている」と聞いて恐ろしくなった。

ミュラーは、ホロコーストのあいだにユダヤ人を助けた人はとても少なかったこと、そして火葬場の煙突からの灰が近くの都市に降り積もっているときに、ドイツとポーランドの人びとはいつも通りの生活をしていたという事実に衝撃を受けた。「社会の大半の人びとにとって、こうしたことが何もなかったかのように、生活は続いていたのです。人びとはいつもの仕事をしており、強制収容所の労働者は朝出勤して、晩には帰宅して、愛する家族と一緒になり、家庭料理を食べ、暖かいベッドで眠る。動物実験者、わなで獣をとる猟師、役所の猟獣担当者、毛皮商人、工場畜産労働者にとってと同様に、彼らにとってはそれが仕事なのでした」。

ミュラーがカンボジアの「ボートピープル」について初めて聞いたとき、彼女は助けるために何ができるかを知るためにカトリックの慈善団体に連絡をとった。結果は「数ヵ月私たちと一緒に暮らしている三人のカンボジア人がいます」ということになった。ミュラーと彼女の夫は、中国にいたとき教えていた四人の学生への援助もしており、そのうち二人は一年間彼らと一緒に暮らしていた。「はい、私たちは人びとのことが心配です」。彼女は言う。「しかし動物たちが耐え忍んでいる苦しみに匹敵するものはありません。それについて何かしている人はごく少数です。でも私は一〇%の人が動くだけで革命ができると聞きました」。

ミュラーはアルベルト・シュヴァイツアーからの引用で電子メールのメッセージをしめくくった。「世論がもはや動物の虐待と殺害にもとづく娯楽に耐えられないときがやってくるでしょう。そのときは来るでしょうが、いつなのでしょう？　いつわれわれは、狩猟というスポーツのために動物を殺すことに喜びを見いだす行為が精神異常だとみなすところに到達するのでしょうか？(原注4)」。

訳注1　カナダガン

サバイバーの声

ミュラーはカナダガン——それをロックランド郡の行政管理者は集めて、ガスか毒物で殺したがっていた——のためにローカルな視聴者参加のラジオショーに出演し始めたとき、マーク・バーコウィッツに気づいた。ミュラーは、バーコウィッツが番組に参加するときにはいつも、動物を擁護し、自分を弁護しようとしていると言う。

「マークは驚異的な人です。アウシュヴィッツで、彼は自分の母親と姉妹のひとりがガス室へ行進させられるのを見ました。そしてもしそうすれば自分も殺され、助けることのできる人びとを助けることもできないということを知っていたので、感情をおもてに出すこともできませんでした」。ヨーセフ・メンゲレ(訳注2)は当時一二歳だったバーコウィッツと双子の妹を双子実験のために選んだあと、強制的に脊髄の手術を受けさせた。現在ではバーコウィッツは動物に同様の手術を強制することに強く反対している。

ロックランドのヘレン・ヘイズ舞台芸術センターでの大衆集会で——それをミュラーはカナダガンを保護するために組織した——バーコウィッツは映画俳優アレック・ボールドウィンをスピーカーのひと

りとして参加させた。「私は母の墓をガンに捧げます」と彼は四〇〇人の聴衆に言った。あらゆる主要なローカルテレビ局とラジオ局もその場にいた。「私の母は墓を持っていませんが、もし持ったら私はそれをガンに捧げます。私も一羽のガンでした(原注5)」。

あるサバイバー活動家の正体――「ザ・ハッカー」あるいは単に「ハッカー」としてのみ知られている――は決してわからないだろう。彼は動物を救うために逮捕の危険を犯す人びとの地下組織、動物解放戦線(ALF)のメンバーであったから。一九八一年にALFがペンシルヴァニア大学のトーマス・ゲナレッリ博士の頭部損傷研究室を襲撃したときの計画立案と実行において、ハッカーは「ヴァレリー」(やはり偽名)と密接な協力関係にあった。その研究室で研究者らはヒヒの頭部を強打して、頭蓋骨に結合させた装置で打撃の力を測定しており、この研究には連邦政府の調整により年間一〇〇万ドルの資金が提供されていた。ALFが実験室に押し入って研究者が撮影したビデオを略奪し、メディアに公開すると、市民の反応が非常に強かったので、実験は停止され研究室は閉鎖された。

ヴァレリーはクイーンズでのベジタリアン感謝祭ディナーで初めてハッカーに会った。ハッカーは現在六〇歳代で、ナチス時代のドイツで成長した。そこで小さな少年だった彼が見たり経験したりした残虐行為は、強制収容所「アウシュヴィッツ」でつけられた入れ墨と同様に、いまなお記憶に新しい。彼は一〇代のとき米国に来て、食肉取引で見習い修行をした。彼はニューヨーク近郊の食肉店経営者の養子となり、自らも経営に携わるようになったが、屠畜場の恐怖に対する強い嫌悪感がエスカレートして、結局その仕事をやめることになった。息子二人は成人し、ハッカーは男やもめで、現在は健康食品の推進活動をしている。

ハッカーはディナーでヴァレリーに語った。「私はアイザック・バシェヴィス・シンガーが書いたことを信じています。〈生き物に対する行動においては、すべての人間がナチスなのです〉。人間は自分が犠牲者となったときに抑圧を生々しく理解するのです。さもなければ盲目的に、考えなしに誰かを犠牲にするものです」（原注6）。ハッカーもヴァレリーも逮捕されたことがないので、彼らの本名が知られることは決してないだろう。

動物擁護活動家アンネ・ケレメンは自らをホロコースト・サバイバーと認識するまでに、長い時間がかかったと言っている。彼女はウイーンで生まれ、一九三〇年代はそこに住んでいたが、「水晶の夜」（訳注3）の数ヵ月後、両親は彼女を「子ども輸送」――ユダヤ人の子どもたちを安全な場所へ移動させた――に参加させてイングランドへ送った。ケレメンは戦時中イングランドで過ごしたが、両親の身に何が起こったかを知ることはできなかった。彼女はようやく戦後、英国に連れて来られたナチス収容所の子どもサバイバーの若いカウンセラーだったときに、ホロコーストについて直接知ることができた。ケレメンは両親の運命については、あとになるまで知ることができなかった。広範な調査を行った結果、彼女は父母が、オーストリア人が一九四二年四月にウイーンからベウジェッツ絶滅収容所に送ったユダヤ人一〇〇〇人の輸送のなかの囚人番号八六番と八七番であったことを知った。

ケレメンはイスラエルに住んだこともあるが、長年ニューヨークで年配の市民のためのコミュニティ・オーガナイザーとして働いてきた。彼女は捨てられた動物を救い、アニマルライツのデモに参加し、「四つ足動物のものは何も食べなかった」。彼女の動物への愛情はウイーンにいた子ども時代に始まったが、戦時中および戦後に経験したことが彼女に弱者の側に立たせることになったと言う。「その弱者がイヌやネコであろうと、人間であろうと」。

一九九〇年にスーザン・カレフはニューヨーク市のグリニッチビレッジにいたが、そのとき前を歩いている女性が食用仔牛の物語——彼らが母牛から引き離されて、暗い狭い区画に入れられてから、屠畜に送り出されるまで——を語るTシャツを着ていることに気づいた。カレフは読んだ内容に非常に興味をそそられたので、Tシャツの前面に書かれている仔牛の物語も読めるようにその女性を追い越した。彼女はその女性と話を始め、コーヒーを飲みながら話を続けた。その女性に自分は近くのレストランでの食用仔牛についてのデモに行くところで、一緒に来ないかと誘われて、カレフはアニマルライツのデモに初めて参加することになった。数ヵ月後彼女は「一九九〇年動物のための行進」の一員としてワシントンDCへ行った。

ホロコーストのあいだにハンガリーに生まれたカレフは、「救出幻想」——生命を救いたいという強い欲求で、多くのサバイバーとその子どもたちが持っていると言っている——を持っていると言う。ナチスがハンガリーを占領したあと、彼女は父、姉妹、その他の家族を失った。彼女が生き残れたのは、母の義兄が彼女と姉妹と母を、アウシュヴィッツではなく抑留収容所へ送る人のリストにのせることができたからにすぎない。後にカレフが六年間を過ごしたイスラエルで、彼女は父の家族の生き残りに出会った。

一九八〇年にニューヨークのイェシヴァ大学から社会福祉学修士の学位を得たあと、カレフは家族および養子ケースワーカーとして働き、それからコロンビア長老派教会病院で癌患者のためのソーシャルワーカーとして一〇年間働いた。現在彼女はカレン・ホルナイ精神分析研究所でＨＩＶ感染者およびエイズ患者のためのカウンセリングを行っており、またサイコセラピストとして個人開業している。

カレフはあらゆる生き物の相互関連性を信じているので、ビーガン(訳注4)である（肉、魚、卵、乳製品を食べない）。彼女はニューヨークでユダヤ人やその他のグループのために健康、ベジタリアニズム、人道的生活について講演をしており、三年半のあいだニューヨーク市の公立学校で人道教育担当教員をしていた。彼女が他の生き物を救出したり助けたりするときはいつでも、どんな生物種であれ、自分がタルムード(訳注5)の教えにしたがって生きていると感じるという。「命を救う者は、世界を救う」。

カレフにとって人間の虐待と動物の虐待は結びついている。彼女の非暴力的な生活様式へのコミットメントが、ライフワークになった。彼女と家族は戦時中無力な犠牲者だったので、一石を投じようと決意した。「ここで今日一石を投じることができるたびに、過去にわれわれの民族に対してなされた不正行為を正すために何かをしているかのように感じるのです(原注8)」。

アレックス・ハーシャフトはメリーランド州ベセスダの家畜改革運動（ＦＡＲＭ）の創設者であり代表であるが、子ども時代の一部をワルシャワのゲットーで過ごした。ゲットーから逃れたあと、彼は戦争の残りの時期はポーランドの農村でナチスから隠れていた。ドイツ人は彼の父を殺したが、母は何とか生き延びて、戦後アレックスと再会した。彼は一六歳で米国へ移住する前に、イタリアの難民キャンプで五年間を過ごした。「私は、価値のない対象のように扱われること、家族と友人の殺害者によって狩りたてられること、毎日翌日の朝を無事迎えることができるかと心配すること、屠畜へ向かう家畜用貨車に詰め込まれること、それらがどのようなことであるかを直接知りました(原注9)」。

一九六二年にベジタリアンになったハーシャフトは言う。「私は常に、美しくて感覚をもつ動物をとらえ、頭を打ち、切り開いて断片に変え、食卓にのせることが、倫理的にも美的にもいまわしいことであると感じてきた」。彼は後に環境コンサルタントとしての仕事を離れて(アイオワ州立大学で博士号を取得していた)、FARMを創設したが、それはアメリカの大いなる肉なしデー《ミートアウト》(三月二十日)、世界家畜の日(十月二日――ガンジーの誕生日)、全米食用仔牛禁止キャンペーン(母の日)などの教育キャンペーンを通じて、畜産とベジタリアニズムについて大衆を啓蒙する組織である(原注10)。

「私の経験は抑圧された者のために生涯にわたる正義の追求へと私を導いた。私はまもなく地球上で最も抑圧された者はヒト以外の動物であること、そしてそのなかでも最も数が多く、最も抑圧されているのは家畜であることを発見した(原注11)」。ハーシャフトは全国規模のアニマルライツ運動の大いに尊敬されている指導者である。彼は一九九七年、二〇〇〇年、二〇〇一年にワシントンDCで大規模なアニマルライツ会議を組織し、運営した。

ナチス占領下のポーランドにおける彼の経験は、ハーシャフトに家畜の扱いと、ナチスがユダヤ人をいかに扱ったかのあいだの類似点を意識させた。ゲイル・アイスニッツの『屠畜場』の書評のなかで、彼は書いている。「われわれのハイテクに基づいたけばけばしい快楽主義的なライフスタイルのなかで、歴史、芸術、宗教、商業の分野の人を感嘆させる功績の背景に『闇の部分《ブラックボックス》』がある。それは生物医学の研究施設、工場畜産、屠畜場である。社会が罪なき、感覚のある生き物を虐待し殺すというダーティビジネスを行う、匿名の複合体である。これらは、われわれのダッハウ、われわれのブッヘンヴァルト、われわれのビルケナウである。ドイツの善良な市民のように、われわれはそこで何が行われているかについて正しい観念を持っている。しかし現実を検証することを望んでいない」(原注12)

訳注2　ヨーセフ・メンゲレ　一九一一～一九七九。多数の人体実験を行ったナチスの医師。戦後は南米に逃げた。

訳注3　「水晶の夜」は、一九三八年十一月九日にユダヤ人商店やシナゴーグなどが焼き討ちにあった事件。「一九三八年十月、ドイツ国内のポーランド系ユダヤ人一万七〇〇〇人に国外追放令を布告。家族が追放されたという知らせを聞いたフランス留学中のとあるユダヤ人青年が激高、在フランス・ドイツ大使館の一等書記官エルンスト・フォン・ラートを射殺。皮肉にも、この射殺された書記官は、ナチス体制に強い疑問を持っていた人物であったという。これを口実にナチスはドイツ国内でユダヤ人襲撃を行った。何千というユダヤ人商店、ユダヤ教会（シナゴーグ）焼き討ちにあい、道ばたに散らばったガラスの破片が煌めく様から、「水晶の夜」という一見幻想的な名前が与えられた。しかしその裏では、たくさんのユダヤ人が迫害され、この事件をきっかけに国外亡命するユダヤ人が急増した。第二次世界大戦資料館　http://www.ne.jp/asahi/masa/private/history/ww2/index.html

訳注4　ベジタリアンのうちで卵や乳製品も食べない人をビーガン（完全菜食主義者）ということがある。

訳注5　タルムード　ユダヤ教の律法、道徳、習慣などをまとめたもので、トーラーに次いで権威のあるもの。ミシュナとゲマラの二つから構成される。

何か恐ろしいこと

本書の序文を書いてくれたルーシー・カプランは、プリンストン大学とシカゴ大学法科大学院の卒業生である。ニューヨーク市の企業法律事務所で訴訟弁護士として働いたあと、彼女は一九八〇年代初頭に動物法的防衛基金［ALDF］のボランティアとして、動物保護の仕事の最初の体験をした。彼女と夫はオレゴン州にうつり、そこで彼らが住んでいる町にある州立大学のキャンパスでの動物解放戦線の劇的な解放行為のあと、カプランはその襲撃事件でただひとり訴追された活動家の代理人弁護士としての仕事をした。彼女はさらに多くのアニマルライツの法律実務にも取り組むようになり、それから長年、PETA(訳注6)の調査部門の法律顧問をしており、連邦政府の規制プロセスにも精通している（「法廷の訴訟より私にはずっと面白い仕事だ」）。

カプランの両親は一九四五年末にオーストリアの難民キャンプで出会った。彼女の父は一九四五年に解放されるまで、アウシュヴィッツを含む七つのナチス収容所を転々とさせられ、母はナチス親衛隊のための奴隷労働者だった。カプランと姉妹たちの成長過程で、他の大人達は彼女らに両親が「何か恐ろしいこと」を経験してきたのだとたびたび思い出させた。あるときカプランが父にさからって長広舌を始めると、「私たちが敬愛する家政婦兼子守が私を静かに座らせて、父には二人の幼い娘がいたが父が見ている前でナチスに射殺されたと語りました」。カプランは「生涯ホロコーストのイメージにつきまとわれてきました。私がアニマルライツに引きつけられる理由の一部は制度化された動物搾取とナチスのジェノサイドのあいだに感じる類似性であることは間違いありません」と言う。

もうひとつの重要な影響はアイザック・バシェヴィス・シンガーによるもので、彼の著作をカプランはまだ企業法務の仕事をしていた一九七〇年代後半に読み始めた。「すでにベジタリアンになっており、私はシンガーの世界観に惚れ込んで、動物搾取に対する彼の辛辣な非難を読んで高揚した気持ちになりました」。カプランは彼の全著作を読破し、また全部を再読しようとしている。「私はシンガーが人間の手による動物の搾取や苦しみを、人間が経験した最も恐るべき虐待のいくつかと臆面もなく同等とみなすやり方に奮起させられました。私にとって、ホロコーストと現代の動物ジェノサイドの類似性の把握においてシンガーの右に出る人はいません(原注13)」。

訳注6　PETA＝動物の倫理的な扱いを求める人びとの会

三つの戒律

一九八九年にアニマルライツ運動で専従職員として働き始めたデヴィッド・カンターは、ホロコーストで遠い親戚を失った。「私の曾祖母の姉妹、彼女の夫、彼らの三人の子どもたちは、われわれの親族のほとんどと違って二十世紀初頭に米国に移住しませんでした。彼らは、一九三九年以降消息がわからなくなり、ナチスがポーランドに侵攻したあと殺された可能性が高いと思います」。

カンターはフィラデルフィアのリベラルな家族のなかで育ったが、人権、権利章典、公民権運動が、彼と兄弟と両親のあいだでたびたび会話の主題になった。彼らは宗教的にはユダヤ教徒ではなかったが、カンターは言う。「まわりの人たちとは違っていると見られる感覚、最近の歴史がわれわれの民族を壊滅させたという理解、因習打破主義者、フォークアーティスト、平和活動家、支配的なＷＡＳＰ［白人アングロサクソン・プロテスタント］文化のなかの昔気質《かたぎ》のユダヤ人、米国憲法修正第一項［言論の自由条項］を萎縮させるよりも活用しようとするアメリカ市民を元気づけるような最近の出来事についての私自身の個人的な見方、——こうした経験が私の思考の大部分を形作っています。彼らがそうし続けることは間違いありません」。

カンターは「役人、マスコミその他の公式に受け入れられている行動についての考え方を教える立場の人びとによって是認された動物実験およびその他の残虐行為」の背景にある発想は、ナチス時代を連想させるものだと考えている。「ちょうど普通の家族を持った男がヨーロッパでホロコーストの組織を操作していたように」と彼は言う。「今日の米国の地域社会の指導者たちが単に自然な行動［狩猟］として鹿やガンの大量殺戮の権利を要求し、年間八〇億羽のニワトリのホロコーストがほとんどの人にとっては人気あるファーストフードのチェーン店の広告やテレビ出演する有名人の言葉を通じて伝えられるのです（原注14）」

これまでに公共の電波で聞いた最も印象的なコメントのひとつは、ワシントンＤＣのホロコースト博物館の創設者によるもので、彼のホロコーストについての研究を三つの戒律に要約するものだったとカンターは言う。その戒律とは、汝加害者となるなかれ、汝犠牲者となるなかれ、汝傍観者となるなかれ、というものだ。カンターはこれらの戒律についてよく考えるという。「もし社会全体で学習されるなら、これら三つの戒律は、動物と植物と生態系のホロコーストを長らく実行してきたが、それをホロコーストとして認識するのを拒否している社会において、われわれが行う選択がわれわれが加害者、犠牲者、傍観者となる範囲を決定するものだということを理解する助けになるでしょう」。彼は「ヨーロッパにおけるホロコーストの理解のポイントは、忘却し難いほど衝撃的なものであろうとも、特定のホロコーストだけに限定して焦点をあてるのではなく、他のホロコーストを予防し、止めることである」ように思われると言う（原注15）。

X線のような透視能力

カリフォルニアに本部をおく全米規模の動物保護組織である「動物の擁護」（IDA）の北東部代表であるバーバラ・スタグノは、子どもの頃に祖父母がナチスに殺されたことを知った。一九三九年に彼女の母はひとりでポーランドのビャウィストク（訳注7）から米国にわたった。彼女を送り出した両親とは、その後二度と会えなかった（二人ともトレブリンカでガス室に送られた）。「基本的に私はその物語とともに成長したのです」とスタグノは言う。「常にその物語がありました――母の両親は何か恐ろしくて邪悪なものに殺されたのだと。たとえ私の母が特別な経験をしたのでないとしても、何か恐ろしくて理解できないことが起こったのだという感覚を持ちました」。彼女の母はいつも語っていたという。「彼らは石鹸をわたされ、シャワーを浴びるように言われた。男たちは女たちから引き離された。そして彼らはガス室で殺された」。

毎年スタグノの母は自分の両親の命日と信じる日に二本の蝋燭を燃やすことにしている。「それはユダヤ教のカレンダーにある日で、私にとってはまったく見慣れないものでした。それで正確にいつと言うことができません。八月のある日だったと思います」。数年前スタグノは祖父母を追悼するために毎年二本の蝋燭を燃やすことを決めた。彼女がそれをやっていると母に告げたとき、母は驚いたように見えた。母が喜んだのだとわかった。「私たちはそのことを長々と話すことはありませんが、いまでは彼女はいつも電話をかけてきて、いつその日が来るかを教えてくれるのです」。

スタグノは彼女の両親がいつも心のなかに動物のために感じやすい心を持っており、彼女が動物への関心を追求するのを許し、ときには奨励さえしてくれると言う。「私はコンパニオンアニマルの通常のコースをたどり——ハツカネズミ、ウサギ、モルモット——八歳のときに初めてネコを手に入れました」。彼女が高校生のとき、父はいつも彼女を乗せて町のなかをドライブして、彼女が野良犬を救い、怪我した動物を獣医師のところへ連れていくのを助けたものだった。そうしたことをしていたある日、助けたイヌが繰り返し嘔吐するので、自動車を燻蒸消毒しなければならなかった。「父は真っ赤になって怒り、二度とするなと叫んでいた。私たちはそのときフランクリン・D・ローズヴェルト高速道路にいて、イヌが嘔吐したものをもう一度きれいにしなければならなかった」しかし父は彼女の援助を続けてくれ、野良猫のための屋外シェルターをつくってくれさえした。「それは本当に美しかった」。

スタグノは誰かが動物のための戦いに深くかかわるほど、社会から疎外されていると感じると考えている。「スーパーマーケットの通路を歩いているときは、食品を見ているのではない。工場畜産と屠畜場の最終製品を見ているのだ。他のみんなが、同僚が仕事場に連れてくる子猫を入れた箱の上で優しく語り掛けているとき、何百万匹が路上で死にかけていたり、シェルターでペントバルビタール・ナトリウム（麻酔薬）の致死量を注射されている光景が目に浮かぶのである」。彼女はある種の「X線のような透視能力」を獲得したみたいだと言う。

スタグノは活動家であることの最もやりがいのあることのひとつは、この特別な透視能力を持つ他の人たちと会合したり、一緒に仕事をしたりすることだと言う。彼女が運動で働くようになる前は、世界についてのビジョンを共有する親友はほとんどいなかった。いまでは彼女はその理由を知っている。「アニマルライツ運動で働くようになって以来、多くの友人を失いましたが、それ以上に多くのより豊かな友情を得ました。私は何人かの素晴らしい、並はずれた人たちと知り合いになりました。X線のような透視能力を持っている人びとは概して本当に例外的で素晴らしい人びとだ。そういう人たちを知ることは、人間の精神のなかには良いものがあるという私の信念を回復させてくれました」。

彼女の両親の身に起こったことについて母が語ってくれたことは、その時点ではあまり意味を持たなかったが、それが彼女の世界観に特色を与えたのだとスタグノは言う。「私の母の物語は私が非常に幼いころからこの世界には悪と力がはびこると教えてくれた。その世界のなかで人びとはお互いのあいだにバリヤをたてることができるし、そのバリヤにもとづいて、凶悪な恐ろしい行為をすることができるのです」。ほとんどの子どもは結局学校で戦争やそれに類したことを読むときにそれを学ぶのだが、家族の身にそれが起こることは——たとえ会ったことのない家族であっても——その教訓をより個人的なものにするのである。「ガス室と祖父母を含む人びとが死へと導かれた物語を学んだことは、私にとてもぞっとする印象を与えました。私が幼かったとき、それは、世界は安全ではないと感じさせたのです」。

スタグノにとってそのなかで最もショッキングな部分は、「いかに多くの人びとが極端な人間の苦しみに鈍感になりえたかということです。それがホロコーストの本当の教訓でしょうか？　人びとは劣等人種と宣告された人びとに対しては、どんなことでもやってのけることができたのです。それはもちろん、私たちが動物に対してやっていることでもあります（原注16）」。

訳注7　ビャウィストクはエスペラント語の創始者ザメンホフ博士（ユダヤ系ポーランド人の眼科医）の出身地として有名。ザメンホフ博士の親族もナチスに殺された。ロマン・ドブジンスキ、L・C・ザレスキ＝ザメンホフ『ザメンホフ通り　エスペラントとホロコースト』（青山徹、小林司、中村正美監訳、原書房、二〇〇五年）参照。

ホロコーストのイメージ

「X線のような透視能力」を持った人びとにとって、ホロコーストのイメージはどんなときでも頭に浮かんでくることがありうる。数年前に人道教育をしているゾー・ウェイルがペンシルヴァニアの高速道路で車を走らせていたとき、彼女はちょうどそんなイメージを呼び起こす何かを見た。ペンシルヴァニア州ジェンキンタウンの動物保護団体であるアメリカ生体解剖反対協会（AAVS）の教育部長として、彼女はちょうどいまさっき六年生のクラスに海洋哺乳類についてのプレゼンテーションをしてきたところだった。そのプログラムはうまくいったので、彼女は良い気分だった。生徒のうちの二人を除く全員が、学校で動物／環境クラブを始めたがっており、彼らはみんなその日のうちに連邦議会と大統領に手紙を書こうと計画した。イルカとクジラを捕獲して囚われの状態にすることの是非を決める大統領委員会の一員になったと想像してごらんと求められ、クラスの全員が捕獲と展示を禁止するほうに投票した。

ウェイルの良い気分はアメリカの高速道路ではあまりにありふれた光景を見ることによって遮られた。「私は幸せで楽観的な気分で事務所に戻るところでしたが、突然、前方の屋根のないトラックの荷台にたくさん詰め込まれたピンクの太った体を見ました」。その長いトラックにはなかの動物の体が飛び出すのを防ぐための金属の棒がつけてあった。「私は胃の調子が悪くなりました。私の心はユダヤ人を死の収容所に運ぶ列車の走るナチス・ドイツにトランスポートされたように感じたのです」。彼女は息が苦しくなり、体が汗ばんでくるのを感じた。「私は自分の車をトラックに近づけ、少なくとも一〇〇頭の動物の体が横腹を隣り合わせて、顔と尻をくっつける形で、詰め込まれているのを見ました。豚でした」。(原注17)

彼らが屠畜場へと輸送されているとわかったので、ウェイルは怒りと無力感を感じながら、数マイルにわたってトラックと並んで車を走らせた。彼女は道路と豚を交互に見た。特に彼女のほうを見つめている豚を。「私の心はどきどきし、自分のなかの恐怖に直面したときの行動計画を考え出そうとしました。豚は私を見つめ続けていましたが、私は何もしてませんでした」。トラックが高速道路の出口で旋回したとき、ウェイルはトラックを目的地まで追っていって、豚を救おうとすべきかどうか思案した。何もしないことは彼女に「裏切り者で無力」だと感じさせた。

彼女は高速道路で豚に出会ったことが彼女の防衛機制を打ち破り、そうした良心に照らして受け入れ難い残酷さに終止符を打つために、趣向を変えて何ができるかを自問させることになった。彼女は動物を救うために直接行動をする勇敢な人びとに思いを馳《は》せ、彼らに対して大きな感謝の念を抱いた。

運転しているあいだに涙は乾き、ウェイルは若い人びとを教育する仕事がいかに重要かを認識した。彼女はトラックに乗せられている一〇〇頭の豚を救うために自分にできることはたぶん何もないが、「他の豚のためには何かできる――人びとに語ることができる。人びとが豚を、あるいは人であれ人以外の動物であれ、食べたり搾取したりしない世界をつくるために必死で試みることができる」。まだ搾取の伝統に強く結びついておらず、残酷さと虐待の習慣にしたがう防衛機制をほとんど持っていない子どもたちに先ほど語りかけていたことを思い出し、彼女は自分に約束した。

豚さんごめんなさい。救うために何もしなくて。トラックから逃すために何もできなくて。でも何万人の人たちにあなたたちのことを語り、われわれがみんな平和に生きることができる、人びとがお前達をもう食べない新しい世界に彼らが心を開くのを手助けすると。(原注18)

今日ではウェイルはメイン州サリーの国際人道教育研究所およびそのプログラム組織である「共感ある生活のためのセンター（Center for Compassionate Living）」の共同設立者、共同代表として約束を果たしつつある。(原注19)その組織は米国で唯一の人道教育資格プログラムを提供しており、「地球とそのすべての生き物を助けたい人びと」にトレーニングと問題解決能力《エンパワーメント》を提供している。

非常に賞賛された『屠畜場　米国食肉産業のなかの貪欲、無視、非人道的扱いのショッキングな物語』の著者ゲイル・アイスニッツは、ホロコーストで近親を失うことはなかったが、人道畜産協会の主任研究員としての彼女の仕事は(原注20)――ほとんどのアメリカ人が決して見ないし見たくもない場所へ彼女を導いた――ときにナチス時代のイメージを呼び起こした。

アイスニッツが巨大な豚生産工場――「渓谷のなかの倉庫に雌豚を入れた木枠が入れてあり、目が届く限り詰め込まれた仔豚が風景のなかに点在していた」――を訪れたとき、そうしたイメージのひとつが彼女の頭に浮かんだ。不気味な静寂のなかで、倉庫から倉庫へ動いている作業車は「なかで起こっている苦しみを暴露することはなかった」。彼女はこうした害のない外観の倉庫の外に立って中での虐待を想像しようとすることは、非常に奇妙な感じがすると言う。「もし車がその環境に耐えられなかった豚を搬出して回るトラックだということを認識しなければ、もし大型ごみ容器が死体であふれているところを見ることができなければ、何かひどいことが起こっていると考えることはないでしょう」。この光景はアイスニッツに「強制収容所を遠くから見たらこんなふうに見えるのではないか。牧歌的な外観はなかでの残虐行為と完全に矛盾している」ことを気づかせた。(原注21)

ノースカロライナ州アッシュヴィルで妻テリーとともに残酷さのない《クルエルティ・フリー》ライフスタイルを提唱しているスチュワート・デヴィッドは、ホロコーストとの類似性を心に留めるもうひとりの活動家である。ノースカロライナ動物ネットワークの刊行物に載せた『シンドラーのリスト』(訳注8)の映画評で、彼は書いている。「ホロコーストの生き残りや、愛する者をそこで失った人が近所にたくさんいる環境で育ったユダヤ人として、私は彼らの苦痛を矮小化するつもりはない。しかし、今日のアウシュヴィッツは、非常に注意深く視野から隠されている屠畜場、工場畜産、動物実験室ではないのだろうか？　苦痛、暴力、苦しみはもはや罪なき人間ではなく罪なき動物に加えられているという理由で受け入れられるものではない」(原注22)。

デヴィッドがシカゴで育ったとき、彼は生き残りの人たち、特に友人の両親の腕を失っている母親のことをよく気にかけていた。彼はイディッシュ語をしゃべる祖母がドイツ製のフォルクスワーゲン・ビートル(訳注9)に唾をはきかけたのを覚えている（「こういうものが絶対に理解できなかった」）。デヴィッドは一九八六年にベジタリアンになり、一九八八年に初めてアニマルライツの会議に参加した。その後まもなく、すでにビーガンで、アニマルライツ団体の設立を提案していたテリーに会った。彼らは一九九〇年に結婚し、「よりシンプルな生活と動物のための仕事を試みるために」ノースカロライナに移住した。

アッシュヴィルでの生活で最もやりがいのある部分は、違う動物を知り、愛するようになるということだったとスチュワートは言う。「私たちは山羊、七面鳥、イヌを飼っていた。シカゴで育った善良なユダヤ少年として、七面鳥や山羊(訳注10)を愛して世話するなんて考えたこともなかった！(訳注)　私たちは最近雌牛の救援に携わっており、牛にまったく新しい愛と尊敬を持つようになった」。彼は動物たちが「私たちに生き抜く力を与えてくれるし、アニマルライツとは何かについて絶えず想起させてくれる」と言う(原注23)。

動物擁護の仕事の最も難しい部分は、動物の恐るべき苦しみに関与しているが、それを真剣に考えようとしないか、気に掛けることさえないような、一見したところ親切で同情的な人びとの心を動かそうと試みることである。彼が変えようとしているのは無関心である。「もし大衆が工場畜産、動物実験、毛皮獣の飼育場、トラばさみ（わな）、ロデオ、サーカス、その他の残虐行為に第三者的立場でいることが許されるなら、これらの残虐行為は続いていくだろう。われわれはその叫びが鍵のかかったドアの背後に隠され、視野から消され、意識から消されている生き物の苦しみを彼らが感じ取るようにしなければならない。彼ら［動物たち］の言葉は他の人たちには理解できないかもしれないが、私たちは彼らが言っていることを知っている(原注24)」。

ジェニファー・メルトンはコロラド州ボールダーの「ロッキーマウンテン動物防衛」の法律顧問を務めているアニマルライツ弁護士である(原注25)。彼女はユダヤ人ではないが、十年生(訳注11)のときの世界史の授業で初めてホロコーストのことを知って以来、それについてもっと学び、その教訓を現代に適用しようとしてきた。「ホロコーストは人間が神を演じていると思い、他者の生殺与奪の決定権を持てると信じる能力の、恐ろしいが素晴らしい事例だと思う。動物について言えば、その決定は毎日何百万回もなされている」。

メルトンは同じようなメンタリティが現在でも生きていることを理解している。「この生命に対する一般的な軽蔑、共感の欠如、犠牲者の苦しみに配慮することなく個人的な問題だけに注意を向ける態度といったものが、戦争捕虜から、屠畜場で殺される仲間の叫びを聞いて怯えている牛まで、様々な対象におしつけられている」。牛の牧場や狩猟を目にしながら成長したメルトンは、「私が食卓で食べることを強いられる動物の魂のためによく祈ったものだった」。

「自分たちと違った存在に対して行使されるなら、暴力はいっそう容易に是認されるように思われます」と彼女は言う。彼女はテキサスで育ったが、カウボーイハットをかぶった男が立って「違う生き物なんだ。殺そう」と言っている光景を思い浮かべることができる。メルトンは子どもを守る仕事もしている（児童虐待や放置の事例）。「みんなつながっているのです」と彼女は言う。「暴力は暴力です。それが強制収容所で起こっているのか、それとも屠畜場で起こっているのかということは問題ではありません」。(原注26)

訳注8　『シンドラーのリスト』は一九九三年の米国映画。監督はスティーヴン・スピルバーグ、出演はリーアム・ニーソンほか。ユダヤ人を救ったナチス党員の実話を描く。なお外交官杉原千畝は「日本のシンドラー」と呼ばれる。

訳注9　フォルクスワーゲン・ビートルはフォルクスワーゲン社の車の商標名。一九三〇年代に KdF wagen の名称で国民車として開発され、戦後 Volkswagen Type1 として本格的に量産開始、二十世紀末までに二〇〇〇万台以上が生産された。当初 Beetle は正式名ではなく英米へ輸出された際の愛称だった（アルクのウェブサイトより）。

訳注10　旧約聖書のなかで山羊はどちらかというと嫌われている。

訳注11　十年生は日本の高校一年に相当する。

石鹸と靴

一九九八年にソニア・ワイズマンはサンディエゴのカリフォルニア西部法律学校で初の「動物と法律」コースを教えたが、初めて出版された動物法令事件集の共同編集者でもある。(原注27)彼女はヘブライ学校で毎年生徒たちがホロコーストについて読んだり話し合ったりしたことを覚えており、その後ヤッド・ヴァシェム［ホロコースト記念館］を訪問したり、多くのドキュメンタリーを見たりした。彼女は突出していた多くの残虐行為のひとつは、犠牲者の骨が石鹸をつくるのに使われたことだと言う。「私が石鹸のなかの獣脂が実際は動物の骨だということを知ったのは」何年もあとのことだった。

ワイズマンは常に動物のことを気に掛けており、一四歳のとき以来ベジタリアンになったが、「石鹸について学び、ヒトラーは〈単に〉人間が人間以外の動物を扱うのと同じように人間を扱っただけなのだという目を見張るような認識に到達したとき」すべてのことがひとつの輪につながった。石鹸をつくるために骨を使うことに加えて、他の類似性――大量殺害、実験、「家畜用貨車」での輸送――についても考えることができると彼女は言う（「若かったときには思いもつかなかったことです」）。

ユダヤ人の掟にしたがう家庭で育ち、イスラエルにいる家族を定期的に訪問していたワイズマンは、ユダヤ教が（他の宗教も同様に）もっと動物のことを配慮してくれればと思っている。「ユダヤ人として、心の優しい人間として、ホロコーストの生き残りの人たちやユダヤ教全体があのような経験をしてきたのに、動物への尊敬を宗教の基本的な教義にするところまで啓発されないのは、私にとっては説明できないことです。われわれに対してなされたことを彼ら［動物］に対して行い、そのことを認識さえしないということが、どうして可能なのでしょうか？」。

彼女は、すでに分裂しているユダヤ人コミュニティがこの問題で一緒に動くことを期待するのは非現実的だとしても、正統派、保守派、改革派の運動と並んで、「ホロコーストと人間の人間以外の動物に対する扱いの類似性に十分敏感で、残酷さのない生活を啓発された宗教的生活の一部に組み込むような同じくらい大きくて確立された運動が存在しない」ことに驚いている。（原注28）

ワシントンDCにある政府のメンタルヘルスクリニックで精神科医として働くローダ・ロッテンバーグ博士は、ユダヤ教のあらゆる分派が、西洋の他のすべての主要な宗教と同様に、動物の問題では非常に遅れていると考えている。彼女は自分も属するオルタナティブな（ユダヤ教の）グループが、ゲイの権利やパレスチナ人の権利も含めて、たとえ人気のない立場だとしてもあらゆる人権に熱中しようとするのに、「動物については沈黙している。反対しているのではなく、ただ沈黙している」と言う。

ロッテンバーグはワシントンDCにある米国ホロコースト博物館で、死の収容所で殺されたユダヤ人から奪った靴の巨大な山の近くの壁に、イディッシュ語の詩人モイシュ・シュルスタイン（モーゼス・シュルスタイン）による「われわれは靴だ」と呼ばれる詩があることを指摘する。「この詩の要点は、靴は単なる無生物であり、観察者であり、その持ち主のように苦しむことはないということであるが、もちろんそれらがほとんど皮革でできているという理由で、私はいつも不思議に思ってきた」。ロッテンバーグは詩の一部を引用する。

われわれは靴だ、われわれは最後の目撃者だ。
われわれは孫たちと祖父たちのものだった靴だ、
プラハ、パリ、アムステルダムで履かれていた靴だ、
そしてわれわれは線維と皮革でできているにすぎないので
そして血と肉でできているのではないので、われわれは地獄の火を免れた

彼女は問いかける「それは皮肉か何かなのか?」(原注29)

運命的な出会い

コロラドの活動家ロビン・ダクスベリーは、その父がホロコーストで親族のうちの六〇人を失ったのであるが、彼女に強い印象を与えた出会いをおぼえている。彼女はペットショップで何か小鳥の餌を買っていた。冬だったのでウサギの毛皮のコートを着ていたという。彼女はウサギのケージのそばで立ち止まって小さくて可愛いピグミーラビットをかわいがっていたが、そのときうしろで大きな女性の声が言うのを聞いた。「サンパーの(ウサギの)仲間を丸ごとつかった(毛皮の)コートを着ているのにウサギをかわいがるのは、偽善ではないのですか?」。店のなかにいる全員が彼女のほうを見た。ダクスベリーは非常に困惑したが、fのつく言葉(毛皮fur)をその女性に言うことで何とか弁明しようとした。彼女は面目を失ったと感じたが、「その女性は私に大きな影響をあたえた。私はそのコートをもう決して着ないし、他の毛皮のコートを着ることもないだろう」。

のちにダクスベリーが大学に戻ったとき、彼女はホロコーストについての講義を受講したが、「主な理由は父の母方の親族全員が第二次大戦中にドイツの強制収容所で殺されたことだった。父がホロコーストのことを誰とも話さないから、感情的に彼に近づくための努力のひとつとして、この講義を選択することにした」。

そのとき以来、ダクスベリーは動物保護組織のために働いており、フルタイムでボランティアをすることから、「アニマルライツ・モビリゼーション（ARM！）」――それがデンバーにあったとき彼女は代表をしていた――のような団体の専従職員まで、様々なことをした。現在ではダクスベリーはプロジェクト・エクース――彼女が二人の仲間とともに設立した全米規模の馬保護団体[原注30]――のボランティアの調査部長として、主に馬の問題にかかわっている。ダクスベリーは現在、馬のトレーナーとして生計をたてているが、週に二日間、馬用品専門店（「とても楽しい、好きな馬と接触できるから」）で働いており、いつかプロジェクト・エクースの仕事で生計をたてられるようになることを望んでいる。

ダクスベリーの父は七歳のときに米国に来たという。彼はヨーロッパで殺された自分の母の親族のことはよく知らなかったが、その喪失は彼と子ども時代のロビンの上に暗雲のようにのしかかっていた。「われわれは祖母の叔父たち、叔母たち、従兄弟たち、甥と姪たち、姉妹のひとりの合計四七人がエステルヴェーゲンとフロッセンベルクの強制収容所で死んだことを確認した。われわれは他の親戚が一九三三年に住んでいた場所からみて、残りの人たちはダッハウで死んだかもしれないと考えている」。

ダクスベリーは今日まで、彼女は一部の人びとが道徳的にいってそんなに低いところまで落ちることができるということへの恐怖を十分に説明する言葉を見つけることができないと言う。何年にもわたって、彼女は感情を表現する説得力のある方法を見つけようとしてきたが、言い古された表現であるとか、あるいはおしつけがましく聞こえるのではないかという心配から、彼女はたいてい最後はだまってしまった。「これはまさしく父が感じたことだと思います。このようにして私は人間以外の動物の制度化された搾取について感じるようになったのです[原注31]」。

第三世代の活動家

エリック・マーカスはベジタリアン運動のなかで最も広く旅をした講演者のひとりである。彼は一〇〇以上の都市で聴衆に語りかけた。彼はまたインターネットで最も人気のあるベジタリアンのサイトのひとつであるビーガン・コム(訳注12)の主宰者でもある。彼の著書『ビーガン　食事の新しい倫理学』(原注32)〔邦訳は『もう肉も卵も牛乳もいらない!』早川書房〕は二万五〇〇〇部以上が印刷され、現在は第二版である。

マーカスはニュージャージー州イーストブランズウィックで成長したが、そこで彼は幼いときにノルウェーで成功した実業家だった父がホロコーストで死んだことを知った。ゲシュタポが一九四二年に彼を逮捕してアウシュヴィッツに送ったのだが、おそらく事業を独り占めしたかった共同経営者の密告があったためではないかと考えられる。ノルウェーの地下組織からの支援があり、マーカスの祖母と彼女の家族――マーカスの母を含む――はスウェーデンに逃れて安全を確保することができた。戦後、家族はマーカスの祖父がアウシュヴィッツで赤痢によって死んだことを知った。

マーカスは著書の最終章で、大学一年のときに何が起こったかを説明している。「私は寮に住んでいた。隣の部屋の連中がVCR(ビデオカセットレコーダー)を持っていて、よく映画のビデオをレンタルしていた。ある日私が彼らの部屋に立ち寄ると、屠畜場のなかで撮影した場面を含む映画を見ていた。私が見た映像は、死んでいく仔牛がカメラのほうをまっすぐ見ているものだった。私は急速に出血して死んでゆくこの動物が、直接私のほうを見ているかのように感じた。私は深く心を揺さぶられてその部

屋を出た」。その経験が種を植えることになり、数ヵ月後にマーカスは肉を食べるのをやめた。(原注33)

マーカスは彼のユダヤ的価値観とビーガン〔卵も乳製品も取らない厳格なベジタリアン〕の価値観が非常によく調和していると感じた。彼はベジタリアン運動の指導者に占めるユダヤ人の割合は高いという。そして「多くの場合彼らの活動は人生の早い時期に学んだユダヤ的価値観に負っていると私は思う」。彼は多くのユダヤ人が暴力と搾取との戦いにかかわっているという事実が、彼らの多くにビーガンになって穏やかな食習慣を推進するように促していると考えている。

マーカスは肉を食べなければ十分だと考えているベジタリアンに、産卵鶏も乳を出す雌牛もみんな屠畜場に送られることを想起してもらいたいと考えている。「だから動物虐待産業から全面的に撤退したいと思うなら、ビーガンの食事が本当に唯一の取るべき道なのです」。

彼の人生の方向を決めるにあたって家族的背景はどのような役割を果たしているのだろうか？「五歳までに私はナチスの制度化された政府承認の殺戮について知りました。疑問なく、これは私をもっと敏感にして、一九歳で屠畜場のなかで撮影した場面を見て行動をとる準備をさせてくれたのです」。

ダン・バーガーは動物問題活動家であり、ゲインズビルのフロリダ大学の学生である。「ホロコーストは常に私の人生の一部でした」と彼は言う。「父が教えてくれ、祖母がそのなかを生き抜いた現実であるという意味で。祖母の左脚は足首のところで変形しているので、彼女は足を引きずることになります」。数年後彼女はホロコーストのときの経験をテープに録音したが、ダンはまだそれを聞いていないことを認めている。「なぜよりによって私の祖母がそんな経験をしなければならなかったかを知りたくないからです」。ダンは幼いころ祖父の二枚の写真を見たことを覚えている。祖父は収容所で感染した肝臓病がもとで、一九六〇年代に亡くなった。ひとつは戦前の健康な男の写真であり、もうひとつは戦争の直後に虚弱な生き残りになっていたときの写真である。「ホロコーストは人間が他者に加えることができる残酷さと大きな苦しみへの認識を深めたという意味で、私に影響を与えたのです」。

バーガーはニューヨーク州シラキュースで成長したが、彼の父はシラキュース大学のユダヤ学部で教鞭をとっていた。彼は高校一年のときに友人がベジタリアニズムに関心を向けさせてくれたと言う。地域の活動家のカップルが「大いなるアメリカの肉なし［ミートアウト］デー」の行事として学校の図書館で見せてくれた雌牛と鶏の屠畜場面のビデオを見たあと、彼はビーガンになる決心をした。

バーガーは地域の聖パトリックの日のパレードで、アニマルライツのイベントに初めて参加した。そこで彼は動物防衛リーグ（ADL）のシラキュース支部のリーフレットを配った。彼はできるだけすべての抗議活動と会合に出かけて行ったという。「そうした環境にいることを完全に楽しんでいました」。父がフロリダアトランティック大学のホロコースト研究の教授に指名されて、家族でボカラトンに移ったあと、バーガーは自分でADLの支部を創設した。

家族的背景が彼に与えた影響について聞かれると、バーガーは言う。「ホロコーストとのつながりは確かにぼくの人生に影響をあたえていると思いますし（与えないはずはないと思う）、人生について、身体的な苦しみをどう見るか、展望を与えてくれましたし、［他の人との］違いはたぶんぼくがこの展望とコミットメントを人間以外の動物まで広げてきたことだと思います」(原注34)。

訳注12　ビーガン・コムのアドレスは次の通り。http://www.vegan.com/

奇妙な二人組

現代のアニマルライツ運動の最も重要な指導者のうちの二人――ピーター・シンガーとヘンリー・スピラ――はホロコーストの影のなかで成長した。この二人はこれ以上ないほど違った人生を歩んできた。オクスフォード大学で訓練を受けたピーター・シンガーは国際的に著名な哲学者で、多くの著書を出しており、プリンストン大学の生命倫理学の教授である。他方ヘンリー・スピラは商船隊員、自動車産業労働者、左翼ジャーナリスト、組合活動家、公民権活動家、ニューヨーク市の高校教師を経て、四五歳で動物問題活動家になった。

ピーター・シンガーはその著書『動物の解放』で現代のアニマルライツ運動が活性化するのを助けたが、ナチス時代に祖父母のうちの三人を失っている。ドイツがオーストリアを併合したあと、若くて新婚だった両親はなんとかウィーンを逃れてオーストラリアに移住したが、祖父母はそれほど幸運ではなかった。ドイツ人は彼の父方の祖父母をポーランドのウッジに移送し（彼らはたぶんヘウムノのガス室に送られた）、母方の祖父母はテレージエンシュタットの強制収容所へ送られて、祖父はそこで死んだが、祖母は何とかして生き延びた。

シンガーはその情報を一九九〇年代初頭まで公表しなかったが、そのとき彼はドイツでの講演で、ある種の条件のもとでの安楽死を擁護したのである。数万人の知的障害者および身体障害者を殺したナチスの安楽死プログラムゆえにドイツでは安楽死は非常に微妙な問題だったので、シンガーの主張は加熱した論争を引き起こした。シンガーの最も声高な批判者が彼を「ナチス」だと非難したとき、彼は実際のナチスが彼の祖父母に対して行ったことを公表したのである。(訳注13)

シンガーがオーストラリアで少年だったとき、彼は週末に父とともに川岸に沿って長い散歩をしたものである。彼の父が岸に座っている漁師とその隣であえいでいる魚を指さして、それがいかに残酷かを語ったことをおぼえている。「彼は人びとがそれを楽しみだと考えられることが理解できなかった」。(原注35)

一九七一年にシンガーが哲学を研究するために留学したオクスフォード大学で、彼の倫理的ベジタリアンの友人は、社会が動物を扱う方法について考えるように彼の意欲をかきたてた。「他の人たちと同じように、すべての人間が平等なのは当然だと思っていたが、それが何を意味するかについて真剣に考えたことはなかった」。人びとがすべての人間は平等だと言うとき、「われわれはすべての人間を道徳的平等の圏域に入れているが、人間以外の動物をその圏域から排除してもいる、それによってわれわれの種のすべてのメンバー——サイコパス(訳注14)(精神病質者)、乳幼児、深刻な知的障害のある人を含む——に、イヌ、豚、チンパンジー、イルカより優越した道徳的地位を認めているのだ」という考えがこれまでに浮かんだことはなかった。彼の友人はなぜそうなのかを説明するように促した。「なぜ人間以外の動物を食べたり実験台にしたりすることは正しいのに、同じ事を人間にしようとは決して考えないのか?」。広範な読書をしたあと、シンガーはすべての人間に対してすべての人間以外の動物よりも優越した道徳的地位を認めることは倫理的に正当化できないと結論した。それで彼はベジタリアンになった。(原注36)

『ニューヨーク・レビュー・オブ・ブックス』の一九七三年四月五日号に掲載され、同題の著書の基礎になった書評エッセイ「動物の解放」のなかで、シンガーはもしある存在者が苦痛を感じている場合に「その苦痛を配慮しようとしないなら、もっと正確に言えば、別の存在者の（荒っぽい比較が成り立つとして）同じ程度の苦痛と同じように配慮しようとしないなら、それは道徳的にまったく正当化できないことなのである」と述べている。(原注37)(訳注15) たぶん彼は父が指さしてみせた、あえいでいた魚の代弁をしていたのだろうか？　『今日の心理学』誌のインタビューのなかで、シンガーは言った。「動物解放運動のなかで卓越した人びとの多くがユダヤ人であることに私は気づきました。たぶん私たちは強者が弱者を傷つけるのを見る心の準備ができていないのでしょう(原注38)」。

シンガーとスピラが初めて会ったのは一九七四年にシンガーがニューヨーク大学の客員教師をしていたときのことである。哲学部の学部コースを教えていたことに加えて、シンガーは夕方の成人教育コースで動物解放について教えており、そのクラスは市民に公開されていた。そのコースには二〇人の学生が参加していた。

受講生のなかでひとりの男が目立っていた。彼は確かに典型的な「動物問題活動家」ではなかった。彼の外見は違っていた。彼の発言にはニューヨークの労働者階級のアクセントがとてもはっきりと認められた。彼が主張するやり方は非常に無遠慮で粗野だったので、ときに私はギャング映画の登場人物の発言を聞いているような気がした。彼の服はしわくちゃで、髪の毛は乱れていた。一般的に言って、動物解放についての成人教育コースに登録しそうなタイプの人間ではないように見えた。しかし彼はそこにいて、彼の頭に浮かんだことについて率直に語るやり方が好きにならずにはいられなかった。彼の名前はヘンリー・スピラといった。(原注39)

スピラ（そのヘブライ名はノアであった）は二十世紀後半の最も有能な動物問題活動家のひとりになった。ベルギーのアントワープ生まれで、一九三三年にナチスが隣国ドイツで政権をとったとき、彼は六歳だった。五年後に彼の父が新しい事業をたちあげるために中央アメリカに行ったとき、彼の母はヘンリーと妹を連れてドイツに行って彼女の父サミュエル・スピッツアー——ハンブルグの主任ラビであった——のところに滞在した（スピラの父方の祖父がラビの学者であった）。（原注40）

家族がハンブルクで中央アメリカに来るようにという父からの手紙を待っていたとき、ナチスはドイツとオーストリアのユダヤ人に対する大規模なポグロムを発動した。「水晶の夜」（「壊れたガラスの夜」）として知られる十一月九～十日の夜に、ナチスはシナゴーグを燃やし、ユダヤ人の財産を破壊し、ユダヤ人を打ち、殺し、逮捕して、三万人のユダヤ人を強制収容所に送った。スピラと彼の母と妹は何とかしてドイツを脱出して、船でパナマに行って父と合流した。彼が少年のときに目撃したナチスのテロは、彼に生涯続くインパクトを与えた。彼はシンガーに非常に多くの人びとが傍観して悪事が行われるのを許したという事実が、彼に活動家になるように駆り立てたのだと語った——傍観して悪事がなされるのを許さないために。（原注41）

スピラは後に、シンガーの講義のあいだに動物についての見方が形をなし始めたのだと語った。

シンガーは私に大きな影響を与えた。なぜなら彼の動物への配慮は合理的であり、公開討論で弁明できるものだったからだ。それは感情とか、問題になっている動物の可愛さとか、ペットとしての人気に依存していなかった。私にとって彼は単純に他者を傷つけるのは間違っていると言っており、一貫性の問題としてわれわれは他者とは誰であるかについて限界を設けない。もし彼らに苦痛と喜びの違いがわかるのなら、彼らは傷つけられないという基本的権利を持っている。（原注42）

講義が進行するにつれて、スピラはベジタリアンになり、講義が終わったときスピラは他の受講生たちに会合を続けたいかと尋ねた。「もっと哲学について討論するためではなく、それについて何かしたいことがあるかどうか知りたいのなら」。

スピラの最初のキャンペーンはアメリカ自然史博物館がターゲットだった。そこでは十八年間博物館の地下室で、二人の心理学者がネコで実験を行ってきたが、それはネコの脳の一部を切除して、性行動に及ぼす影響を調べるものだった。長いキャンペーンは成功して研究は停止され、研究室は閉鎖された。それは米国とヨーロッパでの一世紀以上にわたる生体解剖反対の運動のなかで、残酷な動物実験が停止された初めての事例だった。スピラの次のキャンペーンはドレイズ試験に反対するもので、レヴロンとエイヴォンがウサギの目で新しい化粧品［の刺激性］を試験するのをやめさせることに成功した。（訳注16）

彼の生涯の最後の二十年のあいだに（彼は一九九八年に亡くなった）、スピラは主に家畜に焦点をあて、彼らを「世界の犠牲者のなかで最も無防備なもの」と呼んだ。彼は動物の解放が、「自分が生涯をかけてきたもの――力のないもの、弱者、犠牲者、支配されているもの、抑圧されているものの側に立つこと――の論理的な延長であると感じると言った」。（原注43）生涯の終わりまで、スピラは「力が正義なりというファシズムを信奉するのでない限り、われわれは他者を傷つける権利を持たない」と信じていた。（原注44）

訳注13　シンガーがドイツで障害新生児の安楽死を主張したときの騒動については、ピーター・シンガー（市

野川容孝・加藤秀一訳）「ドイツで沈黙させられたことについて」『みすず』一九九二年五月号および六月号（みすず書房）を参照。

訳注14　スペースアルク：「英辞郎」でサイコパスの説明は次の通り。「精神病質者、変質者、狂人 psychopath は、他者に無関心で反社会的な病的精神の持ち主をいう。lunatic や maniac と異なるのは、一見して正常な人と区別がつきにくいことと、綿密に計画した犯罪行為をするイメージがあること」。

訳注15　シンガーの一九七三年の論文の邦訳は次の通り。ピーター・シンガー『動物の解放』（村上弥生訳）シュレーダー＝フレチェット編（京都生命倫理研究会訳）『環境の倫理』上巻（晃洋書房、一九九三年）所収。

訳注16　ピーター・シンガー編『動物の権利』（戸田清訳、技術と人間、一九八六年）参照。

それを可能にしたもの

アヴィヴァ・カンターは、ジャーナリストで、社会主義シオニストで、フェミニストで、動物問題活動家で、家父長制が人間抑圧の根源だと信じており[訳注17]、「動物の抑圧におけるほど家父長制の鉄の拳が露骨に見えるところは他にない、それは他のあらゆる形態の抑圧のモデルおよび訓練場として役立っている」と書いている[原注45]。

ホロコーストで父方と母方の双方の親族を失ったカンターは、第一次大戦後にロシアから北米に移住した両親によってイーストブロンクスで育てられた[原注46]。高校のあいだラマズ・ユダヤ特別講座に出席し、マサド・ヘブライ語使用サマーキャンプに参加したあと、カンターはバーナード・カレッジとコロンビア大学大学院ジャーナリズム学研究科に進学し、コロンビアで修士の学位を得た。彼女はまたエルサレムのヘブライ大学とニューヨークのYIVO（イーヴォ・ユダヤ研究所）で歴史学を学んだ。彼女はロンドンの『ジューイッシュ・クロニクル』およびジューイッシュ・テレグラフ・エージェンシーでジャーナリストとして働き、ユダヤ人フェミニストの雑誌『リリス』を共同で創刊し、『平等主義のハガダー』を書いた。一九八四年以来、カンターは米国に本拠をおく動物保護組織CHAI（イスラエルの動物を助けるための会）の渉外副部長をしている。

カンターの父はベラルーシのヴィズネのユダヤ人村で育った熱烈なシオニストで、有名なボロジン・イェシーバ［タルムード学院］に参加し、七つの言語をあやつるヘブライ学者になった。彼女の母はロシア領ポーランドのドゥブノ（現在はウクライナ）で女性実業家の長い伝統を持つ家系の出身である。ドイツ人はドゥブノで彼女の叔母とその家族を、ベラルーシで父方の祖母を殺害した。

ユダヤの歴史と文化のフェミニスト的解釈である『ユダヤの女とユダヤの男――ユダヤ人の生活における家父長制の遺産』において、カンターはいかに古代からラビは、動物虐待が他の人間への暴力を引き起こすかを認識していたかを描いている。「五書（訳注18）には全般的なアニマルライツの概念は含まれておらず、動物は人間の正当なニーズを満たすために利用できるという信念を体現しているが、ツァアル・バアレー・ハッイーム［動物たちの飼い主たちの悲しみ］、つまり身体的及び心理的に動物に苦痛と苦しみを引き起こすものに反対する律法を含んでいる」と彼女は書いている。（原注47）イディッシュ語の作家ショーレム・アレイヘム（訳注19）が書いたある物語において、小さな少年がある人物がユダヤ人ではありえない、なぜなら彼は動物に対して残酷だから、と判断する場面が出てくる。カンターは、ミカエル・ワイスマンデルというラビが回想する出来事について書いている。それは、戦時中のスロバキアで起こった。「国外追放用の列車に押し込まれながら、イジク・ローゼンベルグというユダヤ人が、その光景を喜んで眺めていた非ユダヤ人の隣人に向かって声をかける。お願いだから私の家に行ってガチョウに何か食べさせてやってください。彼らは一日何も飲み食いしていないのです（原注48）」。

カンターはホロコーストとは権力を他者に対する権力として定義する支配の原理の究極的な表現だと信じている。「ホロコーストを可能にしたものは（そして不可避にしたかもしれないものは）家父長的な価値がわれわれの社会を支配しているという事実である。男たちは互いに対する、女性に対する、子どもに対する、動物に対する、自然界に対する権力を追求し、有用性という理由でこれを正当化する。ホロコーストを可能にしたのはこれらの価値観である」。

著書のなかでカンターは、ホロコーストは家父長制の本質の核心にまで到達したと書いている。「それが男たちによって計画された――そして圧倒的に実行された――からというだけでなく、権力、支配、暴力、「役に立たないもの」および無力なものの絶滅、破壊、搾取、残酷といったものを賛美する男権主義《マスキュリニスト》的な価値体系のなかから登場してきたからである」。家父長制のもとでは、ひとつの性による権力の保持がそれ自体濫用であるだけでなく、遅かれ早かれ権力はいっそう濫用されることになりがちである。「無力にされた人間に対する、女性に対する、子どもに対する、動物に対する、環境に対する男性の暴力が、空気のように蔓延している世界では、ホロコーストのような巨大犯罪は決して予想されないものではない（原注49）」。

訳注17　フェミニストの動物解放論としてたとえば次を参照。Andrée Collard and Joyce Contrucci、*Rape of the Wild : Man's Violence against Animals and the Earth*、Indiana University Press、1989.

訳注18　「五書」とは「モーセ五書」のこと。旧約聖書冒頭の「創世記」「出エジプト記」「レビ記」「民数記」「申命記」をさす。
訳注19　ショーレム・アレイヘム（一八五九〜一九一六）はウクライナ出身のイディッシュ劇作家、小説家、ジャーナリスト。

われわれは何も学ばなかった

一九〇〇年代初頭に米国に移住したユダヤ系ロシア人の息子であるアルバート・カプランは、ニューヨーク市にある投資銀行レイドロー・グローバル・セキュリティーズのためにヨーロッパの機関投資家に助言をしている。彼は父が百貨店の小さなチェーンを創業したニューヨーク州北部で育った。彼は食事のときに動物性食品――仔羊、チキン、魚、そして「いつも大量のステーキ」――が途切れなく出てきたことを生き生きとおぼえている。一九五九年のある日にいつもより分厚いステーキの厚切りが彼の前におかれたのであるが、カプランはそれが牛の体のどの部分なのか――正面？　横腹？　背中？――と思案し始めた。予想しなかった思考の流れのために食欲がなくなり、それ以降彼は肉を食べなくなった。

カプランはチーズ、卵、バターも食べないし、動物製品――毛皮、皮革、彼が「仔羊の毛皮」と呼ぶ羊毛――を身につけることもしない。ある日彼が［ニューヨークの］スタテン島のジャイナ教センター（訳注20）を訪問したとき、僧がお茶、牛乳、蜂蜜を出してきた。カプランはお茶をいただいたが、牛乳と蜂蜜は辞退した。僧は彼にそのことについて尋ねた。カプランが説明したあと、僧は彼に言った。「あなたは私以上のジャイナ教徒ですね」。

カプランはニューヨークの他に、ロンドン、パリ、ルクセンブルクに住んだことがある。ロンドンで、彼はユダヤ人ベジタリアン協会の初期のメンバーのひとりであったが、「ベジタリアニズムが求めている筈ではない。ビーガンこそ目指すべきだ」と信じたとき、会員をやめた。彼はその協会の名称を「ベジタリアン」から「ビーガン」に変えようとしたが、成功しなかった。それにもかかわらず、彼はその組織について懐かしい思い出を持っている。「彼らはとても楽しいレストランを持っていて、そこには悪い食べ物はなかった。彼らの会合はとても愉快なことがあった。出席している主に年配の変人が便秘やその他の便通問題について講義する、偉大なグループだ」。

カプランはイスラエルで過ごした七年間に、彼自身の民族も残酷さを免れているわけではないことを教えられた。「動物のアウシュヴィッツはイスラエルにも至る所にあり、そのいくつかはホロコーストの生き残りによって運営されている。アシケロンの近くには大規模な産業的な生体解剖［動物実験］を行う研究所があり、そこでは収入を得るために動物が拷問されている。この研究所は依頼者が指定するいかなる動物に対しても、どんな実験でも行うだろう」(原注50)。彼はハイファの近くのキブツにあるホロコースト博物館を訪ねたときのことを語る。「博物館の主要な入り口から二〇〇フィートのところに動物のアウシュヴィッツがあり、そこから恐ろしい臭いが発散して博物館を包み込む。私は博物館の責任者にそのことを指摘した。彼らの反応は意外なものではなかった。「だってただのチキンですよ」」。

カプランがミンスクの近くの両親の村を訪れるためにソビエト連邦に旅行したとき、母の親族の誰ひとりとして——母は一〇〇人以上だと見積もっていた——ホロコーストを生き延びることができなかったことを知った。父の親族はそれより少しばかり人数が少なかったが、全滅を免れた。それでカプランはそのうちの何人か——パルチザンで、アウシュヴィッツを生き延びた従兄弟を含む——に会うことができた。カプランはホロコーストの教訓がユダヤ人と非ユダヤ人が動物を扱うやり方を改善するのを望んでいるが、希望があるわけではない。「ホロコーストの生き残りの大多数は肉を食べており、かつてのドイツ人がユダヤ人の苦しみに配慮した以上に動物の苦しみに配慮しているとは言えない。それは何を意味するのだろう？　教えてあげよう。われわれがホロコーストから学んでいないことを意味するのだ。何も。無駄だった。希望はない」(訳注21)(原注51)。

訳注20　ジャイナ教ついては、動物との関係も含めて、次の本が啓発的である。サティシュ・クマール『君あり、故に我あり　依存の宣言』（尾関修、尾関沢人訳、講談社学術文庫、二〇〇五年）。

訳注21　「学ばなかった」というのはもちろん「人間との関係」でも言えるであろう。イスラエル政府とりわけシャロン政権がパレスチナ人に対してたびたび国家テロを行ってきたことはよく知られている。最近の自爆テロ対策と称する分離壁建設もパレスチナ人の人権を侵害するとして国際司法裁判所（ＩＣＪ）で二〇〇四年に敗訴したが、建設は続いている。米国レーガン政権がニカラグアの左翼政権に対する国家テロで一九八六年にＩＣＪで敗訴したのに何の反省もなかったのと同様である。また国民一人当たり軍事費において一位の米国と二位のイスラエルが突出していることに見られるように、イスラエルは軍事大国である（高野孟『滅びゆくアメリカ帝国』にんげん出版、二〇〇六年）。さらにイスラエルの核兵器保有は間違いないのに、何ら制裁はない。しかしもちろんイスラエルの軍事化はイスラエルだけの責任ではない。ユダヤ人を迫害してきたのは欧州なのに矛盾を中東に押しつけた欧米の列強帝国主義（特に英仏米）にも大きな責任がある。たとえば第一次大戦頃の英国の「中東三枚舌政策」（ユダヤ人国家の約束、アラブ人国家の約束、それらと矛盾する英仏秘密協定）は悪名高い（広河隆一『パレスチナ　新版』岩波新書、二〇〇二年）。

第7章　この境界なき屠畜場　アイザック・バシェヴィス・シンガーの共感的ビジョン

二十世紀の最も強力な動物擁護の声は、イディッシュ語の作家アイザック・バシェヴィス・シンガー（一九〇四〜九一）のものである。彼は一九七八年にノーベル文学賞を受賞した。(原注1)シンガーは兄ジョシュアと共に一九三五年に米国に渡ったのでホロコーストを生き延びることができたが、ポーランドに留まった母、弟、拡大家族のメンバーの多くは殺された。後のシンガーの米国を舞台とする物語と小説はほとんどがホロコーストの生き残りとヨーロッパからの難民についてのものであるが、彼はホロコーストを直接描いているわけではない。それにもかかわらず、ホロコーストは常に彼がそれを通して世界を見るレンズであり、特に動物の搾取と屠畜——それは彼を非常に動転させた——にかかわるときにはそうである。

十一番目の戒律

シンガーはポーランドの小さな村レオンチンで生まれ、彼の父はそこで敬虔派（ハシード）〔訳注1〕のラビをしていた。彼はそこで三歳まで過ごしたにすぎないのだが、シンガーは彼の家に非常に小さな家具しかなかったにもかかわらず、本がたくさんあったことを覚えている。彼はまた動物のことも覚えている。「毎週市場《いちば》があり、多くの農民が家畜を連れて町に来た。一度私は農民が豚を叩いているのを見た。たぶん豚は悲鳴をあげていたと思う。私は母のところに走っていって、豚が悲鳴をあげている、男が杖で豚を叩いていると言った。このことはとても生き生きと覚えている。そのときでさえ私はベジタリアンになることを考えていた〔原注2〕」。

父がワルシャワの貧しいユダヤ人地区でラビをすることになって一家で移ったあと、シンガーはハエをつかまえて羽をもぎ取るのが好きになった。彼はそれから羽なしのハエをマッチ箱に入れて、餌として一滴の水とひとつまみの砂糖を与えた。彼は「自分のほうが大きくて、強くて、器用だというだけの理由で生き物に対して恐ろしい犯罪」をしているということにやっと気づくまで、これをしていた。この認識は彼を非常に悩ませたので、彼は長いあいだ小さいものについて考えた。彼が許しを求めて祈り、「もうハエをとらないという聖なる誓い」をしたあと、ハエの苦しみについての彼の思考は「拡張されて、すべての人びと、すべての動物、すべての土地、すべての時間を含むようになった〔原注3〕」。

彼のハエをつかまえる経験のことは、ワルシャワを舞台にした自伝的小説『ショーシャ』に出ている〔原注4〕。語り手とショーシャが、自分たちが成長した町の通りを歩いているとき、ショーシャが彼に言う。「あなたはバルコニーに立ってハエをつかまえていたわ」。語り手は彼女に思い出させないでくれと言う。ショーシャが彼になぜいやなのかと聞くと、彼は後にシンガーの著作を通して繰り返される言葉になったことを言う。「私たちが神の被造物に対して行っていることは、ナチスがわれわれに対して行ったことだからだよ（原注5）」。

シンガーのもうひとつの初期の記憶はワルシャワのヤナシュの市場についてのもので、そこへ人びとは屠畜するためにニワトリ、アヒル、ガチョウを持ってきたのである。「肉屋は生き物がまだ生きていて、自分の血のなかで転げ回っているあいだにさえ、羽毛をむしり始めた（原注6）」。シンガーがそこで目撃した屠畜の光景は、彼に深い持続的な印象を残した。彼がアメリカに来てから最初に書いた小説『モスカット家』には屠畜場の場面がある。「屠畜職人は血で満たされた花崗岩のタンクのそばに立って、アヒル、ガチョウ、雌鶏の首を切っている。家禽は耳をつんざくような鳴き声をあげる。のどを切られた雄鶏の翼が激しく羽ばたきされる（原注7）」。

『ショーシャ』の語り手はヤナシュの中庭の屠畜場を次のように描いている。「以前と同じ、血の飛び散った壁があり、死に赴く雌鶏や雄鶏が、以前と同じけたたましい叫び声を上げ、『こんな目にあわされる何を私がした？　殺し屋ども！』と叫んでいた。夕暮れとなり、ランプのどぎつい光が屠畜職人の刃から反射した。女たちはそれぞれ鶏を手に、押し合いながら前に出た。かつぎ人夫たちは死んだ鳥を籠に積み上げて、羽をむしる者たちのところへ運んでいった。この地獄はヒューマニズムについてのあらゆるたわごとをあざけっていた」。見た光景に深く心をかき乱されて、語り手は決断をする。「私は菜食主義者になろうとずいぶん前から考えていたが、このときに二度と再び肉片や魚に手を出さないと誓った（原注8）」。

若きシンガーにつきまとった主要な疑問は、なぜ世界にはそんなにたくさんの流血の事態があるのかということだった。彼は父からも、母からも、ヘブライ語とイディッシュ語の翻訳で読んだ道徳についての本のなかにも、満足のいく回答を見つけることができなかった。「私は司祭が祭壇で焼く犠牲について［聖書の］レビ記で学んだ。[訳注2] 羊、雄羊、山羊、ハトで、それらの頭部はねじり切られ、血は主への甘い風味として放出される。彼は幾度も自問した。なぜすべての人間と生き物の造物主である神はこうした恐怖を楽しむのか？」。彼はまた聖書に描かれている戦争と暗殺、疫病と飢饉、流血と追放についても思案した。「バビロニア人、ギリシャ人、ローマ人が神殿を破壊してユダヤ人を追放するまで、次々に災難が続いた。ほぼ二〇〇〇年にわたる流浪のあいだ、彼らは犯していない罪の償いを続けた。いかにして慈悲深い神がこうした事態が起こるのを許し、沈黙を守ることができるのか？[原注9]」

ワルシャワを舞台とするもうひとつの自伝的長編小説『証明書』では、若い語り手がソーセージ店の前で立ち止まり、窓の向こうにぶら下がっているソーセージを眺める。[原注10] 彼はそれらに心のなかで呼びかける。「お前はかつて生き、苦しんだが、今では悲しみなど感じないところにいる。お前がのた打ち回ったり、苦しんだりした痕跡はどこにもない。クヴィアチュルという名前の牝牛が十一年間、乳を搾られ続けたことを書き記した記念の銘が宇宙のどこかにあるのだろうか？　そうして十二年目にその牛は、乳房がしなびて、屠畜場へつれてゆかれ、そして祝福を唱えてもらって喉を切られたのだ[原注11]」。

語り手は誰かがこうした悲しみの償いをされたことがあるのだろうかと思案する。「屠畜された牛やニワトリや豚のための、踏みつけられたカエルのための、釣り針に引っかけられて海から釣りあげられた魚のための、ペトリューラ[訳注3]に拷問されたりボルシェビキに射殺されたりしたユダヤ人のための、ヴェルダン［第一次大戦の戦場］で血を流した六〇〇〇人の兵士のための天国はあるのだろうか？[原注12]」。

シンガーの別の小説『メシュガー』の語り手は、新聞の死亡記事のなかにほんの前日まで生き、戦い、希望していた男女の写真を見る。(原注13)「ああ、なんて恐怖に満ちた世界なのだろう!」彼は考える。「これらすべてを創造した神はなんて無関心なのだろう」。まさにそのとき、シンガーは認識する。「何千もの人びとが病院と刑務所で惨めに暮らした。屠畜場で動物の頭が切り落とされ、死体の皮がはぎ取られ、腹部が切り開かれた。科学の名において無数の罪なき生き物が残酷な実験に供され、苛酷な病気に感染させられた」。彼は問う。「神よ、どれだけ長くあなたの被造物の地獄を眺め、沈黙を守っておられるのですか? この血と肉の海に、その臭いがあなたの宇宙に広がることに、どんな必要があるのですか?……ただあなたの力と知恵を示すためにこの境界なき屠畜場を創造されたのですか? こんな酷いのにあなたは心から、魂の底からあなたを愛せよと命じられるのですか?(原注14)」。

若きシンガーがワルシャワで作家修業を始めたとき、彼は会計帳簿を購入して、それにスケッチや台詞、物語や小説や演劇のアイデアをメモしていった。そのなかに書かれたことのひとつは「聖書の」十戒とそれらをどのように改善できるかということである。彼は第六戒「汝殺すなかれ」は、人間だけでなく、あらゆる神の被造物に適用すべきだと書いた。(原注15)この点を強調するかのように、シンガーは「聖書にない」第一一戒を付け加える。「動物を殺害あるいは搾取するな。その肉を食べるな、その皮を打つな、その本性に反することを強制してやらせるな(原注16)」。

訳注1　敬虔主義(ハシディズム)はウクライナ出身のバアル・シェム・トーブ(本名イスラエル・ベン・エリーゼル)(一七〇〇~六〇)を創始者とし、十八世紀初頭にポーランドやウクライナに起こったユダヤ教の宗教改革運動で、神秘主義的傾向を持つ。マルティン・ブーバーが再評価したことで知られる。敬虔主

義の信奉者が敬虔派（ハシード）。現代のイスラエルでは、ユダヤ教のウルトラ正統派（原理主義者）で、一年中、黒い帽子、黒いフロックコートを身につけ、髭をはやしもみあげを巻き毛にし、律法を厳格に守っている人びとのことを敬虔派（ハシード）という。エルサレムのメア・シェアリームなどにまとまって住んでいる。

訳注２　「贖罪の献げ物」については『旧約聖書』の「レビ記」第四〜五章を参照。

訳注３　シモン・ペトリューラ（一八七九〜一九二六）。ウクライナの民族主義者。赤軍に敗北した後、ユダヤ人虐殺を行った。

アメリカへ

シンガーが一九三五年にシェルブールからニューヨークへ向かう船の食堂に行ったとき、彼は一人用のテーブルを選び、しばらく暖めていた決断を実行にうつすチャンスを試した。「奇妙にも、私は何年ものあいだベジタリアンになることを熟慮してきた。私には実際に動物の肉を食べない期間があった。しかし私はしばしば作家クラブで、つけで肉を食べなければならなかった。私には、特別料理を要求する勇気がなかった。私は自分の信念にしたがって行動できるときのためにそれをしばらく脇においていた」。だから彼は行動した。ウェイターが注文をとりに来たとき、彼は言った。「申し訳ありませんが、私はベジタリアンなんです」。

ウェイターはこの船にはベジタリアン用の特別な調理場はないと伝え、コーシャ(訳注4)のテーブルに行ってはどうかと勧めた。シンガーは、コーシャはベジタリアンと同じではないと説明した。ウェイターと彼の会話を聞いていた周りのテーブルの人びとは、フランス語、英語、ドイツ語でシンガーに質問を始めた。なぜ彼はベジタリアンなのか？　健康上の理由か？　医師の指示なのか？　彼の信仰と関係があるのか？　何人かの男たちはそのような会話の主題が食事時に持ち出されたことに不快感をおぼえているように見えた。「彼らは楽しむためにここに来たのであって、動物や魚の苦痛について哲学談義をするために来たのではない。私は下手なドイツ語で彼らに私のベジタリアニズムは宗教にもとづいているのではなく、ただ他の生き物から生存権を奪ってむさぼり食う権利はないという感覚にもとづいているのだと説明しようとした」。

他の客たちは彼を無視して自分の食事を続けることにした。「私は現在に至るまで彼らを敵意ある雰囲気にしたのは私のベジタリアニズムなのか、それとも私が一人で座ることを選んだ事実なのか、わからない」。ウェイターが彼に持ってきた「ベジタリアン」の食事の中身は、ほとんどが残り物だった。古くなった［硬くなった］パン、チーズの厚切り、玉ねぎ、にんじん。シンガーが他の客は彼とかかわりたくないのだと認識したとき（「私は他者から孤立するという罪を犯し、破門された」）、彼は食堂を去って、自分の船室でひとりで食事することにした（原注17）。

ある晩彼は思い切ってデッキの下へ行き、船のサロンでコンサートを聴くことにした。ドアのそばに立って大勢の人が楽しんでいるのを見ていたとき、彼は部外者のように感じた。「こうしたレクリエーションに参加する人たちを羨むときがあった。私はダンスができないことを後悔した。しかし私のなかでこの衝動は霧散した。私のなかに絶えず死のことを、他者が病院や刑務所で苦しんでおり、様々な政治的サディストによって拷問されていることを思い出させる苦行者が暮らしていた。わずか数年前にスターリンが集団化の強行を決断したがために、数百万人のロシアの農民が餓死した。私は屠畜場で、狩りで、様々な科学研究室で神の被造物に対して残虐行為がなされるのを決して忘れることができない」(原注18)。

アメリカでシンガーが、ある州北部のイディッシュ語を話す人たちのコロニー――そこでは、社会主義者、無政府主義者、フロイト支持者などが「世界のあらゆる病弊の既存の治療法」について議論していた――を訪れたとき、彼は「コロニーのなかのひとりとして、数百万のハンター、生体解剖者「動物実験者」、食肉業者によって神の被造物に加えられる悪のことを考慮する人がいないこと」に驚き、失望した(原注19)。後にニューヨーク市のカフェテリアで、彼が種々雑多な「人間の特異性と奇行」についての新聞記事を読んでいるとき、考えた。「屠畜場、売春宿、精神病院の組み合わせだ――それが世界の実態だ」(原注20)。

訳注4　ユダヤ教の食事規定に従った食品。

恐ろしい形の娯楽

狩猟はシンガーにとっては動物の屠畜や肉食と同様に不快なものだった。アメリカに到着してまもない時期に、猟犬の群れを連れた馬上のハンターたちの絵を見て、彼は考えた。「なんて恐ろしい形の娯楽だろう！　まず教会に行ってイエスのために賛美歌を歌い、それから飢えているキツネのあとを追う」。

一九世紀後半のポーランドを舞台にした小説『地所』のなかで、シンガーはアヴの月(訳注5)の九日――エルサレムの神殿の崩壊をしのぶユダヤ人の記憶では神聖な日――の前夜という不適切な時期にトポルカの地所で開かれたユダヤ人の舞踏会を描いている。ユダヤ人とキリスト教徒のゲストが近くの大地主の森で狩りができるように早く到着する。後に、彼らが「戦利品、つまり数羽のウサギ、キジ、数羽の野生のカモを下げて」地所に戻ってくると、彼らは宴会のためにすでに屠畜していた動物――聖なる日の特別に不快な冒瀆である串にさしてローストした豚を含む――に狩りの獲物を付け加える。乳房が縮んだ高齢の雌牛もすでに宴会用に屠畜されており、トポルカの家禽の個体群は「ほとんど完全な大量殺害」を被っていた。宴会の準備は生き生きと描かれている。「台所のうしろの生ゴミを入れる溝は血まみれの頭、足、翼、家禽の内臓、寄ってきたハエの群れでいっぱいであった」[原注21]。

『奴隷』は［十七世紀の］ポーランドを舞台にしたシンガーの別の小説で、狩猟を貪欲、暴飲暴食、残酷さと結びつけている。ヤコブがピリッキーの城に入ると、大量の武器や動物の剥製に衝撃を受ける。「どこにいっても狩の獲物がかざってあった。壁から見下ろしている鹿や猪の頭、生きているような剥製のきじ、孔雀、つぐみ、らいちょう」。城の武器庫には刀、槍、かぶと、胸当てが陳列されている。どちらを見てもヤコブの目には十字架、刀剣、裸像、そして戦闘、馬上試合、狩の絵がうつった。「城の空気そのものに暴力、偶像崇拝、色欲の匂いがあった」[原注22]。

シンガーの死後に出版[訳注6]された小説『ハドソン川に映る影』の最後で、主人公がイスラエルで手紙を書いているが、そのなかで彼は狩猟をファシズムの種子と結びつけている。「他の国民が朝には教会へ行き、夕方には狩猟に行く限り、彼らは抑えのきかない野獣のままであり、ヒトラーやその他の怪物を生みだし続けるだろう」[原注23]。シンガーは「非常に感受性のある詩人、道徳を説く伝道師、ヒューマニスト、その他あらゆる種類の善行をする人が狩りに喜びを見いだす――あわれな弱い野ウサギやキツネを追い、イヌにもそうした訓練をする」というのを読んで仰天したと言う。彼は、引退したら釣りに行きたいと言う人たち――釣りは無害な趣味で、人生に平和と静穏の新たな時期を開いてくれると信じている――にも失望した。「この罪のないささやかなスポーツによって罪なき生き物が苦しみ、死ぬだろうということは、彼らの脳裏には一瞬たりとも浮かばないのだろう(原注24)」。

まだアメリカに来てさほど経っていないとき、シンガーはニューヨークの二三番街のカフェテリアに行って、誰かがテーブルの上においていった新聞に掲載されている物語を読んだ。彼は自分がもし権力を持っていたら、世界を変えるために何をするかを想像した。「私はダッハウとズボンシーニ(訳注7)に仕返しをするだろう。ズデーテンラントをチェコに返すだろう。エルサレムにユダヤ人国家を建設するだろう。私は世界の支配者だから、肉と魚を食べることを永久に禁止し、狩猟を非合法化するだろう(原注25)」。

訳注5　グレゴリオ歴の七月〜八月にあたる。
訳注6　『ハドソン川に映る影』はイディッシュ語で一九五七〜五八年に発表されたが、英訳出版は著者の没年（一九九一年）より遅れて一九九八年になった。
訳注7　ズボンシーニはドイツ国境に近いポーランドの町。ポズナニとフランクフルトのほぼ中間になる。一九三八年十月、ポーランド政府は、五年以上国外に居住するユダヤ人のパスポートを無効にすると発表。その直後ドイツ政府はそうして「無国籍」となったポーランド出身ユダヤ人一万五千人に国外退去を命令。携帯品はスーツケース一個のみ。夜行列車で運ばれ銃をつきつけられて国境越え。ポーランド政府が引き取りを拒んだので、追放されたユダヤ人は国境の町ズボンシーニであてもない日々を過ごした。悲惨な生活であった。水晶の夜事件の半月ほど前のことであった。マーチン・ギルバート（滝川義人訳）『ホロコースト歴史地図 1918〜1948年』（東洋書林、一九九五年）参照。

サタンと屠畜

動物を殺すことに対するシンガーの恐怖は彼の最初の小説『ゴライの悪魔』にある屠畜の場面にはっきりとあらわれている。(原注26)その場面は小説に登場する二人の儀式的屠畜職人——小説の女主人公の叔父であるレブ・ザイデル・ベットと、小説の後半でゴライにおいて救世主的な主導権をにぎるレブ・ガデリヤ——をめぐって展開する。

レブ・ザイデル・ベットは、いつも血を満たした木のバケツが置いてあり、羽毛が絶えず舞っている中庭で屠畜を行うが、そのとき赤い模様を散らしたジャケットを着た肉屋の少年がナイフを持って動き回り、下品な叫びをあげる。屠畜されたニワトリは血に浸された地面に身を投げ、あたかも飛び立とうとするかのように不自由な翼を激しくばたつかせる。運の尽きた仔牛は最後の瞬間に地面の上で身をよじり、やがて目がどんよりして、生命が衰微していく。(原注27)

レブ・ガデリヤがゴライの儀式的屠畜職人になったとき、人びとは彼の到着を歓迎した。「家畜と家禽を近くの村で安く買えるし、ゴライの人びとはみんな肉を欲しがっていた」からである。レブ・ガデリヤが近づいてくる過越《すぎこし》の祭り(訳注8)のためにどんな費用も出し惜しみしないように要求したとき——彼はそれが救済の前の最後の祭りになると約束した——ゴライは「大量の家畜と家禽で」満たされた。早朝から夜遅くまで、レブ・ガデリヤは、血が満たされた穴の前に立って、休むことなく長い肉屋のナイフで暖かい膨らんだ首を切り「数え切れない仔牛、羊、雌鶏、ガチョウ、アヒルを屠畜した」。彼が中庭で屠畜をしているとき、家禽を入れたかごを握り締めた手を高くあげた成人女性と少女の騒然とした群集に取り囲まれていた。「翼をばたつかせ、打たれ、血がほとばしり、顔やドレスに汚れがついていた」。レブ・ガデリヤは絶えず冗談を言った。「彼は悲しみが嫌いで、喜びを通じて神に仕えるのが彼の流儀だったから」。

ゴライの人びとは肉がこんなにたくさんあった時期を思い出せなかった。夕方の早い時間に肉屋の少年たちが仔牛、羊、山羊の群れを屠畜場まで追い立ててきて、そこではレブ・ガデリヤがナイフを持って飛び回り、「毛を刈り込まれた首に巧妙に切りつけ、血の跳ねかかりから後ずさりし」まだ息をしている動物の頭を切り落とし、「巧みに皮をはぎ、死体を切り開き、赤い滑らかな肺、半分空っぽの胃、腸を引き出す」。彼らは肺をふくらませるために殺された動物の気管に息を吹き込み、膨らんだ器官をたたいて、動物を汚染する穴があるかどうか調べるために雌の性器のなかへ唾を吐く。レブ・ガデリヤはナイフを持ち真ん中に立って、肉屋が検査を終えるのをせき立て、「早く！　きれいだ！　きれいだ！」と叫ぶ。

シンガーの著作ではこの肉への渇望が堕落や、動物に対する暴力と人間に対する暴力の密接な関係を象徴している。批評家クライヴ・シンクレアが書いているように、「『ゴライの悪魔』では「十七世紀の」フメリニッキーの「ウクライナのコサック」戦士(訳注9)による残虐行為と、レブ・ガデリヤおよびレブ・ザイデル・ベットによって代表される肉屋の仕事のあいだに明らかなつながりがある」(原注28)。

訳注8　過越の祭り　ユダヤ教の三大祝祭のひとつ。出エジプトを記念する春の祭。贖罪のために仔羊の生け贄を捧げ、種（酵母菌）なしパンを食べて祖先の苦労をしのぶ。

訳注9　フメリニッキー（一五九五？～一六五七）はロシアの政治家・軍人。ウクライナのコサックの生まれで、ポーランドの支配に抵抗。ユダヤ人虐殺を行った。

肉への渇望

シンガーの短編『血』はポーランドの農村を舞台としており、年老いた夫レブ・ファリクの巨大な地所を管理するリシャと、彼女が牛を肥育し、近くの村ラスケフに肉屋を開くべきだと夫に納得させたあと、雇った儀式的屠畜職人ルーベンとのあいだの不倫問題を描いている。（原注29）リシャはルーベンのために地所に屠畜専用の小屋を建てさせ、彼に立派な衣服を買ってやり、彼がレブ・ファリクの食卓で食事できるように彼を母屋の一室に住まわせる。

ルーベンは「老いた」レブ・ファリクが床に就いたあとの夜に屠畜の大半を行うが、それは彼とリシャが小屋で二人きりになれるようにするためである。「ときに彼女は屠畜の直後、男に身をまかせることもあった」。彼らが小屋の麦わらの堆積の上で愛の営みをしようと、あるいは小屋のすぐそとの草むらの上でしようと「身近に死んだけものや死に瀕したけものがいることを思うと、ふたりの歓楽はいっそう煽りたてられるのであった」。まもなくリシャも屠畜の仕事に加わるようになったとき、彼女はそれに非常に快楽をおぼえたので、最後まで自分ひとりでやってみるようになる。（訳注10）

リシャの事業の成功によって失業させられたラスケフの肉屋たちは、彼女の行動を密かに調査させるために若い男を雇い、ある晩彼はレブ・ファリクの地所に行って屠畜小屋の壁にあいた大きな割れ目から中を覗き見る。彼はリシャが服を脱ぎ、牛たちが血を噴いて死にかけているさいちゅう、わらの堆積に裸のからだをひろげるのを見る。そのころまでに不倫の恋人たちは太りすぎていたので、結びつくのがやっとだった。「ふたりはふうふう息を切らしては喘いでいた。ふたりのひいひいと咽喉を鳴らす声が、けものの断末魔の喘ぎとまじりあい、まるでこの世のものとも思えない音であった」。

その若い男がラスケフに戻って見たことを報告すると、怒った群集はこん棒、ナイフ、ロープなどで武装して地所に向かった。ルーベンが逃げ出すと、リシャは彼が臆病者だと見抜いた。「あの男はひ弱な若鶏やつながれた雄牛が相手の強わ者にすぎないんだわ」。リシャが暴徒に対して自衛するために地所に農民たちを動員すると、暴徒たちはラスケフに引き返し、リシャはレブ・ファリクが祈祷用ショールと聖句箱[訳注11]をつけてミシュナー[訳注12]を唱えている勉強部屋に行った。彼はナイフを持ったリシャを見ると、床にくずおれて即死した。

リシャはカトリックに改宗し、店を再開し、非コーシャ（不浄）の肉をラスケフのキリスト教徒と市場の立つ日に町にやってくる周辺の村の農民に売る。夜に彼女はひとりごとをつぶやき、意味のないフレーズをつけてイディッシュ語とポーランド語で歌を歌う。「［リシャは］鳥のぎゃあぎゃあわめく声や、豚のぶうぶう鼻を鳴らす声や、雄牛の断末魔のもだえる声にそっくりの声をあげるのだった」。彼女の夢のなかで動物たちはささやかな報復手段を獲得する。雄牛は角で彼女をえぐり、豚は鼻づらを彼女の顔にすりつけて囓じりつき、雄鶏はその蹴爪で彼女の肉体をささらに切り裂いた。

宗教的に裁可された屠畜に対するシンガーの強力な告発は、いくつかの冬を経たのちに終わる。そのときラスケフの人びとは「夜になるとうろつきまわって町のひとを襲う人食い獣のため恐れおののいていた」。彼らがその神秘的な獣をついに捕えて殺したとき、驚きあきれたことには、その動物の正体はリシャであった。「彼女は血にまみれたスカンクの皮の外套を着て、死んで横たわっていた。……リシャが狼人間に変身したことは、いまや明白だった」。

訳注10　リシャはユダヤ教の儀式屠畜の訓練を受けていないので、これはルール違反である。

訳注11　聖句箱は、羊皮紙に旧約聖書からの文句を示したものを納めた二つの革の小箱。朝の祈りのときに一つを額に、一つを左腕につける。

訳注12　ミシュナーはユダヤ教のタルムードの中核となる部分で、紀元二〇〇年ころにJudah HaNasiがユダヤ教の律法や道徳などの口伝を集大成した。

肉と狂気

宗教的に裁可された屠畜に対するもうひとつの強力な告発である『屠畜人』は、村の屠畜職人になった若いラビ、ヨイネ・マイアの精神的苦悩についての物語である。(原注30) コロミルの長老たちが彼を選んだとき、彼は抗議したが（「彼は心が優しかった。彼は血を見るのに耐えられなかった」）、長老たち、彼の妻、義理の父、新しいラビが、その立場を受け入れるように圧力をかけてくる。

その仕事は彼にとって純粋の拷問だった。動物を殺すことは「彼にあたかも自分ののどを切るかのような大きな苦痛を与えた。彼を訪れることのありうるすべての刑罰のなかで、屠畜は最悪だった」。絶えず血と内臓のなかに浸されて、ヨイネ・マイアはうつ状態になり、慰めようもないほどだった。彼の耳は「雌鶏のガーガー鳴く声、雄鶏の最期の声、ガチョウの鳴き声、牛の鳴き声、仔牛と山羊の鳴き声、翼のはばたき、床の上につめが踏みならす音」で悩まされた。動物の体はいかなる正当化や弁明も知ることを拒んだ。あらゆる体がそれぞれのやり方で抵抗し、逃げようとし、最期の瞬間まで創造神と議論しているように見えた」。

ヨイネ・マイアは、「いかなる死も、いかなる屠畜も、いかなる苦痛も、いかなる胃腸も、いかなる心臓や肺や肝臓も、いかなる膜も、いかなる不純物もない」ところへ逃げようとして、カバラー(訳注13)の研究に向かったが、屠畜された動物のにおいが彼の鼻孔から離れることは決してなかった。夜のベッドのなかでさえ、彼は家禽からむしった羽毛とダウンのなかに横たわっていることに気づいた。

エルール(訳注14)はかつての彼にとっては霊的更新の源泉である悔悟の月であったが、いまや彼にとって重荷になった。あらゆる中庭に「雄鶏や雌鶏が鳴いていたが、彼らはみんな死ななければならなかった」。続く休日――仮庵祭(訳注15)、柳の枝の祝日、八日目の聖なる集会、律法の歓喜、創世記の安息日――も安堵を与えてくれなかった。「祝日にはいつも屠畜がなされる。いま生きている何百万もの家禽や牛が殺される運命だった」。

ヨイネ・マイアは悪夢を見るが、そのなかで牛が人間の形をとり、髭をはやしもみあげを巻き毛にし、角にスカルキャップ［頭蓋帽。頭にぴったりと密着するふち無し帽］をかぶっている。ある夢のなかでは彼が屠畜する仔牛が少女に変身する。「彼女の首は震えており、命乞いをする。彼女は勉強部屋に走り込み、中庭に彼女の血が飛び散る」。彼は羊の代わりに妻を虐殺している夢まで見た。別の夢では、ヘブライ語とアラム語で呪いの言葉を言う山羊が、彼に唾を吐き、口から泡を吹き、それから彼の上に躍りかかって角で突こうとする。彼は汗をかいて目覚め、ベッドから出て夜中の祈りを唱えようとするが、彼の唇は聖句を発することができない。「このコロミルで大虐殺が準備されつつあるとき、いかにして彼は神殿の破壊を嘆くことができるのか、彼、ヨイネ・マイアはティトゥスであり、ネブカドネツァル(訳注16)である！」

ヨイネ・マイアは自分の周りの動物たちを鋭く意識するようになる。彼はハツカネズミの引っかく音を聞き、コオロギが鳴く声を聞く。彼には「天井と床に虫が穴を掘っているのが聞こえる。無数の生き物が人間を囲み、それぞれが本性を持ち、造物主への要求を持っている」ように思える。「あらゆる地を這うものと飛ぶもの、繁殖するもの、群れ集まるものへの」愛が彼のなかにわき出てくる。「ハツカネズミでさえも――ハツカネズミであることに何の落ち度があるのか？　ハツカネズミが悪いことをするというのか？　彼らが求めるものはパンのくずと一切れのチーズだけではないか」。彼は自問する。いかにして次の年にも生きていますようにと祈ることができるのか、あるいは他者の命を奪っている者に天国で好意的な命令を求めることができるのか？　彼は動物に対して不正義がなされ続けている限り救世主が世界を救うことはできないと思う。彼は考える。「生き物を屠畜しているときは、神を虐殺しているのだ」。

ヨイネ・マイアが一日中穴のところに立って、雌鶏、雄鶏、ガチョウ、アヒルを屠畜し、穴が血で満たされるとき、彼は自分の心を失いつつあるのではないかと思案する。「羽毛が舞い、庭が雄鶏の鳴き声や悲鳴で満たされる。時々、家禽が人間のような叫びをあげる」。

その晩ヨイネ・マイアは汗びっしょりで悪夢から目覚めた。「神よ、あなたから何の恩恵もいただいておりません」。彼は叫ぶ。「私はもうあなたの審判を恐れません。私は全能の神よりもずっと思いやりを持っています！　彼は残酷の神、戦争の神、復讐の神です。私は彼に仕えません。それは見捨てられた世界です！」　彼は食器室へ行き、ナイフと砥石――彼の「死の道具」――を集める。それらを持って納屋に行き、穴に投げ入れる。彼が聖なる道具を冒瀆し、神聖を汚していることは十分に知っている。彼は狂っているが、もはや正気でありたいとは思わない。彼は祈禱用ショールと聖句箱を捨てる。「この羊皮紙は雌牛の皮でつくったものだ。聖句箱のケースは仔牛の皮革でできている。トーラー(訳注17)自体も動物の皮でつくられた」。

ヨイネ・マイアは川に向い、挑戦的に叫ぶ。「天の父よ、あなたは屠畜者です！　あなたは屠畜者であり、死の天使です！　世界全体が屠畜場です！」一歩進むごとに彼はますます反抗的になるのを感じる。「彼は脳への扉を開いた。狂気が流れ込み、すべてを浸す」。彼はスカルキャップを投げ捨て、祈りのふさ飾りを引きちぎり、チョッキを引き裂き、重荷をすべて捨てた者の無関心を感じる。

ヨイネ・マイアが発狂したと聞いた肉屋たちは彼を追いかける。彼は川へ向かって走るとき、血の沼へ走り込むところを想像する。「太陽から血がふり注ぎ、木の幹を濡らす。木の枝から腸や肝臓や腎臓が垂れ下がっている。獣の前半身が足を踏ん張って立ち、胆汁と粘液をふりまく」。彼は逃げられないことを知っている。「無数の雌牛と家禽が彼を取り囲み、あらゆる切断、あらゆる傷、切られた食道、むしられた羽毛のことで復讐しようと身構えている。のどから血を流しながら、彼らはみんな詠唱する。「誰もが殺せる。あらゆる殺しが許されている」」。ヨイネ・マイアは嘆き悲しみ、それが森にこだまする。

彼は神に向かってこぶしを振り上げ、叫ぶ。「悪魔！　殺人者！　獣をむさぼっている！」

二日後、彼らは川の下流のダムの近くにヨイネ・マイアの遺体を発見する。多くの目撃者が彼は最期の瞬間に狂人のように振る舞ったと証言し、ラビは彼の死が自殺ではなかったと判定して、ヨイネ・マイアが父と祖父の墓の隣に葬られることを許可する。物語は苦い皮肉の言葉で終わる。「それは祝祭の季節だったので、コロミルは肉なしでいなければならない恐れがある。コミュニティは新しい屠畜職人を連れてくるべく、二人のメッセンジャーを急いで派遣した」。

訳注13　カバラーは聖書のすべての文字や数字に隠された意味があるとする神秘的ユダヤ教。カバラーはヘブライ語で「口伝」の意味で、もともとアブラハムの口伝を解釈するものだったとされる。十一世紀にフランスで体系が作られて十六世紀ころに完成し、西洋魔術、錬金術などに大きな影響を与えた。

訳注14　エルールはユダヤ暦の月。太陽暦の八～九月にあたる。

訳注15　仮庵祭（かりいおさい）はユダヤ教の三大祝祭のひとつで、毎年秋に行われる。旧訳聖書レビ記二三章三四～四三節を参照。この祭りは一週間続き、その間、イスラエルの荒野放浪を記念して仮小屋に住む習慣がある。「ヤナギの枝の祝日」は正式名称ではないが、仮庵祭の第七日に行われる「ホシャナ・ラバ」（大いなる「救いたまえ」）と呼ばれる行事をさすと思われる。この行事では、シナゴーグの床をヤナギの枝で打つ習慣がある。八日目の聖なる集会は、仮庵祭の初日から八日目に行われる行事で、雨期の始まりに当たることから雨乞いの祈りが捧げられ、シナゴーグでは『コヘレトの言葉』が読まれる。律法の歓喜は、仮庵祭の初日から九日目に行われる行事である。シナゴーグでは毎週の安息日（土曜日）の礼拝で、トーラー（モーセ五書、旧約聖書の最初の五冊）が朗読されるが、ちょうど一年で全体を読み終わるように区切ってあり、この日に最後の部分の朗読が行われる。一年かけてトーラーを読み終わったことを祝う祭り。創世記の安息日は、八日目の聖なる集会の次の安息日。トーラーの朗読のサイクルが改めて創世記の最初から始まることを祝う。

訳注16　ネブカドネツァルは紀元前六世紀のバビロン王で、バビロン捕囚を実行した王。メディアの妃のために世界七不思議の一つの空中庭園を造ったことでも知られる。ティトゥスは一世紀後半のユダヤ戦争時にエルサレムを征服したローマの将軍。二人ともエルサレム神殿を破壊したことで知られる。ネブカドネツ

アルは紀元前五八六年に第一神殿を、ティトゥスは七〇年に第二神殿を破壊した。ティトゥスは当時のローマ皇帝ウェスパシアヌスの息子で、後にその後を継いで皇帝になる（在位七九〜八一年）。ユダヤ人は神殿が破壊されたため、動物の犠牲を捧げることができなくなり、これが現在まで続いている。

訳注17　トーラーは、モーゼの五書、ユダヤ教の聖典。旧約聖書の最初の五冊「創世記」「出エジプト記」「レビ記」「民数記」「申命記」を指す。モーゼに啓示された律法。

聖なる被造物

『手紙の書き手』のなかでシンガーは動物の苦しみを「永遠のトレブリンカ」として描いているが、これは家族全員をナチスに奪われたハーマン・ゴンビナーの物語である。(原注31) 彼はニューヨーク市のあるヘブライ語出版社の編集者、校正係、翻訳者で、小さなアップタウン［マンハッタン島の五九番通りより北側のエリア］のアパートでたくさんの本、新聞、雑誌に囲まれながら一人暮らしをしている。交際としては、ハーマンが購読しているオカルト問題についての定期刊行物に手紙を書く人びとと文通している。

毎日ハーマンは夜に穴から、ときには明かりがついているときでさえ出てくる雌のハツカネズミのために、ひときれのパン、小さなチーズのスライス、皿に入れた水を用意する。「彼女の小さな泡のような目は、好奇心をもって彼を見つめる。彼女は彼をこわがるのをやめた」。ハーマンは彼女にフルダというヘブライ語の名前を与える。毎朝出勤する前に、ハーマンは前の晩からの古い水を捨てて、皿に新しい水を入れ、クラッカーとチーズの小さなひときれを置く。出かける前に、彼は言う。「ではフルダ、元気でね！」

その出版社が閉鎖されてハーマンが職を失うと、彼は失業第一日を喜んで家で本とともに過ごした。夕暮れ時になると、チューチュー鳴く声が聞こえ、穴から出てきて慎重にあたりを見回すまで、彼はフルダのことを心配する。ハーマンは息を殺して、「聖なる生き物よ、恐れるな」。彼は考える。「誰もお前を傷つけないよ」。彼女は水の皿に近づき、ひとすすりし、それから二口、三口と飲む。彼女がチーズのひときれをゆっくりと齧り始めると、ハーマンは彼女に驚嘆する。「ハツカネズミの娘、ハツカネズミの孫娘、何百万、何十億のハツカネズミがこれまでに生き、苦しみ、繁殖し、死んでいったんだな……彼女は惑星、恒星、遠くの銀河と同じように、神の被造物の一部なんだ」。フルダが頭を上げ、「愛と感謝の人間のような表情で」彼を見つめる。ハーマンは彼女がありがとうと言っていると想像する。

ハーマンは冬のあいだ体が弱っていくが、同じ階に住む女性の助けを借りて、手紙を出したり受け取ったりということは何とか続ける。その女性は「共同の郵便受けから」彼の手紙を集めて玄関のドアの下から入れ、また彼の手紙を代わって投函する。ときどき彼は死者が生きている人の生活のなかに存在し続ける方法について考え、彼の親戚がまだどこかに生きているに違いないと想像する。彼は彼らが自分の前にあらわれてくれるようにと祈る。「霊魂は焼くことも、ガスで殺すことも、吊すことも、射殺することもできない。六〇〇万の魂[訳注18]はどこかに存在しているに違いない」。

ハーマンにとってベッドから出ることがますます難しくなってくると、彼はフルダに何が起こるかを心配する。ある晩彼は寝る前に彼女に食べ物も水も用意してやらなかったことを思い出して、ベッドから出ようとするが、動くことができない。彼は神に祈る。「私にはもう助けはいりませんが、あのあわれな生き物を餓死させないでください！」

ハーマンが肺炎で死にかけているとき、彼が文通していたローズ・ビーチマンという名前の女性が突然来訪した。彼女はどちらにしても二週間以内にニューヨークに来るつもりでいたのだが、死亡した祖母が墓の向こうから彼女にコンタクトしてきて、ハーマンが病気で死にそうで、すぐ彼のところに行くべきだと警告したのである。彼女はハーマンを看病して元気を回復させることができるように、アパートに滞在し、簡易ベッドで眠った。

ハーマンは回復し始めると、ハツカネズミのことを思い出した。「フルダはどうなったんだ？ 長い病気のあいだ彼女のことをまったく忘れていたことが、どんなに恐ろしいことか。誰も彼女に食べ物や飲み水をやらなかった。彼女は死んでいるだろう」。彼はひとりごとを言った。絶望して、彼は彼女のために祈った。「さて、お前にはお前の命があった。お前はこの見捨てられた世界でお前の時間を役立てた。最悪の世界、底なしの深淵、サタンや、アズモデウス、(訳注19)ヒトラー、スターリンが栄える世界で」。ハーマンはフルダがもはや飢えることも、渇くことも、病気になることもなく、神と一体化したことに慰めを見いだした。頭のなかのささやきで、彼は自分と生涯の一部をともにし、彼ゆえに世を去ったハツカネズミのために追悼の言葉を述べた。

こうした学者たち、哲学者たち、世界の指導者たちが、お前のような者について、何を知っているというのか？ 彼らは、あらゆる生物種のなかで最悪の罪人である人間が神の創造の精華だと信じてきた。他のあらゆる被造物は単に人間に食糧や生皮を提供し、拷問され、絶滅させられるために創造されたのだ。彼ら［人間以外の生物］との関係で言えば、すべての人々はナチスである。動物たちにとって、それは永遠のトレブリンカである。

ハーマンはローズ・ビーチマンにそのハツカネズミのことを語り、もし彼女がまだ生きていたら皿にミルクを少し注いでほしいと頼んだ。後に、ハーマンが物音を聞いたとき、彼は上半身を起こした。「天にまします神よ！　フルダは生きている！　そこに彼女がいて、皿からミルクを飲んでいる！」。これまで味わったことのない喜びがハーマンをとらえ、感謝の念で満たした。彼はフルダとその女性、ローズ・ビーチマン――彼の感情を理解し、フルダにミルクをあげてくれた――に愛を感じた。「私は立派じゃない、私は立派じゃない」。彼はつぶやいた。「みんな純粋な恩寵だ」。

ハーマンは自分の家族がカロミンの破壊のなかで殺されたという知らせを受け取ったとき、泣きさえしなかった。「しかしいま彼の顔は濡れて熱くなった。神の導き――あらゆる分子、あらゆる小さきもの、あらゆる少量のほこりに気づいている――が彼の長い眠りのあいだ、ハツカネズミが餌を得られるようにはからってくれたのだ」。ハーマンはフルダがミルクをゆっくりとなめる――ときどきなめるのをやめながら、誰も彼女のものを取り上げたりしないと安心して――のを眺めた。ハーマンは声に出さずに頭のなかで彼女に呼びかけた。「ちいさなハツカネズミよ、神聖な生き物、聖者！」。そして投げキスをした。フルダは飲み続け、ときどき頭をあげて、ハーマンをちらっと見た。飲み終えると、彼女は穴に帰った。その物語は、朝の最初の光が窓ガラスをバラ色に染め、ハーマンの蔵書を薄紫の光で包むところで終わる。「それはすべて啓示の質を持っていた」。

訳注18　ホロコーストの犠牲者は推定約六〇〇万人。

訳注19　アズモデウスはユダヤ伝説に出てくる悪霊の名前。聖書外典（げてん）トビト書やタルムードに出てくる。タルムードでは悪霊たちの王。

ベジタリアンの抗議

一九六二年に永久にベジタリアンになったシンガーはしばしば、肉と魚を食べないことは人間が神の被造物を扱うやり方に対する抗議なのだと言った。「何年ものあいだ、私はベジタリアンになりたいと思ってきた。われわれ自ら流血を引き起こしているのに、動物と罪なき生き物の血を流しているのに、どうやってわれわれが慈悲について語り、慈悲を求め、ヒューマニズムについて語り、流血に反対することができるのか、わからない」(原注32)。彼の小説と物語で、主な登場人物のほとんどは、ベジタリアンであるか、ベジタリアンになるか、ベジタリアンになることを考えているか、であり、ホロコーストとの類似性が常に前景に出ている。

『悔悟者』の主人公であるヨセフ・シャピロは世俗的なニューヨークのユダヤ人であり、エルサレムで正統派ユダヤ人になるように導いた回心の一部としてベジタリアンになる(原注33)。この小説は一九六九年にエルサレムの「嘆きの壁」(訳注20)の場面で始まるが、そこで髭をはやしもみあげを巻き毛にし、正統派のやり方で長いギャバディーン［黒く長いコート］とベルベット（ビロード）の縁のある帽子を身につけたヨセフは、語り手に自己紹介する。ヨセフは現代世界と現代ユダヤ人の世俗的生活を捨て、現在はエルサレムのウルトラ正統派地区であるメア・シェアリームに住んでいる。彼には妻と三人の子どもがあり、彼はトーラーを学んでいるイェシーバ（タルムード学院）に出席する。ヨセフが嘆きの壁で語り手に会った日の翌日、彼は語り手が宿泊しているホテルに行き、自分の物語を語る。

ヨセフはポーランドのラビの子孫であり、ナチスから逃れてロシアをさまようことによって戦争を生き延びた。戦争が終わると彼はポーランドに帰り、かつてのガールフレンド、シーリアと結婚した。彼らはニューヨークへ移住し、そこでヨセフは成功するが、やがてシーリアに飽きて、ライザという名前の離婚した女性を愛人にする。ある晩彼がライザのもとから早く帰って来ると、妻が別の男と一緒にベッドにいるのを見つける。ヨセフはロワー・イーストサイド［ニューヨーク市マンハッタン島南端の東半分。東欧からのユダヤ移民が多く暮らしていた。］にある敬虔派［ハシード］の祈禱所に行き、そこで人生を完全に変える決断をする。家に衣服を取りに帰る手間さえ省いて、彼はイスラエルに向かう飛行機に乗り、結局メア・シェアリームにある敬虔派の一家の術中に陥る。彼はシーリアと離婚して、彼の敬虔派の家主の若い内気な娘と結婚する。

肉を食べるのをやめるというヨセフの決断は、小説の中心的なテーマのひとつである。物語の最初のほうで、ヨセフが朝食を食べにニューヨークのレストランに行ったとき、彼は隣のテーブルで誰かがハムエッグを食べているのを見る。彼は「この食い過ぎの人物がハムを味わうために、生き物が育てられ、死ぬために引きずっていかれ、刺され、苦しめられ、熱い湯で身を焼かれねばならない」と考える。ヨセフはすでに「神の生き物に対する人間の扱いは、すべての理想と主張されるヒューマニズムの全体をあざける［冷笑する］ものだ」という結論に達していた。彼は「豚もその男と同じような物質でできているのであり、豚が苦痛と死を支払わねばならなかったのは、その男が豚の肉を味わうことができるようにするためだったのです」ということに一顧だにせず、ハムを味わっているのだと考える。「あらゆる人間は、動物のこととなると、ナチスであると、私は一度ならず思った」。

ヨセフはライザのために、何十匹もの生き物の皮でできた毛皮のコートを買ってあげたときのことを思い出す。「彼女がどれほど恍惚とし、夢中になって、そういう虐殺された動物の毛皮をなでたことか。他者の体から剥ぎ取られた皮に、彼女がどれほど賞賛の言葉を注いだことか！」。ヨセフは語り手に言う。「屠畜や皮を剥ぐこと、狩猟に関係することは何でも、常に嫌悪感を私のなかにかきたて、また言葉ではとうてい言い表せない罪悪感を呼び起こしました」。

ヨセフはまたいかに妻と愛人がどちらもギャング映画を見るのが好きで、ギャングが互いに撃ち合ったり、刺し合ったりすると、彼女たちが笑ったかを語る。「私自身はこういう場面のあいだ、よく苦痛を感じたものです。暴力と流血に私はいつも身震いしました」。彼は二人ともロブスターが好物だったと言う。「私はロブスターが煮え立つ湯の中で生きたまま調理されるのを知っていました。でも繊細とされるご婦人達は頓着せず、自分たちのために命ある生き物がもっとも恐ろしいやり方で殺されていることを気にも留めませんでした」。

ヨセフはしばしばこうしたことを考えていたのだが、その朝のレストランの光景が彼の頭をハンマーのように殴ったのだという。彼はビジネスと私生活において他者と自分をあざむいてきたのだと、そうした偽りの生活を送ることは自分の最も深い信念に反するのだと悟る。「私自身が嘘つきでありながら、私は嘘を憎み、あらゆる種類の欺瞞を憎んでいたのです。好色漢でありながら、身持ちの悪い女に嫌悪を感じ、みだらさ全般に反感を持っていました。肉を食べ、それでいて肉がどうやって肉になるかを思い起こすたびに体に身震いが走りました」。「その朝私は初めて、自分がいかに恐ろしい偽善者であるかを悟りました」。

その日彼は最初の大きな人生を変える決断をする。それは「宗教に直接のかかわりはありませんでしたが、私にしてみれば宗教的決心と言えるものでした」。彼は肉も魚も、かつて生きていて、そののち殺されて食物とされたものは何も食べないと誓う。「私の揺るがぬ信念は、人々が神の造りしものの血を流すかぎり、地上に平和は来ないということだ。一歩踏み出せば、動物の血を流すことから人間の血を流すことに行きつく」。

ヨセフのベジタリアンとしてのコミットメントは、新しい正統派の兄弟たちのあいだでも一種のはずれ者になるようなものであった。彼らは彼に父と同じことを言った。「あなたは全能者が哀れむ以上に哀れんではならない」。後に、敬虔派の招待主がヨセフは安息日でさえ魚も肉も食べないと知ったとき、ショックを受けた。しかしヨセフは自分の立場を固持した。「私は自分が望むように生きることを決め、自分が理解したように生きる決心をしました。もしこのせいであらゆる人々から孤立せねばならないことになろうとも、それもまたことさら悲劇というわけではないでしょう。もし気を強く持てば、このことも同様に耐えられるでしょうからね」。ヨセフは語り手に言う。「私にとって、〈汝殺すなかれ〉は、動物をも含んでいるのです」。彼は妻を説き伏せて、新しい考え方を納得させたので、「うちは、今は菜食主義です」。

『悔悟者』の最後にある「著者の覚書」のなかで、シンガーは彼自身とヨセフ・シャピロの大きな違いは、彼が生きることの残酷さおよび人間の歴史における暴力と和解しなかったことだと言う。「ヨセフ・シャピロはそうしたかもしれないが、私はしていない。私はいまだに生きることの悲惨と残酷さにとまどい、衝撃を受けるが、それは六歳の子どもだったときと変わりはない。その頃、母が［旧約聖書の］ヨシュア記の戦いの物語と、エルサレム崩壊の血も凍るような物語を読んでくれたのですが」(原注35)。

訳注20 「嘆きの壁」はエルサレムの神殿の西側の外壁。紀元七〇年にローマ軍によって神殿が破壊された際に唯一残った部分。ユダヤ教の聖地である。すぐ隣接してイスラム教の聖地「岩のドーム」があり、また近くにはキリスト教の聖地「聖墳墓教会」がある。

トレブリンカは至る所にあった

動物に対したときには「あらゆる人間はナチスである」というシンガーの観察は、彼のアメリカを舞台にした最初の小説である『敵、ある愛の物語』のなかにも見いだされる(原注36)。その主人公ハーマン・ブローダーもまた、家族全員をホロコーストで失って、力は正義なりの現実が彼の周りじゅうではびこるのを見たシンガーの登場人物の一人である。この小説の焦点は、三人の妻を持つことの複雑さと向き合う奮闘である。ヤドヴィーガは彼をドイツ人から匿うポーランドの農家の女性である。マーシャは彼の厄介な愛人で、彼女も［ホロコーストの］生き残りであり、主人公は後に極秘に結婚する。そしてタマラは彼の最初の妻で、ナチスに殺されたと思われていたが、ニューヨークにあらわれる。

ハーマンはブルックリンでヤドヴィーガと一緒に暮らしているが、マーシャが母と暮らしているのと同じブロンクスのビルにも小さな部屋を借りている。その部屋には床に穴があり、夜にはハツカネズミが引っかく音が聞こえる。マーシャは罠をかけるが、「罠にかかった生きものの苦しむ騒音は、ハーマンには耐えられなかった。夜中に起きて逃がした」。

マーシャがハーマンをブロンクス動物園に連れて行ったとき、彼にはそれが憂鬱な収容所のように見える。ライオンの目は「生きることも死ぬことも禁じられた者の絶望をたたえて」おり、オオカミは「自分の狂気をその軌跡に描き出しながら、右へ、左へ、歩き回っていた」。ハーマンにとって、動物園は強制収容所であった。「ここの空気は、砂漠へ、丘陵へ、谷間へ、洞窟へ、そして仲間へのかぎりない憧れに充満していた――ユダヤ人と同様、獣たちも、世界のあちこちからここに連れて来られ、隔離され、倦怠に悩まされていた」。動物のあるものは悲しみを叫び、あるものは沈黙していた。「オウムはしゃがれ声で自分の権利を叫んでいた。バナナのようなくちばしを持つ鳥は、あたかも自分をこんな目にあわせた犯人を探すかのように、頭を右へ左へめぐらしていた」。

ハーマンがマーシャとともにニューヨーク州の北部に旅行したとき、鶏かアヒルの泣き叫ぶ声がした。「このさわやかな朝にも、どこかでしめ殺されているのだろう。トレブリンカは至る所にあった」。ハエ、ハチ、チョウがバンガローの窓から入って来ても、ハーマンは行動を起こすことを拒否する。「ハーマンにとってこの虫たちは、追っぱらうべき害虫ではなかった。これらの被造物の中に、生命の、経験の、理解の、永遠の意志が見てとれた(原注37)」。

ブルックリンでのある早朝、ハーマンが陽の光に輝く港に「船がいっぱいあり、その多くは早朝に外洋をひと走りしてきたばかりなのを」見たとき、彼はほんの数時間前は海のなかを泳いでいたが、いまでは「どんよりした目をして、傷ついた口に血をにじませて」船のデッキに横たわっている魚のことを考える。「漁師も、金持ちのスポーツフィッシングの連中も、魚の目方をはかり、自分の腕前を大声で自慢するんだ」[原注38]。それは彼の家族を殺したのと同じナチスの発想を想起させる。「魚や獣が殺されるのを見るたびにハーマンは、動物に対してすべての人間はナチスだという、同じ考えにとりつかれるのだった。人間が他の生きものにしていることは、力は正義なりという、人種差別主義者の論理と同じことだった」。

ハーマンがヨーム・キップール[訳注21]の前日の朝晩をマーシャの家で過ごすとき、彼女の母親はカパロット[訳注22]の儀式のために二羽の犠牲用の雌鶏――一羽は彼女自身のため、一羽はマーシャのため――を買う。人の罪を象徴的に家禽に移転するこの習慣は、生きた雌鶏（女性のため）と生きた雄鶏（男性のため）の足を持って頭上で三回円を描いて振り回すことを悔悟者に要求する。振り回すあいだに次の言葉を言う。「これは私の交換、私の代理、私の償い。この雌鶏（あるいは雄鶏）は死ぬだろう。でも私は良き長い生、平和を得るだろう」[原注39]。

マーシャはハーマンのために雄鶏を買いたいが、彼は拒否する。「しばらくのあいだ彼はベジタリアンになることを考えてきた。あらゆる機会に彼は、ナチスがユダヤ人にしたことを、人間は動物にしているのだと指摘した」。彼が床に横たわっている二羽の囚われの雌鶏――一羽は白、一羽は褐色で、足をくくられ、金色の目であらぬほうを見ていた――を見たとき、ヨーム・キップールのために雌鶏を殺すことの偽善に反対した。「なぜ鶏が、人間の罪を清めるために使われねばならないのか。なぜ、情深いはずの神が、そのようないけにえを受けつけるのか?」。マーシャが彼に同意して儀式的屠畜職人のところに雌鶏を持っていくのを拒否すると、彼女の母親が代わりに持っていった[原注40]。

小説のあとのほうでハーマンが、過越《すぎこし》の祭りのセダー(訳注23)でしぶしぶ取り仕切る役目をしているとき、彼はその祭りの不正義と偽善について再び考える。「ハドソン川か、どこかの湖でとれた魚が、ハーマンとタマラとヤドヴィーガの三人に、エジプト脱出の奇跡［旧約聖書の出エジプト記］を思い出させるために、その命をささげた。一羽の鶏が、過越の祭りの犠牲となって、その首をさしのべた」。

訳注21　ユダヤ教の贖罪の日、あがないの日。一日中断食してざんげの祈りを唱える。
訳注22　カパロットは、ユダヤ教でヨーム・キップールの日に祈りを唱えながら鳥を頭上で振り回す儀式
訳注23　セダーは、七～八日間続く過越の祭の最初の一夜もしくは一夜と二夜に行う儀式。平パン（matzo）、仔羊、卵などを食べる。

彼らも神の子らだ

屠畜と動物を食べることに対するシンガーの嫌悪は、『ハドソン川に映る影』にも見いだされる。(原注41)第二次大戦後のニューヨークを舞台とする小説の最初のほうで、アンナは鮮魚店の前を通るが、そこには「血に濡れたうろことどんよりした目」の魚が氷の上に並べられている。近くでは食肉運搬トラックが肉屋の外にとまっており、肉屋では「ビール腹の男たちが、牛のわき腹の生肉を頭にのせて運んでいた。窓から見える光景は、肉の血まみれの厚切りのあいだに、仔羊の全身が吊り下げられており、その腹部は首から尾まで切り開かれている」。アンナはこれが誰にでも起こりうると考えた。「たぶん私だってあんなふうに陳列されたかもしれなかったのだ。そうなったからといって空が落ちてきたりもしなかった

だろう」。
ヘンリエッタ・クラークと彼女の伴侶のシュレイジ教授は、健康食品店で買った「チーズ、ナッツ、果物、野菜、あらゆる種類のシリアル(訳注24)やクラッカー」を食べる。ヘンリエッタは思案する。「どうして生き物を殺して彼らの魂から肉体を奪うことに手を貸している人が神の恩寵を希望できるだろうか?」チーズ、ミルク、卵も食べるのをやめるべきだと信じているので、彼女は自分を「セミベジタリアンに過ぎない。なぜなら間接的に儀式的屠畜職人、肉屋を支援しているから」とみなしている。

小説の中心的な登場人物ヘルツ・ドヴィド・グレインがカフェテリアに入って、コックが台所から肉のロースト用鉄板を持ってくるのを見るとき、彼は考える。「その肉を彼がここへ運んでくる動物についてはどうだろう? 数日前まで彼らは生きていたのだ。彼らも魂を持っている。彼らも神の子らだ。彼らはおそらく人間よりも良い材料でできている。彼らは罪がないのだから、確かにより無垢だ。しかし来る日も来る日も彼らは儀式的に屠畜される――牛、仔牛、羊の姿をした天使たちだ」。

後にグレインはシナゴーグに入り、父がポーランドでやっていたのと同じやり方で祈禱用ショールと聖句箱を身につける。彼は礼拝であらゆる生き物の初子の聖別についての聖書の一節を読む。その文章の終わりは次のようになっている。「ただし、ろばの初子《はつご》の場合はすべて、小羊をもって贖《あがな》わねばならない。もし、贖わない場合は、その首を折らねばならない(訳注25)」。シンガーの多くの登場人物と同様に、グレインはこの宗教的に裁可された残酷さに疑問を投げかける。「いったいどういう理由でロバが有罪なんだ? なぜ首を折られるに値するんだ? どうやって神はそんな命令を発することができるんだ?」

グレインが「主はすべてに対して善であり、彼が創造したすべてのものに対して慈悲を及ぼす」という礼拝の一節を唱えるとき、彼は、それは本当なのかと自問する。「神は本当にすべてに対して善なのか？　彼はヨーロッパの六〇〇万人(訳注26)のユダヤ人に対して善だったのか？　彼はまさにこの瞬間に人びとが屠畜する牛と豚と鶏のすべてに対して善なのか？　そんな神を本当に善と呼べるのか？」

ユダヤ教の神髄は「人びとは他者の不幸の上に自分たちの幸福を築かないようなやり方で生きるべきである」という教えにあると結論して、グレインはシンガーの他の登場人物がやることをやろうと決断する。肉と魚を食べるのをやめる誓いをすることによって神に還ることだ。「神の被造物を屠畜しながらどうして神に仕えることができようか？　毎日血を流し、神の被造物を屠畜場へ連行し、彼らに恐ろしい苦しみを引き起こし、彼らの寿命を縮めておきながら、どうして天国からの慈悲を期待できるのか？　魚を川から釣り上げ、釣り針の上でぴくぴくしながら窒息していくのを眺めながら、どうして神の同情を求めることができるのか？」

グレインはミルクや卵を消費することさえ牛や鳥を殺すことである、なぜならそれらは「ミルクを飲むはずの仔牛を殺すことによってのみ得られるからであり、養鶏家は遅かれ早かれ家禽を肉屋に売るからだ」と判断する。彼は考える。「果物、野菜、パン、シリアル、オイルで容易に生きることができる。みんな大地の産物だ」。彼はどうやって皮革の靴や羊毛の服をまとい続けることができようかと思案する。「彼らが羊の毛を刈るのは、屠畜するまでだけだ」。そして夜眠ることについてはどうか？　「マットレスには馬の毛が含まれ、枕には羽毛がつめてある。触れるものは何でも、他の生き物の肉、皮、毛、骨でできているのだ」。

グレインは神のやり方に疑問を投げる。「神は流血を憎むのだから、なぜ殺人の上に築かれた世界を創造されたのだろう？　『汝殺すなかれ』という戒律を守りながらなお戦争を行うことはできるのか？

その戒律は人間にだけ適用されるが動物には適用されないのか？」。その小説の別の登場人物は言う。「緑の山脈と肥沃な渓谷にもかかわらず、地球は屠畜場にすぎないのだということを私は知っている。あなたは神のもとへ避難したいだろうが、神ご自身こそ最悪の殺人者なのだ」。

その小説の終わりのほうで、アンナは家にひとりでベッドのなかにおり、「イディッシュ語の新聞で読んだ、ルーマニアのナチスが屠畜場に追い込んでそこで虐殺した多数のユダヤ人を描く」レポートのことを思い出している。(原注42)彼女は考える。「そう、そのような残虐行為がこの世界で行われたのだし、将来が何をもたらそうとも、これらのできごとの記録は永遠に残る。いかなる権力も恐ろしい不名誉を消し去ることはできない――神でさえも」。

訳注24　シリアルは、コーンフレークやオートミールなど、穀類を加工して必要に応じてビタミンなどを加えて乾燥させた食品で、牛乳などをかけてすぐに食べられるようになっているもの。
訳注25　ロバと子羊の話は『旧約聖書』「出エジプト記」一三章一三節および三四章二〇節を参照。
訳注26　ホロコーストの犠牲者は約六〇〇万人と推計されている。

動物への愛情

シンガーはアメリカでの最初の何年かのあいだは内気で静かだったが、彼の甥ジョセフは、彼が遊び好きの男で、しばしば家のなかを走り回ったり、イヌのように吠えたり、アヒルのようにガーガー鳴いたりして彼をしばしば楽しませてくれたことを覚えている。「家族全体が動物への途方もない愛情を共有していた」とジョセフは言う。「アイザックは動物についてたぶん少し神経質だったが、本当に愛していた(原注43)」。『モスカット家』のなかで、レブ・ダンは家族との旅を続けるために宿屋で待っているが、そのとき彼は中庭にいる山羊を見る。山羊が彼を見つめ返すと、レブ・ダンは突然「その生き物への愛情がわき上がるのを感じる。……彼はそのあわれな生き物を愛撫している、あるいは美味しいものをひとくち与えているように感じる(原注44)」。

シンガーの物語『あこがれている若い雌牛』で、ニューヨーク市から来た若いイディッシュ語作家——夏のあいだ州北部の農場で部屋を借りている——は悲しそうに鳴いている雌牛をもとの場所へ戻すように農民に促す(原注45)。農民は、彼女は三〇頭の雌牛がいる家畜小屋から連れてこられたので、昔の仲間を恋しがっているのだと説明する。「彼女はたぶんそこに母親か姉妹がいるのでしょうね」。その農民が雌牛を買った農場へ連れ戻しにいくとき、作家も一緒についていく。別の物語『カブトムシの兄さん』は、カブトムシとの出会いについての話である(「カブトムシの兄さんは」私はつぶやく。「私たちに何を望んでいるのだろうか?(原注46)」)。

『コケッコッコッココー』の雄鶏の語り手は、雄鶏の願望についての物語を語る(原注47)。雄鶏は、最後は屠畜されてしまうのであるが(「台所くずの捨て場には、ぼくら同類の頭や臓もつがひしめきあってるさ」)、語り手は雄鶏の願望は決してだまらされてしまうことはないと約束する。「雄鶏は死んでゆくかもしれないが、コケッコッコッココーは死にやしない。ぼくらはアダムが創造されるよりずっと昔に鳴いてたんだし、あらゆる屠畜職人とチキングラタンがいっさい滅びたあとだって、ずっとずっと鳴き続けることを神は望んでおられるのだ。世界じゅう、どんな肉屋であろうとも、その定めを壊すことはできないさ」。

シンガーは特に鳥が好きであった。『証明書』では、若い語り手がワルシャワのアパートを訪問するとき、彼は大きな籠のてっぺんにとまっているオウムに会う。「突然オウムは、人間の男のような声で言った。『オウムザル』。何らかの理由で私はこれに感動した。善なる主よ、私はなぜこんなに鳥が好きなのかわかりません(原注48)」。短編小説『オウム』は、ペットのオウムへの愛情ゆえに、伴侶である女性がオウムへの虐待を続け、冬の嵐のなかへ追い出してしまったことに腹をたててその女性を壁にたたきつけたため［傷害罪で］刑務所に入れられることになった男の物語である。(原注49)『ショーシャ』の語り手は夢の中でショーシャと森を散策しているときに、これまでに知っているどんな鳥とも違う鳥に出会った。「彼らは鷲のように大きく、オウムのように色彩に富んでいた。鳥たちはイディッシュ語を話した(原注50)」。

シンガーのインコ類への熱中は一九五〇年代のある日に、一羽の黄色いインコが突然ニューヨーク市の彼のアパートに飛び込んで来たときに始まった。シンガーの著書を出している出版者の妻であるドロシア・ストラウスは、何が起こったかを描写している。「ある夏の朝、彼が台所の中庭に面した窓のそばのテーブルの前にすわっているとき、彼は共にすごす動物《コンパニオン》を望んでいた。すぐに、彼の願いに答えるかのように、インコが部屋に飛び込んで来た。『彼を見るとすぐに、私たちが友達になるだろうとわかった。神が彼を私のもとへ使わしたのだ。彼は年取ったやつだった(原注51)』」。シンガーは彼をマトゾスと名付け、ペットショップに行って彼のために雌の伴侶を買ってやった。彼は鳥がアパートの周りを自由に飛び回れるように、籠の扉をあけておいた。シンガーの伝記作者が書いているように、「これらの鳥はお互いを愛し合っており、またアイザックを愛していた。彼も彼らを愛していた。彼らは彼の頭や膝にとまって、クークー鳴いたりしたものだ。彼はイディッシュ語か英語でやさしく話しかけていた」(原注52)。

『敵、ある愛の物語』でハーマンはヤドヴィーガに二羽のインコ——黄色の雄と青い雌——を買ってやり、彼女は自分の父と妹の名にちなんで彼らをウォイタスとマリアンナと名付ける。ハーマンはそのつがいがコミュニケートするやり方に魅せられる。「ウォイタスとマリアンナはインコの祖先から受けついだ言葉を喋っているように見えた。インコたちは、明らかに言葉をかわしあっていたし、ある瞬間、同じ方向にそろって飛んでゆくのは、お互いの心の中を知りあっているとしか思えなかった」(原注53)。ある日ハーマンが台所にいたとき、彼は「ウォイタスが、近くの止まり木にとまっているマリアンナに、飛び方についての説教をしていることに気づいた。彼女は、ひどいあやまちを犯して懲戒を受けているかのように頭を垂れていた」。ウォイタスが笛のような音を出し、声を震わせて歌ったとき、ハーマンは考える。「一日中羽の下に首をつっこんで憂鬱そうにしているマリアンナのために、セレナーデを歌っているのだった」。ラジオでイディッシュ語のオペレッタの歌が聞こえてくるとき、インコは「彼らなりのやり方で反応する。彼らは音楽に合わせて鳴き、叫び、部屋中を飛びまわっていた」。

『ニューズウィーク』のリポーターが一九七八年にシンガーのアパートに行って彼がノーベル文学賞を受賞したことを告げたあとインタビューしたとき、シンガーは隣の部屋のインコについて彼らに語った(原注54)。「行って彼らが飛び回っているのを見てごらんなさい。私は動物に大きな愛情を持っています。彼らのなかに、そして彼らから、われわれは世界の神秘について多くのことを学ぶことができると感じています。なぜなら私たちより彼らのほうがその近くにいるのですから」。

シンガーのインコとの経験はメイドがたまたま窓を開けっ放しにしていた日にマトゾスが飛んで出て

行ってしまったことで、まずい終わりを迎えた。シンガーは憂鬱だった。彼はリバーサイド通りに沿って、またセントラルパークで、何時間もマトゾスを探して過ごした。彼は新聞に広告を出し、あらゆる通報をフォローしたが、マトゾスが戻って来ることはなかった。シンガーは雌のインコにもう一羽の相手を買ってやり、マトジ二世と呼んだが、この新しいインコは事故で水のつぼに溺れ死んでしまった。「彼らは大きな喜びでした」と彼は言った。「しかし彼らは大きな悩みの種でもありました。彼らが苦しむときには私も非常に苦しんだので、彼らが病気になったり、行方不明になったり、転落したりしたときには、もう彼らがいないということで、私はある意味では幸せでした」(原注55)。

インコのあと、シンガーはハトに餌をやってより多くの時間を過ごした。ドロシア・ストラウスは、「彼がブロードウェイの北で、穀類をばらまき、汚れた毛の町のハトの群れとともにいる様子は、見慣れた光景に」なりましたと書いている(原注56)。彼は地域の店で買った種を入れた食料雑貨店の茶色の紙の袋から、ハトに餌をやったものだった。「私が餌の袋を持ってやってきたときには、彼らは何ブロックも先から飛んできて私のもとに集まったものでした」とシンガーは言っている(原注57)。ドロシア・ストラウスは、その光景を描いている。「彼のそばの鳥の群れは、恐れるようすもなく、彼は、鳥たちのわずかな羽ばたきやつつきを、愛情に近いものを持って、大きな青い目で見つめていたものでした。これらの生き物が何を感じているかは神のみぞ知ると彼は自分に言い聞かせました。ハトたちは友人を見つけました。そしてアイザック・シンガーは彼らのなかで、孤独ではありませんでした」(原注58)。

シンガーの長いあいだのアシスタントだったドヴォラ・テルシュキンは、しばしば仕事の休憩時間にシンガーが餌の袋を持って、一緒にリバーサイド公園に出かけたものだったと書いている。「ハトに餌をやることは、アイザックの仕事のなかの重要な儀式でした」(原注59)。彼女は外出のひとつを描いている。「アイザックはすわり、ベンチの端の上に体を乗り出して、地面に種をまいていた。ハトは彼の足のそばに集まり、彼がだまって見ている前で元気に餌をつついている。彼は小さなスズメのほうにひとにぎりの餌を投げ、小さな生き物が食べるのを注意深く見つめていた。『これを左に』彼は突然言って、上半身を起こした。『私はこの小さなやつに関心がある。大きなやつらが餌を独占してしまう』(原注60)」。どんな生物種であれ、常に弱い者に注意を払っていたので、シンガーは社会が「変人」と呼ぶ手足の不自由な人、巨人、その他の人びとに特別な関心を持っていた。「そうせずにいられないんだ」と彼はテルシュキンに語った。「私にとって彼らが本当の民衆だ。誰もかえりみない脅えた人びとが(原注61)」。

『敵、ある愛の物語』で、ハーマンはブルックリンのマーメイド通りに沿って雪が舞うなかを歩いているとき、死んだ鳩を見る。「聖なる生きものよ、すでにおまえの生命を生き終えたか」。彼は考え、再び神に問いかける。「こんなふうに命を終えねばならないのなら、何であなたは命をお与えになるのです。いつまで黙りこんでいるのですか。偉大なるサディストよ?(原注62)」

差し迫った破壊の影

ホロコーストの前兆を示す一九三〇年代のポーランドを舞台とする短編小説『鳩』には、インコとハトの両方が登場する(原注63)。物語は次のように始まる。「細君が他界した時、ヴラディスラフ・エイベシュッツ教授には本と鳩だけが残された」。クローゼットとトランクに保管していた書籍と原稿、そして書斎の床から天井まである本棚を埋めていた蔵書の他に、教授にはオウム、インコ、カナリアを入れた約一ダースの鳥籠があった。シンガーのように、教授は鳥を愛していたので、鳥籠の戸は、鳥が自由に飛び回れるように開けておかれていた。視力を半分失ったポーランド人のメイド、テクラが家の中をきれいにすることができないとこぼしたが、教授は彼女に言うのだった。「神の被造物に属するものはみなきれいだ」。彼のアパートでカナリアは歌い、インコはさえずり、しゃべくり、キスをし、オウムはしゃべる。「テクラの村の方言でお互いを猿、坊や、大食漢と呼びながら」。

教授がハトに餌をやるために外出するときにはいつも、彼が表門から現れた瞬間、鳩の群れが四方八方から集まってきた。彼はテクラに、鳩に餌をやるのは彼にとっては、教会やシナゴーグに行くのと同じことだと言うのだった。神は賛美に飢えてはいないが、鳩は毎日毎日日の出から餌を与えられるのを待っているのだと彼女に語る。「神に仕えるには、神の被造物に優しくするよりいい方法はないのだよ」。

戸の開いている籠に住んでいて、アパートの家の中を自由に飛び回る多数の鳥の世話をすることは、街のハトに餌をやること以上に努力と責任を伴った。「エイベシュッツ教授は、この生き物たちが食べる二、三粒の穀物のお返しに、なんという喜びを与えられたことだか!」

インコの中には、言葉をたくさん覚えているうえに、文まるごとさえ覚えているのが一羽いた。それは自分が止まり木にしている教授のはげ頭に止まり、彼の耳たぶをくちばしでつつき、眼鏡の柄にまたがり教授が物書きをする間、教授の人差し指に軽業師のように立ちさえするのだった。彼は考える。「この生き物はとても複雑で、非常に豊かな性格と個性に恵まれている。何時間でも飽きずに見ていることができるよ」。

ある日教授が鳩に餌をやるために外出したとき、鳩は四方八方から舞い降りてきて、いつものように押し合いへし合いするかたまりになる。鳩は彼の肩に、腕に止まりながら羽ばたきをして彼をくちばしで突っついた。一羽の鳩は大胆にも餌袋自体のへりに舞い降りようとした。教授は突然何かが額に当たるのを感じる。彼はびっくりし、さらに二個の石がひじと首にあたるまで、何が起こったのかわからなかった。彼はサスキ公園や、郊外でユダヤ人が暴漢に襲われるとは、たびたび新聞で読んで知っていたが、それが自分に起こったことは一度もなかった。鳩はちりぢりになり、彼は家の中に退却する。そこでテクラが彼の頭にできた大きな瘤の手当をする。

教授がベッドに横になっているとき、久しく忘れていたヘブライ語がふと心に浮かんだ。悪者という意味のレシャアイム（reshayim）である。「歴史をつくるのはこの悪者だ」。彼は考える。「彼らの目的は相変わらず同じ――悪をしでかし、痛みをもたらし、血を流すこと――だ」。その晩テクラが彼にオートミールをつくったあと、教授は眠りにおちるが、夜中に目が覚め、左の脇腹に痛みを感じ、心臓、肩、腕、肋骨に強烈な差し込みを感じた。彼はベルに手を差し伸べたが、指がベルに触れることができないうちにだらんとなった。彼の心を最後の思いがよぎった。鳩はどうなるんだろう？

翌朝早くテクラが教授の部屋へ行った時、彼が一種の奇怪な人形のように見えるのを見て、金切り声をあげはじめた。近所の人たちが駆け込んできた。誰かが救急車を呼んだが、手遅れだった。エイベシュッツ教授は死んでいた。彼の死の知らせを聞いて、アパートにたくさんの花が届けられ、最後の敬意を払おうと善意の人びとがやってきた。「おびえた鳥は壁から壁へ、書棚から書棚へと飛び、スタンド、壁体胴部の蛇腹、厚地の長いカーテンに止まろうとした」。テクラは鳥たちを鳥籠に戻したがったが、鳥たちは彼女から飛び去った。「不注意に開け放たれていた戸や窓から、姿を消した鳥もいた。オウムの一羽は警告し、訓戒するような調子のキーキー声で、同じ言葉を何度もくりかえした」。

翌朝棺を担ぐ人たちがやってきて、棺を家から運び出した。葬式の行列が旧市街のほうへ坂を下りながら行進し始めた時、屋根の上から鳩の群れが飛んできはじめた。「鳩の数が急速に増えて、狭い通りの両側のビルの間の上空を覆い隠したので、まるで日食の間でもあるかのように日が暗くなった。鳩はしばらく飛ぶのを中止して空中に浮動していたが、すぐに一塊になって、行列のまわりを旋回しながらそれと同じ速度を保って進んだ」。霊柩車の後を歩いていた代表団は、霊柩車の上空で旋回して空を暗くしている鳩の群れの素晴らしい光景をびっくり仰天して見上げた。彼らがフルマンスカとマリエンシユタットの交差点に着くまで、鳩の群れは旋回し、それから一塊となって引き返した。――「彼らの恩人に最後の安息所まで随行した、翼のある被造物の大群だった」。

翌日テクラが餌の袋を持って現れたとき、数羽の鳩が舞い降りた。ためらいがちに餌をつつきながら、神経質に辺りを見回した。夜中に誰かが教授の家の戸に鍵十字［ハーケンクロイツ］を描いていた。ナチスの時代がすぐそこに来ていた。「焦げたものと腐敗物のにおいが貧民街からやってきた。差し迫った破壊の、つんと鼻を刺激するいやなにおいだった」。

生活様式

シンガーにとってのベジタリアニズムの重要性は一九六四年八月九日にマンハッタンのアパートで

なされたインタビューに明らかであった。シンガーと二人の聞き手が、シンガーのアメリカにおける作家としての初期の仕事、翻訳の技術、世界とイディッシュ語文学を含めて、広範な話題について話し終わったとき、聞き手のひとりが言った。「これでだいたい終わったでしょうか」。しかしシンガーは終わっていなかった。「私は誠実なベジタリアンだということを付け加えさせてください。たとえ私が何もドグマ（教義）を持たなかったとしても、これが私のドグマになったということを知るのは、興味深いかもしれませんよ」。彼は聞き手に、私たちが動物に対して残酷であり、彼らに力は正義なりの原理を適用している限り、その同じ原理がわれわれに適用されることになるだろうと語った。「これが最近は私にとっての宗教です。そしていつか人類が楽しみのための肉食と狩猟に終止符を打つようになることを、本当に希望しています」（原注64）。

シンガーはノーベル文学賞についてインタビューしに来た『ニューズウィーク』のレポーターに、動物の苦しみに彼はとても悲しくなると語った。「ご存じのように私はベジタリアンです。私は人びとが動物にほとんど注意を払っていないのを見るとき、ナイフや銃を持っているからというので動物に対して何でも好きなことをするのが許されるとしておきながら、人間と人間の和平には容易に同意するのを見るとき、全能の神に対して悲嘆の感情を、ときには怒りの感情を抱くのですよ」。彼は神に尋ねたくなるのだと言った。「あなたはご自分の栄光を、栄光なき生き物、わずか数年を平和に過ごしたいと願っている罪なき生き物のそれほど多くの苦しみと結びつける必要があるのですか?」（原注65）

一九八〇年代初頭の別のインタビューで、リチャード・バーギンが彼のベジタリアニズムについて尋ねたとき、シンガーは彼に語った。「感性豊かな人びと、ものごとを考える人びとは、生き物を殺しておきながら優しくなることはできない、自分より弱い生き物を連れてきて屠畜し、拷問しておきながら正義を求めることはできないという結論に到達するに違いないと本当に感じています」。彼は子どものときからこの気持ちを持っていたが（「多くの子供たちはそれを持っている」）、彼の両親が神以上に同情心を持とうとすべきではないと言うことによって、彼がその気持ちにもとづいて行動することを思いとどまらせたと述べた。彼の母はもし彼がベジタリアンになったら、栄養失調で死ぬだろうと警告した。成長すると、シンガーは「もし自分では流血を引き起こしながら流血に反対して書いたり話したりしたら、本当の偽善者に」なるだろうと感じた。

彼はバーギンに語った。「もし同情と正義を信じているのなら、彼らのほうが弱いから、彼らのほうが知性において低いからというだけの理由で動物をその正反対に扱うことはできないというのが、私にとってはまさに常識なのです。こうしたものごとを判断するのは、私たちの仕事ではありません。彼らは生きるために必要なタイプの知性は持っています」。

同じインタビューで、シンガーは言った。「神が慈悲深いと言うことはできませんし、創造に対して大いなる抗議の気持ちを抱いています。また人間も無慈悲だと見ています。人間が少しばかりの権力を得たときには、他人の不幸は何の意味もなくなるのです」。彼は抗議が神との関係を規定しているのだと言った。もし彼が自分で宗教を創始するとしたら、それは「抗議の宗教」になるだろう。彼はバーギンにかつてイディッシュ語で『造反と祈りあるいは真の異議申し立て者』という本を書いたと言ったが、それは決して翻訳されなかった。「それはホロコーストの時代に書かれたのです。それは悲痛な短い本で、出版されることがあるだろうかと疑っています。私は多くの点で矛盾しているかもしれませんが、真の異議申し立て者です。もし全能者に対してピケを張ることができるなら、『生に対して不当だ』というプラカードを掲げるでしょう」。シンガーはバーギンに次のように語ってインタビューを終えた。「肉を食べる人や自然界の残酷さに同意するハンターは、肉や魚を食べるたびに、力は正義なりということを支持しているのです。ベジタリアニズムは私の宗教であり、私の抗議です(原注66)」。

一九七九年に出版されたダドレー・ギールのベジタリアニズムについての本に寄せた序文のなかで(原注67)、シンガーは永遠の疑問と考えているものを次のように問いかけている。「何が人間に、肉を食べることができるように、動物を殺し、しばしば拷問する権利を与えるのか?」。

われわれが常に本能的に知っていたように、われわれはいまや動物は人間と同じように苦しむことができるということを知っている。彼らの感情と感受性は、しばしば人間のそれよりも強い。様々な哲学者と宗教指導者が、弟子や支持者たちに、動物は魂のない、感情のない機械であると説得しようとしてきた。しかしながら、動物とともに暮らしたことのある人なら誰でも——イヌであれ、鳥や、ハツカネズミでさえ——この理論は厚かましい嘘であり、残酷さを正当化するために発明されたのだということを知っている(訳注27)。

動物を殺すことについての唯一の正当化は、「人間がナイフや斧を手に持つことができ、自ら良いと考えることのために屠畜を行うに十分な抜け目なさと十分な利己心を持っているという事実」であるとシンガーは書いた。彼は、動物の肉を食べることによって、狩猟することによって、彼らは殺人を犯しているると述べることによって、人びとの良心を目覚めさせようとしている、とダドレー・ギールを賞賛した。「ヒューマニズム、良き明日、良き未来についての美辞麗句は、彼らが食べるために殺したり、楽しみのために殺したりしている限りは、何の意味もない」。シンガーは動物に対する人間の無関心はすぐ終わることはないと書いているが、「無力な者の殺害と拷問に対する強い抗議を表明する人びとがいるのは良いことだ」。

シンガーはその序文をひとつの警告でしめくくった。人間が動物の血を流し続ける限りは、平和は決して訪れないだろう。「動物の殺害から、ヒトラーのガス室や、スターリンの強制収容所までは、ほんの小さな一歩にすぎない。……人間がナイフを持ってあるいは銃を持って立ち、自分より弱い者を殺す限りは、正義は実現しないであろう」。

シンガーが一九九一年に他界したとき、『ニューヨーク・タイムズ』に掲載された長文の死亡記事は、彼がベジタリアンであったことに言及しなかった。しかしながら、次の日曜に『ニューヨーク・タイムズ・ブックレビュー』に掲載された文章は、彼の生涯のこの要素を無視することはなかった。

彼はチキンスープを避けて、献身的なベジタリアンになった。子ども時代から彼は、力は正義なりということ、人間は鶏より強いこと、人間が鶏を食べるのであって逆ではないこと、を見てきた。それは彼を悩ませた。というのは、人びとは鶏より重要であるという証拠がなかったからだ。彼が人生と文学について講義したとき、しばしば彼に敬意を払ったディナーがあり、共感的な主催者はベジタリアンの食事を用意した。「ですから、非常にささやかなやり方で、私は鶏に親切な行為をしているのです」。シンガーは言った。「もしも私のために記念碑が立てられるとしたら、鶏が私に感謝の気持ちを示すための記念碑かもしれません（原注68）」。

シンガーが、チキンが出されるディナーに出席しなければならないときには、彼はメインコースを辞退した。ある女性が「健康上の理由で」チキンを食べないのかと尋ねると、彼の答はこうだった。「そうです、鶏の健康のためにね」。

訳注27　ここで言いたいことは、たとえば次の本を読むとよくわかる。ジェフリー・マッソン『豚は月夜に歌う　家畜の感情世界』（村田綾子訳、バジリコ、二〇〇五年）

第8章　ホロコーストのもうひとつの側面　声なき者のために発言するドイツ人

本書の最終章は、その文化的遺産とナチス・ドイツの後遺症の経験が、第六章で論じた活動家たちのそれとはまったく異なる人びとについてである。しかし経験の違いにもかかわらず、両者のグループ——ユダヤ人とドイツ人——は動物に対する制度化された暴力についての認識や反応の点で比較できる。

これから示すのは、数人のドイツ人の動物擁護活動家——米国に来る前に戦時中子どもとしてナチス・ドイツに住んでいた人びとおよび戦後生まれで現在ドイツあるいはオーストリアに住んでいる人びと——のプロフィルである。彼らは前章までで論じた活動家たちとは非常に異なる出発点から問題に取り組むようになったのであるが、動物の「永遠のトレブリンカ」についての彼らの認識やそれを止めようとする決意が、彼らを共通の闘いの同盟者にしている。

ナチス国防軍からアニマルライツへ

一九八〇年代初頭にディートリッヒ・フォン・ハウクヴィッツは五〇歳代であり、そのとき彼は「道徳的および理性的に容認できない生物種の障壁を認識するという大きな知的ブレークスルー〔突破〕」と呼ぶ経験のあと、アニマルライツにかかわるようになった。(原注1)

フォン・ハウクヴィッツの波乱に富んだ人生は東部ドイツのシュレジエンで始まったのだが、そこで彼は貴族の家庭に育ったのである（だから名前に「フォン」がついている）。彼は現在のポーランドにある家族の邸宅で家庭教師をつけられていたが、ナチスの法律は家庭教師を認めなかったので、一一歳まで「平民」とともに小学校に通い、その時点で上流階級のみの寄宿学校に送られた。彼は、愛する祖国がかなりの数の下品なチンピラ（ヒトラーとその取り巻きを彼らはそのように見ていた）によって運営されるのを見て、そして彼らの周りの人たちがみんな、彼らがひどく嫌う下劣で不道徳なイデオロギーにかぶれるのを見て、両親が感じた苦悩をおぼえている。フォン・ハウクヴィッツも若すぎたので、彼らがなぜそんなに動転しているのかわからなかったが、「私の周りのほとんどの人たちが信じて、当然のことと考えているものの方向へ私も非常に足を踏み外していたので、いまでは当時の両親の気持ちは痛いほどよくわかる」。

フォン・ハウクヴィッツは一五歳半で民間防衛的《プレミリタリー》な高射砲大隊に召集され、それから一九四四年の夏に一七歳で八月一日から正規の国防軍の軍務に出頭するよう命じる召集令状を受け取った。彼の父は平和主義者であり、〔ナチス〕体制の断固たる反対者だったが、軍医である旧友のところへ行って「聞いてくれ」と言った。「私の息子が召集令状を受け取ったのだが、残念ながらご存じのように（ウィンクを二回）、ひどい盲腸炎〔虫垂炎〕にかかっているので、軍務につくことができないんだ。だから彼の盲腸を取ってもらえないだろうか？」。その医師は同意した。「だから私は陸軍病院に連れていかれ、いまいましいほど健康な盲腸を切除されたんだ」。

九月一日に次の召集令状が届いたとき、彼の父は医師の友人のところへ行って、こう述べた。「見てくれ、われわれは本当に悲しい。でも私の息子は軍務についてわれわれの最終的な勝利のために戦うことができないだろう。なぜなら外科手術から十分に回復していないからだ。そのことを確認して、召集委員会あての報告を書いてもらえないだろうか？」。医師はそうした。また次の召集令状が来たとき、彼の父は医師の腕をつねり、入手困難な肉という高額の賄賂を送らなければならなかった。医師がついに強く反対して、いや、この件で嘘をつき続けることはできない、軍法会議にかけられ、もし発覚したら銃殺になるから、と言うまでやり取りが続いた。それで若きフォン・ハウクヴィッツはついに軍務に出頭した。「しかし、非常に恐ろしいが不可避的な召集を半年遅らせることができ、たぶんそれが私の命を救ったのだと思う」。

一九四五年一月十四日にフォン・ハウクヴィッツは両親と涙の別れをして（「両親は私と再び会えるとは決して信じなかったと思う」）、バルト海に面した港湾都市ヴィスマールの高射砲部隊に出頭した。彼はほとんど戦闘を見なかったが、一度危うく死にかけた。小さな英軍機が、とても暑いからとシャツを脱いで暖炉の火で調理していたとき、簡易宿泊施設を急襲してきたからである。機関銃の射撃でフライパンが彼の手からもぎ取られ、沸騰した油が彼の胸全体に跳ねかかった。「私は第二次大戦でこんなふうに負傷したんですよ」。

ヴィスマールに英軍がロシア軍より数時間早く到着したので、フォン・ハウクヴィッツは最初に見た英国兵に降伏した。「彼はこんなことを言った。『お前に私の捕虜になってくれと頼まなければならないのかと心配だよ。——煙草は吸うかね？』」。彼は葉巻を一本くれたよ。正直に言って！　私はこれがわからない。そのときまでは、ドイツでのイギリス人の広く知られたイメージは、残酷でサディスティックで、血に飢えた怪物だというものだった。そのときから、私はさかさまの世界を経験し始めたことを悟った。そして私は英語と恋におちたんだよ。一生続く恋にね」。

翌日、フォン・ハウクヴィッツが他の数百人のドイツ兵捕虜とともに、田舎道を捕虜収容所へ行進しているとき、彼はいったん収容所へ入れられたら、出られないだろうということを理解した。それで英国兵が見ていないときに走って脱走して、近くの農場に逃げ込んだ。そこで彼は四八時間のあいだ牛小屋に隠れていた。「私にとってこの自由の味は、人生のなかの大きなターニングポイントだった。それまで当たり前だと思っていたすべてのことが、それまで私の人生を支配していたすべてのことが、終わりを告げた」。

フォン・ハウクヴィッツは五月、六月、七月をかけて、ドイツを横断してエルツ山脈のなかにあるポッカウという村に向かった。中央ドイツにあるこの山岳地域（まもなくソビエト管理地域すなわち「東ドイツ」になった）に彼の両親が、赤軍が近づいたために家族の邸宅から逃げて来ていたのである。その前に両親は軍の彼の住所あてに何通もの手紙を送っていた。そしてそのうちの二通が実際に彼に届いたのである。ポッカウへ行く途中、フォン・ハウクヴィッツはほとんど農場で「盗んで」掘り出したジャガイモや、通過する森林、野原、村で見つけることのできた食べ物だけで生き延びた。

フォン・ハウクヴィッツはベルリンが廃墟になっているのを見いだした。まだ瓦礫の下に埋まっていたり、川や運河に浮かんでいる何千もの死体から、恐ろしい悪臭が漂っていた。鉄道の駅で彼は南下してライプツィヒに向かう列車の屋根に何とかして飛び乗ることができ、それから両親が待つと思われる村に向かう各駅停車に乗り換えることができた。

両親が見つかるかどうかわからなかったので、彼はメインストリートを歩き始めると、突然父がこちらへ向かって歩いてくるのが見えた。「私は駆け寄って、興奮して叫びました。お父さん、ぼくだよ！

昨日のことのように覚えていますよ。彼は立ち止まり、見つめ、首を振った。いや、本当のはずはない、息子は死んだんだ。私であることを認識するまで、しばらく時間がかかった。彼は非常に落胆しきっていたので、私がまだ生きているという希望を失っていた」。彼らが母、姉妹、家族の愛犬がいる屋根裏部屋に着いたとき、一家は「涙を流して信じられない再会」を喜んだ。

村を離れるときがやってくると、家族は分散するのが最良だろうと判断した。ディートリッヒはロシア人——若い男をつかまえて強制労働収容所に送っている——から逃れるために、西へ進んで「鉄のカーテン」を越え、英国管理地域へ向かう。彼の母の計画は、ベルリンの近くのポツダム——結婚前にそこでカレッジの学長をしていた——に行くことだった。彼の姉妹は病院で看護師としての訓練を受ける——それは来るべき冬のために食料、住居、暖房を確保することを意味する——ためにベルリンに行くつもりだった。

「父が問題でした」とフォン・ハウクヴィッツは言う。「彼は非常に意気消沈していたので、そのときいた場所からあまり遠くない遠縁の親戚のところへ預けようと私たちは考えました。母が迎えに行くまで彼はそこで待機するようにしようと」。彼は一九四五年十月三十一日——彼の誕生日の前日——まで数週間そこに滞在したのだが、そのとき歩いて家を出て、行方不明になったのである。「私たちは彼が歩いて家に向かったのではないかと疑いました。彼は家を離れたことで自分を責めていたからです。彼はたぶん神によって彼に委ねられた地所にとどまるべきだと感じていたのでしょう。沈没する船と運命をともにしなければならない船長のようにね。名誉の問題です。私たちは彼に何が起こったかわかりませんし、当時のドイツにはそうしたことを調査する機関はありませんでした」。

フォン・ハウクヴィッツは英国管理地域にあるブラウンシュヴァイクに向かったが、そこは六〇～七〇％が廃墟になっていた。そこで彼は一文《いちもん》なしの難民として、爆撃された地下室、鉄道車両、最後にはガレージで生活したが、そのあいだ彼は地域の音楽カレッジでピアノを勉強した。フォン・ハウクヴィッツは卒業して、何回かリサイタルを開き、市のオーケストラでも演奏したが、ドイツを離れることに決めた。彼は家庭を失い、人生は憂鬱だった。ほとんどのドイツの都市は廃墟となり、東方からの他の難民（「七〇〇万人の追放された人びと！」）でごった返していたからである。

しかし主な理由としては、彼はドイツ人に幻滅していたのだという。「彼らはものごとがうまくいっているときにはナチスに声援を送っていたが、いまでは初めてドイツ人は出版報道の自由を得て、本当は何が起こったのか知ることができるのに、恐ろしい過去やそれが一般に含意することについて折り合いをつけようとはほとんどしないのですよ。ドイツ人は大きな道徳的論争は望んでいません。彼らが乗り出そうとしているのは、粗野な物質主義への軽率な突進だけです。誰もが失ったものを取り戻したいと望んでいましたし、少しは取り戻しました。もちろんその積極的な側面は、当時ドイツの経済的奇跡と呼ばれたものでした。国土とそのインフラの再建です」。

何年にもわたってアメリカのいくつかの組織にスポンサーになってくれるように説得しようと手紙

を書き続けたが、ミネソタの小さな田舎の教会がやっと要望を聞き入れてくれた。それで一九五六年に「非常に興奮して二九歳の私は英国のサウサンプトンからクイーンエリザベス号に乗ってニューヨークへ向けて出発した」。彼はミネソタに約九ヵ月だけ滞在して、教会の聖歌隊を指揮し、オルガンを弾き、ピアノを教え、ピアノリサイタルを開き、様々な町で話をした。それから一九五七年にカリフォルニアのハリウッドに行き「そこにずっといたいと思った」。そこで彼はピアニストとして働き、ピアノのレッスンをし、映画産業関係の友人を通じて副業で演技をした。ドイツ劇場で演技をしているとき、エヴァという名のドイツ人女性と会い、一九六〇年に結婚した（「そのとき以来彼女との結婚生活はとても幸せだ」）。

「真剣にピアノの勉強を始めた時期が遅かったので、ルビンスタインやホロウィッツやアシュケナージのようなピアニストにはなれない」と悟ったとき、「セカンドベストに甘んじるのはやめようと決心した。音楽だけに専念すれば、心の大きな部分が不満をかかえるからだ。私には他にもあまりにたくさんの関心事や好みがあったからね」。

一九六〇年代に、コンピュータ・プログラミングの勉強をしたあと、フォン・ハウクヴィッツはサザン・カリフォーニア・フィナンシャル・コーポレーション（グレート・ウェスタン）で働いた。彼はずっと「動物好き」だったと言う。彼は動物園、野生生物、動物の映画、バードウォッチングが好きで、イヌやネコが大好きだった。「そしてもちろんソーセージも好きだった」。カリフォルニアで「私たちは何匹かの猫を飼っていたが、私たちは普通の（肉を食べる）動物好きだった」。

そのとき彼の人生を変えた三つの出来事のうちの最初のものがやってきた。彼と妻はメキシコに短期間の旅行をしたが、そこでみんながすることをしようと決めた。闘牛の見物である。(訳注1)「最初の動物が殺されたとき、私は感情的にも身体的にもがっくりした。これまであのような臆面もない動物拷問は見たこともなかった。ただ見たことが信じられなかった。絶望した動物の苦しみ。歓声をあげる群集が血を渇望する！　彼らは次の動物が連れられてきて拷問されるのを見るために待つことはできなかった。私はその場を去った。見たものの記憶は数年間私につきまとった」。

第二の出来事はノースカロライナで起こったが、そこでフォン・ハウクヴィッツはデューク大学メディカルセンターでコンピュータプログラマ／システムアナリストとして働いていた。近くの動物シェルターのボランティアで委員会メンバーであった彼の妻エヴァは、リースした「アニマルズ・フィルム」という英国の映画を見せて動物保護協会のメンバーを教育しようと決めた。フォン・ハウクヴィッツは、その二時間以上の映画は、アニマルライツ運動が憂慮しているあらゆる問題――狩猟、罠猟、生体解剖「動物実験」、屠畜場など――を目の当たりに見るように詳細に描いているという。「私は打ちのめされました。ここに描かれているどれについても、言うべき言葉がありませんでした。私が見た雄牛の拷問は氷山の一角にすぎないとわかりました」。

彼は次のように考えることで精神的葛藤を解決しようとした。「同情的な人ならば、そして私は無感覚よりも同情的であることを誇りにしているが、感情的レベルでは、これらすべては恐ろしく、苦痛を感じさせ、ほとんど耐えられない。しかし、感情と理性はまったく別のことである。理性は私に、世の中はそうなっており、そうでなければならないと教える。食物連鎖の頂点、価値のヒエラルキー、そうしたことだ。私の知る限り、現状に反対する理性的な議論はなかった。感情的な反対論だけだ」。

それから彼はたまたま、トム・レーガン教授が話すのを聞いた。講演のあと彼は演壇のレーガンのところに行き、感銘を受けました、何か文章にしたものはあるのですか、と尋ねた。ありますよとレーガンは答えた。彼はちょうど『動物の権利の擁護』を出したところだった。(原注2) それでフォン・ハウクヴィッツはその本を購入し、数ヵ月かけて読んだ。本の余白に書き込みをし、すべての議論をじっくりと考え、論理の欠点を見つけようとしたが見つからなかった。それが彼の人生を変えた第三の決定的な出来事だった。「その本は私の人生を変えました。これまでどんな本も私にこれほど深い影響を与えたことはありませんでした。どんな哲学的、社会的、政治的理論も、私の視野をこの本ほど広げてくれたものはありません。ここにはついに私の感情の正当性を確認してくれる合理的な議論がありました」。この本は「現状を擁護するいかなる議論をも静かに、冷静に粉砕する考察の信じられないほど論理的な体系でした。これは私の心に訴えました。私はこのアプローチを必要としていたのです。それは私がようやく理解できるレベルにありました」。

それが、フォン・ハウクヴィッツが第三の無報酬のキャリアと呼ぶものを始めさせた。一九八三年に彼はノースカロライナ動物のためのネットワーク——州の全域に広がる組織で、地方支部がある——に入った。ダラムには支部がないので、彼とエヴァは支部をつくった。フォン・ハウクヴィッツは六年か七年にわたり支部長をつとめ、州の組織の「教育部長」に指名された。そのあいだ彼は、生体解剖「動物実験」、狩猟、サーカス、ロデオ、工場畜産、その他の動物問題に関するデモを組織したり、参加したりし、多くのイベント、しばしば教育的なものを組織した。

彼は州内や近隣の州の学校やカレッジでアニマルライツの哲学について講演し、テレビやラジオのトークショーに出演した。彼はアニマルライツのテーマで記事を書き、ノースカロライナ動物のためのネットワークのニュースレターを共同で編集した。彼は集合アパートの池からのアヒルの移動や、ビーバーが殺される予定になっていた住宅所有者組合への対応など、実践活動にもかかわった。「現在私たちは州の裁判所でひとつの闘いをしています。州内でのハト撃ちを禁止するためです。そして私たちは野生生物委員会にお決まりの内容の狩猟の禁止を施行するように求める活動をしています。これには弁護士とともに粘り強い活動を行う必要があります」。

「それから」と彼は付け加えた。「あの美味しいソーセージへの依存症を断ち切らなければなりませんでした」。彼はよくトム・レーガンに冗談を言う。あなたの議論に論理的な欠陥を見つけようと決意しました。「あの素晴らしいドイツソーセージを良心の呵責なしに再び食べられるようにしようと。でも残念ながら、うまくいきませんでした」。

戦時中および戦後のドイツとの類似性については、フォン・ハウクヴィッツは米国にも同じようなメンタリティがはたらいていると見ている。「私はいつも、知り合いのとても多くのドイツ人が戦争の終わりにこういう趣旨のことを言うので、動揺しました。しかし私たちは知らなかった。アウシュヴィッツについては知らなかったし、ユダヤ人に対して何が行われているかも知らなかった。知る方法がなかったんだ。そうしたことを知ることは許されなかった。もし誰かそれについてしゃべったら、逮捕されただろう。などなどなど(訳注2)」。

「たわごとですよ！」彼は言う。「ユダヤ人があらゆるところから系統的に連行され、牛のように輸送されたということ、彼らがいたるところで排除に手を貸したということは、人びとはよく知っていました。絶滅の詳細については、人びとは知りたくなかったのです！　それは私の大きな不満です。噂が流れ、一部の人たちは何か知っていたが、ほとんどの人はこんなことを言った。もしあなたが知っているのなら、私に言わないでくれ。私は詳細を知りたくないんだ。なぜなら、あまりにも動転するだろうからですよ」。彼は同じ否認の心理が現在も作動していると見ている。「私はアニマルライツビデオの大きなコレクションを持っています。でも屠畜場や動物実験室で何が起こっているかを人びとに見せるのは難しいですよ。彼らは見たくないのです。彼らの食欲を減退させるだろうからでしょう」。

訳注1　闘牛の残酷さについては、たとえば次の記事がわかりやすい。アンジェラ・ラファルト「私の視点ウイークエンド　闘牛『拷問』中止に力を」『朝日新聞』二〇〇四年八月二十一日。

訳注2　米英の指導者がどこまで知っていたかについては、次を参照。リチャード・ブライトマン『封印されたホロコースト　ローズヴェルト、チャーチルはどこまで知っていたか』（川上洸訳、大月書店、二〇〇〇年）

反逆し悲しみに包まれた

ニューヨーク州のスポーツハンティング全廃委員会（CASH）とともに長く活動しているペーター・ミュラーは、生涯の最初の五年半を戦時中のドイツで過ごした。(原注3)彼はニュルンベルクに住んでおり、そこで父はレーダーの研究をしていたが、連合軍の夜間空爆が激しくなると、女性と子供は都市の外の小さな村に疎開した。ミュラーは夜間空爆、空襲、慢性的な食料不足、十分な住宅がなかったためいかに諸家族が転借人（又借り人）として人びとのアパートを恣意的に割り当てられたかをおぼえている。彼は回想する。「私たちのところには転借人として三家族が一緒に生活していました」。

ミュラーは一九三九年七月十一日に、彼の言うところによれば「あらゆる地獄が解き放たれる数ヵ月前に、エストニアでドイツ系の両親のもとに生まれた。ソビエトがバルト諸国とポーランド東部を併合することを許したヒトラーとスターリンの条約［独ソ不可侵条約］の結果、ミュラーの家族は、家族の誰ひとりとしてドイツ市民だったことも、ドイツに住んだことも、ドイツに旅行したことさえなかったのに、ドイツに「送還」された。「言葉のあらゆる意味でドイツは外国だった。われわれが話すドイツ語の方言を除いて」。

ミュラーの家族はおそらく望めば戦後もドイツにとどまることができただろう。アメリカ占領軍が公式には彼らを「国家なき追放された人びと」と宣言したあとでさえも。しかしドイツ人は極端に外国人嫌いだった。「地域社会の人びとは私たちのことをVerdammte Auslander、（あほな外国人）と思っていました。ドイツ語では、それは、本当はひとつの単語なのですが、あいだにスペースさえあるのですよ(訳注3)」。彼の両親はペーターと彼の兄弟がこのような雰囲気のなかでまともな将来を得るのはとても難しいと判断したので、移民を申請した。「私たちは最終的に米国への移民手続きをすすめて、一九五二年に移民の許可を得たときにはみんな無性に幸せでした」。

ミュラーがナチス・ドイツで一時期を過ごしたことの完全な意味は、彼が一〇代後半にクリーブランドのケースウェスタンリザーブ大学でヨーロッパ現代史の文献を読み始めたときにようやく、十分に理解され始めた。「私が第二次大戦とホロコーストについてもっと学んだとき」と彼は言う。「私はわれわれの種［人類］の野蛮さに反逆し悲しみに包まれました。私は人類が、私たちを自分たちおよび他の生物種に対する残虐行為と無分別な蛮行へと明らかに遺伝的に条件づけてきた数百万年の進化の表層に、とても薄い文明の化粧をつけているだけだということを認識するようになりました」。

他の人たちが、ミュラーが戦時中ナチス・ドイツで成長したことを知ると、彼らは詳細を知りたがった。ミュラーは彼らの何人かは、彼が直接経験したと話したことの一部を信じようとしないのだと言う。「たとえば、私たちの地理学の教授は、連合軍は工業施設だけを空爆し、市民の居住区域を爆撃しないよう大変な努力を払ったのだと言い張りました。(訳注4) それが私の歴史修正主義との最初の出会いでした」。

ミュラーは四歳か五歳のころからベジタリアンになったりやめたりしていたと言う。「子ども時代の初期から私は動物の屠畜と死体を食べることを恐ろしくて嫌悪すべきことだと思っていました」。一九七六年にアニマルライツに真剣なコミットメントをするまで「私はそれに何かの明確な思想を与えることができたときにはいつでもベジタリアンになろうと思っていましたが、人生の緊急事態におちいったときにはいつも、肉食に戻ったものでした」。

彼がカレッジを卒業したあと、カリフォルニア大学バークレー校の大学院で科学の論理と方法論を勉強した。それから一九六七年までカリフォルニアでプログラマーおよびシステムアナリストとしてコンピュータ分野で働き、それからニューヨークに移住して、現在はデータプロセシングのコンサルタントとして働いており、ニューヨーク大学でコンピュータ科学の非常勤講師をしている。

ミュラーが動物問題の活動家になったのは、ルーク・ダマーを通じてであった。ダマーはフレンズ・オブ・アニマルズ（ＦＯＡ）——当時は創設者のアリス・ヘリントンが率いていた——のメンバーであった。その組織の委員会のひとつがスポーツハンティング全廃委員会（ＣＡＳＨ）で、それをアリスの指示のもとでルークが率いていた。しかし、ダマーとヘリントンは狩猟体制にどのように取り組むかをめぐって意見がわかれた。「ルークは狩猟による生物多様性の破壊と生態系の衰弱を指摘して、科学的路線で進みたがった。アリスはハンターの性的健全性を非難して、狩猟をハンターが小さなペニスと慢性的インポテンツに対処するために採用する防衛機制として提示するアプローチを採用したがった」。ダマーはそのようなアプローチをあまり評価しなかったので、FOAを離れて、スポーツハンティング全廃委員会のメンバーも引き連れていこうと決断した。しかし意見の不一致にもかかわらず、ダマーとヘリントンは終生個人的には友人関係であった。

一九七〇年代初頭にマンハッタンでミュラーの近所に住んでいたダマーは、狩猟の初日に「たたきのめす」ために州北部に行かないかとミュラーを誘った。ミュラーは森の中でハンターと対決するというアイデアが「とても魅力的」だと思ったので、そのとき以来CASHの活動家になった。現在彼の特別な関心は、狩猟と罠猟の環境に対する悪影響について大衆に教育することにある。

戦時中および戦後にドイツで成長した経験が後にアニマルライツの方向に向かったことに何かの影響を及ぼしたのかと聞かれると、ミュラーはそれが大きな要因だとは思わないと言う。「私は同じようなバックグラウンドを持っている人をたくさん知っていますが、誰もアニマルライツを理解しません。彼らは私を変人だと思っています。私は彼らをできるだけ避けます。私のアニマルライツの方向性は単に動物虐待は残酷であり、人間の生存や快適性には必要ないという認識から来ています」。彼はしかし「アウトサイダー」として成長することは彼の人生を活動家として準備するのを助けたかもしれないと考える。「異なる経験を持ったことは、私を主流の想定に対して懐疑的にさせたのです」。

訳注3　ドイツ語やエスペラントの造語法ではしばしば形容詞と名詞をあわせてひとつの単語にする。たとえば英語の natural science がドイツ語では Naturwissenschaft になる。
訳注4　空爆については、前田哲男『戦略爆撃の思想　ゲルニカ・重慶・広島』新訂版（凱風社、二〇〇六年）が名著（初版は一九八八年）である。最近の文献に吉田敏浩『反空爆の思想』（NHKブックス、二〇〇六年）がある。「全体主義」の独日が始めた都市・市民への無差別爆撃をエスカレートさせたのは「民主主義」の英米であった。

ヒトラーの赤ん坊

リーゼル・アッペルが一九四一年にナチス・ドイツに生まれた少し後、政府の文部省高官であった父のハインリヒ・シュテッフェンスは、彼女のためにクリンゲンベルクの公会堂でチュートン的（ゲルマン的）命名儀式を準備した。四〇歳代ですでに息子を海軍に入れていた両親にとって、リーゼルは奇跡の赤ちゃんであり、すべての良きアーリア系ドイツ人にもっと子どもをつくるよう促していた、愛する総統［ヒトラー］のために、特別に妊娠した子供であった。

「私の父は儀式にヒトラーの大きな写真を持ってきました」とリーゼルは言う。「そして私は家族と友人全員の前で誇らしげに捧げられました(原注4)」。出席者のひとりは父の最良の友人エリッヒ・コッホで、彼をアッペルは「エリッヒおじさん」と呼んでいた。戦争末期にコッホがポーランドの総督に任命されたとき、彼はリーゼルの父にポーランドの教育システムを任せた(原注5)。戦後ポーランドの法廷は、四〇万人のユダヤ人およびポーランド市民の大量殺害を計画し、準備し、組織した罪でコッホに死刑を宣告

した。（原注6）

アッペルは戦争中にもかかわらず、家族とコミュニティにちやほやされる最愛の子供として、保護された生活を送ったという。「私はとてもとても幸せな子供時代を送りました」。ある日シュテッフェンス氏は、金髪をした誇りと喜びの源泉である彼女を地域の学校の生徒たちに「完璧なアーリア人の子供」（訳注6）とはどんなものかを見せるために連れていった。アッペルは近くの森での父との長い散策をおぼえている。そこで彼は彼女に自然について教え、短い歌やおとぎ話をつくって彼女を笑わせた。彼はまた彼女に、その命がアドルフ・ヒトラーに負っていること、ドイツの強さを維持することが彼女の義務であることに気づかせた。「父は私の英雄でした。私は父がそばにいる限り、何も悪いことは起こりえないと確信しました」。一九五〇年に彼女の父は、戦争犯罪人として裁判を待っているあいだに、心臓発作で死亡した。

リーゼルは両親のナチスとしてのバックグラウンドについては何も知らなかったが、一九五一年の春に彼女の無邪気さは打ち砕かれた。若くて身なりの良い見知らぬ人があらわれて完璧なドイツ語で彼女に尋ねたとき、彼女は外で石けり遊びをしていた。「お嬢さん、どこに住んでいるの？」。リーゼルは微笑んで家を指さした。見知らぬ人がうなずいたとき、リーゼルは彼が後頭部に奇妙な小さい縁なし帽子をかぶっていることに気づいた。彼は彼女に、自分はかつて隣の家に住んでおり、ひとりの偉大な男性が水晶の夜《クリスタルナハト》事件のときに彼の命を救ってくれたのだと語った。

水晶の夜？　見知らぬ男は彼女のぼんやりした表情を見て、一九三八年十一月にヒトラーがすべてのユダヤ人の財産の破壊を命じたのだと説明した。彼自身は当時九歳だった。暴徒は彼の家に押し入り、両親を殺害し、彼を二階のバルコニーから放り出した。隣人が助けに来てくれて、彼をこっそり安全な場所に匿ってくれた。「いまはイスラエルで暮らしています」。見知らぬ人は言った。「でも私の命を救ってくれた男性にお礼を言うために戻って来たのですよ」。

リーゼルは彼が言っていることを理解しようとした。彼女がイスラエル、水晶の夜、隣の家で殺された人びとのことを聞いたのは、そのときが初めてだった。しかし彼女は突然ひとつのことを確信した。「その男性は私の父でした!」。彼女は言って、その男の手をつかみ、母に会わせるために家のなかへ連れて行った。彼女は娘のうしろにいる見知らぬ人を見ると、居間に駆け込んだ。母はラウダー夫人——部屋のひとつを借りていた——に話しかけたが、彼女らは男を見ると話すのをやめ、表情が変わった。リーゼルは見知らぬ人の表情がこわばり、部屋に緊張が走るのを見た。彼女は母とその男が以前会ったことがあるのだと感じた。

リーゼルが母に、父が行った素晴らしいことについて話すと、母は話を遮り、ラウダー夫人にリーゼルを部屋に連れて行くように言った。ラウダー夫人はリーゼルを部屋に連れて行き、閉じこめた。リーゼルはドアを叩いて叫び声をあげたが、誰も来て彼女を出してくれようとはしなかった。彼女が窓のところへ行くと、見知らぬ男が足早に去っていくのが見えた。それから彼女は母が階段をのぼってきて、ドアの鍵をあけるのを聞いた。彼女は赤くなっており、怒りで口からつばを飛ばしていた。彼女はリーゼルに叫んだ。「あんな人たちを二度と家の中に入れないでちょうだい!」。

リーゼルは深く傷つけられたと感じ、混乱した。「あんな人たちって?」突然彼女は、両親が見知らぬ人の恐ろしい物語となんらかのかかわりがあるのではないかという恐ろしい感情を抱いた。「ムッティ（お母ちゃん）」彼女はゆっくりと尋ねた。「戦争のあいだに私たちは何をしたの？　あの男の人を助けなかったの？」。母は彼女の腕をつかみ、強く揺さぶった。「お前のおとうさんは善良な男性だったよ！　正しいことを信じていた。なぜユダヤ人を助けないといけないんだい？」。

リーゼルはいまでは、素晴らしい愛すべき両親が、人びとが両親のもとから連行され炉で焼かれた子供たちについて囁いている悪の物語の一部であったことを、認識し始めた。リーゼルはこれまで母に率直に話したことはなかったが、彼女をにらみつけた。「母さんたちは人殺しだわ！」彼女は叫んだ。「二度とあたしに触らないで！」彼女は母を部屋から押し出し、ドアを荒っぽく閉めた。「それが私の子供時代の終わりでした」。リーゼルは言う。「私は決して彼女に触れませんでしたし、二度と母と呼ぶこともありませんでした」。

リーゼルは子供時代の残りの期間を、恥、罪、恨みの感情を抱いて過ごした。彼女は森のなかを長いあいだひとりで歩き、日記を書きホロコーストについて読めるあらゆる文献を読みながら、部屋で果てしない時間を過ごした。彼女はそうした残虐行為を犯した人びとのあいだで暮らしていたことを知って、恐ろしくなった。「私は悪に取り囲まれていました。学校や町の人びとを眺めて、彼らは戦時中何をしていたのだろうと思案したものでした。誰も私のそばに寄せ付けませんでした」。

彼女の母は娘が苦しみを乗り越えることを希望したが、無駄だった。一度彼女はリーゼルを北海のノルデルネイ島へ休暇で連れて行った。彼らの宿泊施設はたまたま地域の屠畜場の近くで、そこでは毎週月曜日にトラックがやってきて、豚、仔牛、雌牛、羊をおろしていた。月曜日に、母と一緒に海岸へ行く代わりに、リーゼルは屠畜場に行った。「私は、動物たちを蹴ってトラックの荷台から出すときや、動物の足や背中を蹴りつけるときの、トラック運転手や肉屋の残酷な表情を決して忘れません」。彼女は必死に動物たちを救おうと望んだが、「あの残酷な男たちが私に笑いかけて、最大の楽しみは動物の肉にナイフを突き入れることだと言ったとき」自分の無力と孤独を感じた。彼女は叫んで嘆願した。「特に最後に一頭残った美しい仔牛の命を救ってほしい」と。彼女が窓から中をのぞき込んだとき、その仔牛が彼女を見つめているのに気づいた。「肉屋が恐ろしい仕事で忙しいとき、私は建物に忍び込みました。私は仔牛にさわり、外へ連れ出そうとしましたが、捕まってぶたれました」。

シュテッフェンス夫人は娘との関係を修復できず、彼女はリーゼルをデュッセルドルフの寄宿学校に送った。リーゼルが一七歳のときのある晩、学校を逃げ出した。彼女はロンドンに行き、リザ・スコットランドと名前を変えて、地元の黒人ミュージシャン、ジョージ・ブラウンと結婚した。「私たちはどちらもアイデンティティから逃げだそうとしていました。彼は黒人であるのがいやで、私はドイツ人であるのがいやでした」。

一九八〇年にリーゼル、ジョージ、彼らの二人の子供たちはフロリダ州パームビーチに引っ越し、そこでレストランを開いたが、［地域社会の］人種的憎悪が彼らの生活を惨めなものにし、結局ジョージはイングランドに戻らざるをえなかった。二〇年にわたる結婚生活の終わりに消沈して、アッペルはカリフォルニアに引っ越し、そこでついに過去と向き合い、子供たちに家族のバックグランドについて真実を話す力を得た。

アッペルは一九九〇年にユダヤ教に改宗した（「私は故郷に帰ったかのように感じました」）。引退した保険代理店所有者ドンと再婚したあと、彼女はフロリダ州南部に戻り、ユダヤ教のコミュニティ問題の活動に取り組むようになった。一九九五年に彼女はマイアミビーチのホロコースト記念館に二時間の証言ビデオテープを提供し、他のホロコースト記念イベントでも話をするようになった。彼女はブネー・ブリット、ハダサ、ORT、(訳注7)ユダヤ教教育委員会――そこで一〇週間のワークショップを行った――で話をしてきた。彼女が若い人たちに話をするときには、「必要なときにはたとえ両親の意向に反してでも、誰か人間や生き物に対して不正義がなされているのを見たときには、率直に話すように」エンパワーしようとつとめてきた。

ロンドンでアッペルは、新興アフリカ諸国のための人種的正義の活動家であり、熱心な反アパルトヘイト活動家であった。「私は一九五〇年代にアムネスティ・インターナショナルのために働き、何回もアフリカに旅行しました。ネルソン・マンデラが逮捕されて、私たちがイングランドでデモをしたときのことを覚えています。私が目撃したこと、明確な政治的意識を持った人びとが不正義を廃絶するために何ができるかは、驚くべきことです。アパルトヘイトはなくなったので、私の次のプロジェクトに取り組みます。それはアニマルライツです」。

アッペルがボカラトンのブルーミングデール百貨店でクリスチャン・ディオールの化粧品カウンターを運営していたとき、店は大きな毛皮売り場を設置して、最高一〇万ドルの毛皮コートを販売することを決めた。彼女は店のマネージャーとニューヨークのブルーミングデール百貨店の社長に手紙を書いたが、返事はなかった。「私は率直でした。モデルが雇われて、その毛皮コートを着て店の中を歩いたとき、彼らは化粧品売り場の近くには来ませんでした。彼らは私が怖いし、対決を望んでいないのだと言われました。私は辞任しました。毛皮はまだそこで売られています」。

ドイツでの少女時代、アッペルは動物の世話をすることが許されなかった。両親が動物は「汚い」と思ったからである。彼女が四歳の雑種犬スノーボールを地域の捨て犬収容所からもらってきたとき、彼は「私の目を無条件の愛に開かせてくれた。そしてこの素晴らしい生き物の愛からすべての動物の懇願に気づくまでは、自然な展開だった」。

現在のアッペルの「動物の家族」は二匹の犬（地域のシェルターからもらってきた雑種犬のフリッツと、ホームレスのハスキー犬だったスモーキー）、三匹の猫――そのうちの二匹リーとダウンは捨てられ殺されようとしていたとき、小さな赤ん坊だった――である。「彼らをほ乳瓶で育てました。彼らはいまでは強く美しくなっています」。三匹目の猫ブレンダは妊娠した野良猫で、彼女のために「クラシック音楽、たくさんの良い食べ物、産婦のための平和とプライバシーのある『産科病棟』をつくってあげました」。四日後、小柄なブレンダは七匹の子猫を産んだ。「この赤ん坊たちを私たちの屋根の下で育てることは、私の人生で最も素晴らしい経験でした。わが家の犬フリッツは、毎日子猫に毛づくろいをしてやりました。彼は非常に興奮していて、子猫をくわえて運ぶことさえしました(訳注8)。七匹の子猫はみんな、八週間育てられたあと、良いもらい手が見つかり、いまも私たちとの交流は続いています。ブレンダはずっと私たちと一緒でしょう。

アッペルは一二年前に厳格なベジタリアン（ビーガン）になった。最近彼女は息子と一緒にフロリダ州ジュピターに新しい魅力的なレストラン兼ヘルスストアを建てた。彼女は食生活の変化は、動物への愛とＰＥＴＡ［動物の倫理的扱いを求める人びとの会］のメンバーになったことからの「自然な進展だった」と言う。ＰＥＴＡの雑誌を読んだあと、また肉を食べることはできませんでした」。彼女は、「わが民族

［ドイツ人］が犯した信じられない悪を埋め合わせる」深い必要性から、できるだけ残酷さのない生活をしようと決意したと言う。彼女は一夜のうちにビーガンになり、「二度もうしろを振り返ることはなく、なぜ肉食と動物製品というつむじ曲がりが戻って来なかったのかと思案しました」と言う。

アッペルはPETAやフロリダのアニマルライツ財団のようなアニマルライツ団体の一員であることを誇りに思うと言う。そこでは彼女は自分の物の見方を理解する人びとに取り囲まれている。「私は意識の変化を見ます。希望があります。子供のときは希望がないと感じ、自殺したいと思いました。心のなかでは何が正しいか知っていましたが周りの誰にもそれを理解してもらうことができないので、私は自分がはみ出し者だと感じていました。私が目撃したこと、明確な政治的意識を持った人びとが不正義を廃絶するためにできることは、注目に値します。もし私たちが十分長く待ち、不屈であるなら、良い方向への変化が訪れるでしょう」。

訳注6　ヒトラーなど少なからぬナチス高官は、自分が「アーリア男性的」な「金髪、長身、スポーツマン」でないことに苦慮していた。

訳注7　いずれも米国のユダヤ人団体。「ブネー・ブリット」は「契約の子ら」の意味で、現在でも活動している最古・最大のユダヤ人互助・権利擁護団体。ハダサはユダヤ人女性団体で、「ハダサ」という名前は旧約聖書エステル記の主人公でその勇気と機知でユダヤ人を迫害、虐殺から救ったエステルの別名（エステル記二章七節）から取られたものである。ORTはもともとロシアで創設されたユダヤ人の権利擁護団体で、ロシア語の「商業農業労働者機構」の頭文字を取ったものである。後に世界的組織になり、米国で活発に活動している。

訳注8　親猫が子猫の首のうしろをくわえて運ぶのを、犬のフリッツも見ていて真似たのであろう。

肉食者がそれを再び実行しかねない

ナチスの子供たちについての本を書くために、（原注8）イスラエルの心理学者ダン・バルオンは、アウシュヴィッツの医師だったが戦後退官して無罪判決を受けた人にインタビューした。バルオンがその医師に彼がアウシュヴィッツにいたことの影響について尋ねると、元医師はこう言った。「夢はまったく見ませんでした。私の経験は非常に特殊です。現実にあった恐ろしいこと、人びとの悲惨な運命にうなされることはありません。おかしな話ですが、ああいう事柄には慣れてしまうものです。ただ、選別の問題については、庭いじりをしていてカタツムリを見つけたようなときに考えこんでしまいます。義務感にとらわれるのです。もちろん、カタツムリを殺すことぐらい平気ですよ。しかし、駆除しなければならないカタツムリを一匹でも逃がしてしまいそうになると、徹底的に庭を掘り返し、最後の一匹まで片づけてしまう。気持ちのいいことではありません。しかし、一匹だけ特別に逃がしてやるというのもいやなものです。選別という考えが頭にこびりついている。家畜の運搬を見ると、私は……［当時の思い出がよみがえってきます（原注9）］」。

彼はバルオンに、ギッタ・セレニーに一度語ったと言った。セレニーは、一九七一年にデュッセルドルフの刑務所でシュタングルとの七〇時間に及ぶインタビューにもとづいてトレブリンカの所長フランツ・シュタングルについての本を書いた英国のジャーナリストである。（原注10）医師はバルオンに、セレニーのインタビューのあいだシュタングルは戦後逃げた先であるブラジルでの経験について語ったと言った。

シュタングルが彼女に語ったところによると、旅行の途中で一度、列車が屠畜場の隣にとまったという。「囲いのなかの牛が、列車の音を聞いて、フェンスに駆け寄って列車を見つめた。彼らは私の窓のすぐ近くにいた。押し合いへし合いしており、フェンスを通して私を見た。そのとき私はこう思った。あれと同じような目を、ポーランドでも見たよ。もうすぐ殺されるというのに、まるでこちらを信頼しているかのような目つきだった。ちょうど缶［ガス室］に入れられる前に。……それ以来私は缶詰の肉を食べることができなくなった。あの大きな目……私を見つめている……まもなくみんな殺されるということも知らずに(原注11)」。

後にセレニーがシュタングルの妻に彼はこの出来事について彼女に話したことがあるのかと尋ねた。いいえ、一度も、と彼女は言った。「でもあなたは知っている。あるとき彼は突然肉を食べるのをやめたのですから(原注12)」。アウシュヴィッツの元医師がシュタングルについての物語をバルオンに語り終えたとき、彼にとって「目にはあまり恐怖を抱きません。むしろ、自分の手によって何かが犠牲になってしまうということが問題です。まあそんなところでしょうか(原注13)。」。

ロバート・ジェイ・リフトン(訳注9)は別のアウシュヴィッツの元医師――エルンストBという名前で呼んでいる――にインタビューした。「初めて選別を見るとき」医師は言った。「私は自分のことだけを言っているのではありません。最も無情な親衛隊の人びとでさえ、子供や女性が選別されるのを見るときにどうなるかを言っているのです。ショックを受ける……それは表現できません。数週間たってようやく慣れることができます」。彼はリフトンにそれがどんなものだったか語ろうとした。「それについてどんな印象を受けたか言えると思います。動物が屠畜されている屠畜場に入っていったときに……においもその一部です……彼ら［牛］が死んで倒れるとかそういう事実だけでなく……見た後はたぶんステーキがあまり美味しくないでしょうね。二週間のあいだ毎日見続けたら、ステーキを二度と以前のように美味しく感じることはないでしょう」(原注14)。

バルオンは先にインタビューしたアウシュヴィッツの元医師の息子にもインタビューした。彼は医師が息子にアウシュヴィッツのことを一度も話さなかったことを知った。その息子はバルオンに、周りじゅうに大量殺人の潜在的可能性が見えると語った。彼は好きなバーに行くとき、他人を傷つけることについて何の良心のとがめも持たないように見える労働者たちと話をする。彼は現在でも他の人びとにまったく同じことができる人びとがたくさんいると信じている。「世の中には、それとまったく同じことを人間に対してやってのけることのできる連中が今でも大勢いるのです。彼らの話しぶりから、そういうことのできる人間の多いことがわかります。彼らの性格を少しでも理解できるようになれば、そう思わざる得なくなる」(原注15)。彼はバルオンに語った。「世の中には、肉食の人と草食の人の二種類がいます。危険なのは肉食の人間です」(原注16)。彼の本の終わりのほうで、バルオンは意見を述べている。その息子は「ああいうことを再び実行しかねない『肉食の人』には用心している」(原注17)。

その父が戦争犯罪で裁判にかけられたナチスの子供たちのもうひとりは、バルオンに血を見るのは耐えられないと語った。医者のところに行って［採血される］自分の血を見るのは問題ではないのだが、彼は言う。「でも誰か他の人が出血しているのは、私にとっては恐ろしいのです。動物が屠畜場に送られるのを見るときにはいつでも、その後数日のあいだ肉を食べられないのです」(原注18)。

訳注9　リフトンは日本でも知名度の高い米国の精神科医。広島の原爆被爆者の研究やオウム真理教事件の研

究などについての著書が邦訳されている。邦訳はリフトンほか『アメリカの中のヒロシマ』全2巻（大塚隆訳、岩波書店、一九九五年）など。

動物の兄弟

エドガー・クップファー＝コーバーウィッツは、ベジタリアン、平和主義者であり、ナチスが「強い自律的思考をする人物」であると非難した良心的反対派であった。彼は一九〇六年四月二四日にドイツのブレスラウ近郊（現在はポーランドのヴロツワフ）に生まれたが、ナチスが政権をとったあとパリへ逃れた。三年後彼はイタリアのナポリ湾のイスキア島に行き、そこで一九四〇年にゲシュタポが彼を逮捕してダッハウの強制収容所に送るまでツアーガイドとして働いた。（原注19）

クップファー＝コーバーウィッツは一九四〇年から一九四五年までダッハウの囚人であった。最後の三年間、彼は収容所の貯蔵室で事務の仕事をしたが、それは紙の断片を盗んで秘密の日記をつけることができるようなポジションであった。彼は断片を埋め、一九四五年四月二十九日にアメリカ軍がダッハウを解放したときそれを回収した。「ダッハウ日記」は一九五六年に出版された。収容所で病気だったときにとったノートを利用して、彼は『動物の兄弟』を書いたが、それはなぜ肉を食べないかを説明する友人への一連の手紙の形をとったエッセイである。（原注20）

彼は序文で次のように書いている。「この本はあらゆる残虐行為が行われているさなかのダッハウ強制収容所で書かれた。死が日ごとにわれわれをおそい、四ヵ月半のあいだに一万二〇〇〇人の収容者が失われた時期に病気だったあいだ、それを病院のバラックでひそかに走り書きした」。

クップファー＝コーバーウィッツは友人に彼は二十年前に自分自身とした堅い約束ゆえに肉を食べないのだと語ることから始めている。彼の理由は単純である。「私が動物を食べないのは、他の生き物の苦しみと死を土台に暮らしたくないからです」。彼は説明する。「私は非常に苦しんだので、私自身が理由で他の生き物が苦しむのを感じることができます」。彼は自分が迫害されないときはとても嬉しいので、なぜ他の生き物を迫害したり迫害させたりすることができようかと考える。彼は捕えられていないときはとても嬉しいので、なぜ他の生き物を捕えたり捕えさせたりすることができようか？　彼は誰も自分を傷つけないときはとても嬉しいので、なぜ他の生き物を傷つけたり傷つけさせたりできようか？

彼は怪我させられたり殺されたりしないときはとても嬉しいので、なぜ他の生き物を怪我させたり殺したり、自分のために怪我させられたり殺されたりするようにし向けることができようか？

これらの生き物は自分より弱くて小さいというだけで、「感受性があって高貴な心を持つ人間がそのことから彼らの弱さと小ささを濫用する権利を引き出すことができようか？」と彼は書いている。彼は尋ねる。より大きくて、より強くて、より強力な者は、常により弱い生き物を殺したり迫害したりする代わりに、保護すべきではないのか？(原注21)

クップファー＝コーバーウィッツは肉を食べないという彼の決意は、彼に新しいやり方で考え、感じるようにさせたと書いている。「二〇年前からどんなに変わったやり方で私がすべての生き物に向き合うことができるようになったか、どんなに自由に私が鹿やハトの目をのぞき込むことができるか、どんなにたくさん私がすべての生き物の兄弟、カタツムリや、虫や、馬や、魚や鳥の誠実な兄弟であると感じることができるか、あなたにはわからないでしょう（原注22）」。

彼が「虫」に言及したとき友人が微笑みそうになったのを感じて、クップファー＝コーバーウィッツは書いている。「そう、私が言っていることは真実です。虫にさえ」。

私は彼が踏み出そうとしている道から虫をつまみあげ、安全と思われる場所——土や草の上——に連れていく。それは私を幸せにする。かかとで踏みつぶして、何時間も身をよじって苦しむのを放置する場合よりもずっと幸せにする。そのわずかな不便が——身をかがめて、指の先が土で汚れることが、何の問題だというのか？　自然の循環、仲間の生き物の循環に愛をもって——恐怖と破壊の扇動者としてではなく——参入することのこの上なく幸福な感情と比べて、それが何の問題だというのか？　問題ではない。年長の兄弟として平和をもたらすために。しかし兄弟を迫害しない——兄弟を殺さない。なぜ私が肉を食べないか、あなたはいま理解していますか？

彼は動物の屠畜や、狩猟や釣りにかかわる無情についていくぶん詳細に議論を続ける。彼は鶏を呼び、金色の穀物を与え、それからのどのところで捕まえて殺す女のやわらかく穏やかな声に言及する。「そう、私は彼らの手が怖い。人間に対しても同じことができないだろうか？」　彼は友人が同意しないことを知っているので書く。「あなたはいいえと言う。私はそうだと言う！　というのはあらゆることは小規模で始まるのだから。あらゆることが小規模なところで学習される。殺しでさえも」。

彼はいかに豚、馬、籠の鳥、犬、その他の動物が苦しむかを説明する。「人間が動物を拷問して殺す限りは、同じように人間をも拷問して殺すだろうと――そして戦争が行われるだろうと、私は信じている。殺しも小規模で実践され、学習されねばならないからだ。われわれはそれを避けるために、なくすために、自分たちの小さな軽率な残虐行為を克服しようとすべきである。しかしわれわれはみんな、伝統のなかでまだ居眠りしている。伝統は脂っぽい上品なグレイビーソース〔肉汁で作ったソース〕のようなものであり、どんなに苦いか気づかせることなく、利己的な無情さを飲み込ませるものである」(原注23)。

アウシュヴィッツの嘘

オーストリアのザルツブルクに住むヘルムト・カプラン博士は、ドイツ語圏におけるアニマルライツ運動の指導的な思想家のひとりである。彼は「動物の解放にかかわる重要な議論と戦略は、大部分は現代のアニマルライツ運動の産物である」と信じているが、スピーチや著述においてしばしばホロコーストのアナロジーを使用する。「なぜならそれは種差別主義者にとっては、倫理的に健全であるとともに政治的に刺激的だからである」(原注24)。

フランクフルトでの巨大製薬企業へキストAG(訳注10)によって行われている動物実験に反対するデモで、カプランはデモ参加者に言った。「淑女紳士諸君！　みなさんはアウシュヴィッツの嘘(訳注11)が何であるかご存じです。それは、強制収容所は決して存在しなかったという主張です。しかしおそらくみなさんがご存じないのは、強制収容所がいまなお存在するということです。私たちはまさにそのひとつ、動物の強制収容所の前に立っています。第二次大戦後に強制収容所は閉鎖されたという主張は、『第二のアウシュヴィッツの嘘』です！」

そのときカプランは、動物に対するときにいかに人間がナチスであるかについて、アイザック・バシェヴィス・シンガーを引用した。「もしあなたが信じないのなら、ナチスが研究室でユダヤ人に対して行った実験の報告書を、それから現在動物に対して行われている実験の報告書を読むべきです。それであなたは目からうろこが落ちるでしょう。両者の類似性は明らかです。ナチスがユダヤ人に対して行ったあらゆることを、私たちは現在動物に対して行っているのです。われわれの孫たちはいつか私たちに尋ねるでしょう。動物のホロコーストのあいだあなたたちはどこにいたの？　あの恐ろしい犯罪を止めるために何をしたの？　二回目は同じ弁解をするわけにはいかないでしょう。知らなかったというわけには」。

カプランは一九五二年に生まれたので、第二次大戦を直接経験してはいない。最初は、彼の父は国民社会主義の支持者だったが、ナチスがオーストリアを併合したあと、彼は次第に「ナチスに」否定的かつ批判的になっていった。戦時中はラジオの技師として、彼は外国のラジオ放送をこっそりと聞くようになった。ソビエト連邦で戦争捕虜として二年間をすごしたあと、オーストリアに帰ってきたときに、彼は軍隊の勲章を投げ捨てた。

カプランは、少年時代、輸送される豚の半身や、店に並べられる魚など、動物の死体を見て、ショックを受け、嫌悪感をおぼえたと言う。「私は肉を食べることは道徳的に間違っていると、本能的に感じ、確信しました」。その確信は彼のなかで大きくなり、肉食の不道徳性についての彼の信念は、具体的かつ合理的に証明できた。大学で心理学と哲学を学んだあと、カプランはアニマルライツに生涯をささげることを決意した。一九八六年以来彼はアニマルライツとベジタリアニズムについて、八冊の本を書き、二〇〇編以上の記事や論文を書いた。彼の最近の著書は『アニマルライツ　解放運動の哲学』である。(原注25)『動物とユダヤ人あるいは抑圧の技法』のなかで、カプランは、ホロコーストは非常に恐ろしくて独特なので、二度と起こりえない、したがって残りの人間活動から切り離して考えるべきだと想定されている、と書いている。「特異性は、最悪のものは過ぎ去ったという、気分が安らぐが致命的な確信を含意している。というのは、特異ですでに起こったものは、もう繰り返されないだろう、したがってそれを予防する必要はないからである」。

カプランはこの抑圧が、事態をいつも矮小化しようとする人間の傾向の明白な事例であると考えている。「かつてこのような恐ろしい犯罪があった」という命題には、別の言い逃れ、地理的なそれも伴っている。「あっちのアフリカで起こることや、あっちの南米で起こることは、十分にひどいかもしれないが、こっち〔欧米〕の人たちはそんなことはしないだろう」というわけである。

「最も粗野な形の催眠効果のある人間の自己欺瞞は」と彼は書いている。「この瞬間にわれわれのすぐまわりにある実験室、屠畜場、毛皮獣飼育場などで起こっている残虐行為の否認である。ここで起こっていることは、ナチスのホロコーストとまさに類似しているからである」。

訳注10　ドイツのヘキストとフランスのローヌ・プーラン（かつては国営であった）の合併により二〇〇〇年にアベンティス社となった。いずれも製薬に限らず農薬なども含む総合化学メーカーである。さらに二〇〇四年、フランスのサノフィ・サンテラボがアベンティスの事業を統合し、フランス及び欧州で第一位、世界でも第三位となる製薬企業「サノフィ・アベンティス」になった。日本法人もサノフィ・サンテラボ株式会社とアベンティス ファーマ株式会社が統合されて二〇〇六年にサノフィ・アベンティス株式会社となっ

た。ウェブサイトは次の通り。なお製薬のヘキストと陶磁器のヘキストを混同しないように注意されたい。

http://www.sanofi-aventis.co.jp/

訳注11　ここでいう「アウシュヴィッツの嘘」とはナチスのユダヤ人迫害を否定もしくは過少評価する歴史修正主義の一部をなす、強制収容所に関する言説（「ガス室はなかった」など）のこと。日本で言えば南京大虐殺などをめぐる右派の言説に対応する。

動物のホロコースト

最近まで、クリスタ・ブランケは夫とともに勤務するルター派の牧師であり、フランクフルト近郊の小さな村の代表者でもあった。彼女は一九四八年に戦争で疲弊したドイツに生まれ、彼女の母は、米国のCARE(訳注12)からの食料援助がなければ彼女は生き延びられなかっただろうと言っている。「ですから人生の非常に早い時期に、私は思いやりとは何であるか——それはかつての残忍な敵にさえ向けられる——を経験したのです(原注26)」。

後にブランケが祖母の世代に属するドイツ人による六〇〇万人のユダヤ人の殺害について学んだとき（「年長者を尊敬し敬意を払うように育てられたティーンエイジャーにとって信じられないことでした」）、彼女はもし自分が生きているときに同じようなことが起こりそうになったら、「あらゆる手をつくして戦うだろう、という強い確信を抱くようになった。これら二つの決意——思いやりを、それを必要とするすべての相手に向けること、ホロコーストのような事態が起こったらいつでも戦うこと——は私をアニマルライツ運動へとまっすぐに導いてくれました」。

ティーンエイジャーのとき、クリスタは「ポニー（小型の馬）休暇」をとり、『小さな馬、大きな喜び』という本を書いた。それは彼女が二〇歳のときドイツ語とオランダ語で出版された。彼女は新聞や定期刊行物のために、動物について多くの記事を書き続けた。それから、牧師に叙任されて、自分の教会の意識を向上させることに着手した。一九八〇年に彼女は動物のための初めての礼拝を行い、それ以来、ドイツやオーストリアの他の教会でも動物のための礼拝を行っている。一九八六年に彼女は巨大製薬会社ヘキストＡＧの前で動物実験に反対する礼拝を共同で司宰した（「ヘキストよ、慈悲を持ちなさい！」）。同じ年に彼女は「教会の施設で工場畜産の卵を食べない」ことを求める三万人の署名を集めて、それをヘッセン・ナッサウ州のルター派教会の州運営組織に提出した。

一九八八年七月十日に、ブランケは動物のための礼拝――「私の隣人は誰か？」――を初めてテレビ中継で、ドイツ国営テレビ（ＺＤＦ）で行った。その番組を見て、国内外から数千通の手紙が来て（九六％は好意的なものだった）、何百もの新聞記事が出た。一九八九年に彼女と夫のミハエルは、他の聖職者を動員するために「教会と動物のためのアクション」を設立したが、彼らの努力はあまり実を結ばなかった。「ルター派教会の叙任された聖職者として、私は苦悩する動物を助けることに教会を関与させようと試みました。これまで私はかわいそうな人たちのために自分の教会から多大な支援を得て多くのチャリティ事業を行ってきましたが（スープ・キッチン、ホームレス、囚人、依存症患者）、今回は仲間の聖職者からの孤立を感じましたね」。（訳注13）（原注27）

一九九八年にブランケは「動物の天使たち」という組織を設立したが、そのモットーは「私たちは動物とともにある」である。（原注28）「私たちはヨーロッパ全域での家畜輸送と戦うことを専門にしています。私は動物の苦しみのうちのこの特別なイシューをとりあげる理由は、ホロコーストを理解するために行ったあらゆる研究の直接の結果だと信じています。輸送される動物は、ナチスの収容所へ輸送されたときにユダヤ人が苦しんだのと類似した、多大な苦しみを味わいます」。「動物の天使たち」のボランティアチームは、屠畜場および動物市場に向かう動物輸送トラックを監視する。馬を屠畜場に輸送するトラックを追いかけるチームは、トレブリンカとアウシュヴィッツの近くを通ることになる。

ブランケは「動物の天使たち」をとても誇りにしている。「主に若い人たちで、惨めな生体輸送取引にかかわる動物のための自己犠牲は、思いやりの精神と根拠の確かなプロフェッショナリズムに由来しています」。「動物の天使たち」のチームは、フランス、ギリシャ、オランダ、イタリア、レバノン、リトアニア、モロッコ、ポーランド、ルーマニア、スペインを通る動物輸送トラックを監視してきた。ブランケは、卑劣な動物輸送取引に供される何十万頭の雄牛、牛、ロバ、馬、羊への彼らのコミットメント（献身）が、彼女を誇りで満たすという。彼女はこれらの若者たちが動物の将来への希望を代表していると言う。「これらのすすんで自分を犠牲にし、闘い、心と魂を仕事に注ぐ献身的な若者たち」が彼女に希望を与え、続ける気力を助ける。（原注29）

一九九九年一一月八日にヘッセン州政府の社会福祉省は、ビーブリッヒ城でのセレモニーで、ブランケに「一九九九年度ヘッセン州動物保護賞」を授与した。「輸送中の屠畜向け動物の保護への例外的な献身と、農業の仕事および屠畜される動物のためのアニマルライツ活動家としての他の模範となる個人的献身をたたえて」である。社会福祉大臣マーリース・モジーク＝ウアバーンは「動物の天使たち」の仕事を次のように説明している。「六〇のボランティアチームが、最も困難で、心理的にも身体的にもストレスに満ちた、時には危険でさえある条件のもとで、ヨーロッパ全域にわたる国際動物輸送に同伴し、屠畜場、動物市場、港湾、積み込みステーションで存在感を示した。この関与は、動物の多くの嘆かわしい状態や虐待を明るみに出すことにつながり、しばしば動物にとって顕著な改善が達成された。この経験と知識が組織によって記録され、法的および報道に活用され、動物保護政策のために重要な推進力を提供してきた」。

「アニマルライツのための匿名者たち」のヨッシ・ウォルフソンによって組織された二〇〇〇年七月二四〜二八日のイスラエル訪問のあいだ、ブランケは欧州とイスラエルのあいだの動物輸送を担当する政府代表と討論した。ブランケは、動物の輸送の改善に焦点をしぼることは、食肉取引を廃止する試みへの第一段階であると言う。「私たちは動物の屠畜に全面的に反対です」とイスラエルの新聞『ハーレツ』(訳注14)に語っている。「でももし屠畜される運命だとしたら、屠畜は育てられる国でなされるべきです。そのあと冷凍肉を他国へ送ることができる。それによって輸送中に受ける不必要な苦しみをなくすことができます」。彼女はまだ大衆の肉食の習慣に大きな変化を見ていないが、動物を屠畜場へ輸送する多くの運転手については驚くべき効果を見てきたという。彼らの一部は、「動物の天使たち」およびその全欧規模の教育キャンペーンの影響でその仕事を辞めた。

ブランケはナチス時代と、現在動物に対して行われていることのあいだに、類似性を見ている。第一に、個性がなくなるとき、すべてが可能になる。第二に、傍観者のあいだに同じ種類の精神の分割がある。ナチス時代に多くのドイツ人にはある種の「ペットとしてのユダヤ人」がいたとブランケは言う。親切にされ、「普通のユダヤ人」と区別された人びとのことだ。彼女は動物にも同じことが起こっていると言う。それは「ミニ豚」や「乗馬用の馬」のようなペットであり、「屠畜用の豚」や「屠畜用の馬」と一緒にしてはならないとされる。ブランケはこの倫理上の精神分裂症［統合失調症］が政府や食肉産業によって公然と支持されており、他方で様々なメディアが大衆を洗脳していて、まるでヒトラーの時代のようだと言う。

他の類似性には、次のようなものがある。動物がトラックや貨車に積み込まれる集荷地点では、家族や友の絆は尊重されない。「価値」、性別、年齢にしたがって行われる選別。傾斜路の使用。皮膚に入れ墨が入れられる。運転手や肉屋が用いる毒舌と侮辱に満ちた言葉（「ドイツ系ユダヤ人はユダヤの豚と呼ばれ、そのように扱われた」）。婉曲語法（殺害を意味する「安楽死」、虐殺を意味する「特殊処理」）。それから、数百万の動物を長距離にわたって輸送し、到着したら殺害するために多くの組織とペーパーワークが必要である。少数の人びとがこの恐ろしい取引から莫大な富を得るが、すべての人はそのことを知っているのに、それに反対して積極的に戦う人は少数であるとブランケは言う。

ブランケは、ユダヤ人が家畜用貨車で収容所へ輸送されただけでなく、ある場所では死への旅路が、牛がトラックや列車に積み込まれて屠畜場へ送られるのとまさに同じ場所でスタートしたと指摘する。[原注31]歴史家のマリオン・カプランが書いているように、「いくつかの集合地点はシナゴーグやその他のユダヤ人の公共施設でしたが、ナチスは残酷にもいくつかの集合地点を屠畜場に設定したのです」。[原注32]たとえば、クレフェルトのユダヤ人がかり集められて列車で約一五マイル離れたデュッセルドルフ中央駅に運ばれたあと、ゲシュタポと親衛隊がデュッセルドルフデレンドルフの屠畜場へと彼らを護送したが、そこは隔離された場所であり、長い積み込み用の傾斜路があるという点で、理想的であった。そこからユダヤ人はルブリンの近くのイズビツァという通過駅へ輸送され、それからアウシュヴィッツ、ベウジェツ、マイダネクのいずれかへ送られた。(原注33)

一九四二年八月三〇日にヴィースバーデン市で、ナチスは市内で最後に残ったユダヤ人の男性、女性、子供を主要な鉄道駅の裏にある屠畜場に連れていき、四日間牛用の囲いに放置したあと、家畜用の貨車に積み込んだ。フランクフルトへの輸送は屠畜場用の特別線路を通って行われ、そこからテレージエンシュタット——チェコスロバキアの強制収容所で、アウシュヴィッツへの中継ステーションとして使われた——へ輸送された。(原注34) ブランケは、［この場合］ホロコーストのあいだ、破壊のインフラは変化せず、犠牲者のアイデンティティのみが［家畜からユダヤ人へ］変化したのだと指摘する。(原注35)

ブランケと彼女の夫——三人の子供がいる（ウルズラは法律を専攻している。クリストファーはベルリンの老人ホームで働いている。カトリオナは家庭にいる）。——は様々な動物に安全と住処を提供している。四頭の救出された老犬、二匹の捨てられていた猫、虐待的な扱いで健康を害していたロバである。ブランケと彼女の夫がグラウベルク——そこで彼らは二〇年以上暮らし、教会を運営していた——で飼っていた他の動物（ポニーと牛）は、現在では「動物の天使たち」のガーディアン・プログラムのもとにおかれている。彼らが一九九九年に引っ越したミュッケでは、屋外スペースが前のところより小さいからである。

一九九〇年代初頭に書いたひとつの記事——「神は羽毛、毛皮、爪、角、羽柄を持った被造物も愛される——教会と世界の進路についての考察」——のなかで、ブランケは同じ日に手紙を受け取った二つの事項について書いている。(原注36) 最初のものはグラウベルクで開かれた教会の宗教会議の議事録についての長い七〇頁にわたるレポートであった。その会議で教会の指導者たちは教会の方針と手順の小さな変更を議論するなかで、ユダヤ人は神に選ばれているということを述べるひとつかふたつの文章を挿入すべきか否かをめぐって論争していた。ホロコーストのあいだにはユダヤ人を助けるために絶対に何もしなかったのに、「いまになってわが教会のクリスチャンたちが教会の方針のなかにユダヤ人についての文章を追加すべきかどうかについて論争するのはグロテスクだ。五〇年遅すぎたのだ」と彼女は書いている。

同じ手紙で彼女はヨーロッパを横断する動物の輸送を追跡する「動物の天使たち」からの写真とレポートの分厚いパッケージを受け取った。馬、牛、羊、豚、鶏が屠畜場へ輸送される途中で、日々渇きと飢えで死につつあるという事実に促されて、ブランケは問いかける。「いつわが教会はヨーロッパを横断して屠畜場へと揺れる車列で輸送されるあわれな生き物のために声をあげるのだろうか？　わが教会はどこにあるのか？　彼らの叫びはどこにあるのか？　彼らはユダヤ人とキリスト者のより良き関係についての議論で忙しいのだ。五〇年遅すぎたのに」。

地域の屠畜場へのツアーのあいだ、ブランケは屠畜場の言語とナチスの言語の類似性に衝撃を受けた。そのツアーを実施した獣医師は、屠畜場は「純粋な」ゾーンと「不純な」ゾーンに分割されていると説明した。「純粋なゾーン」ではビジネスが行われ、処理された動物は冷蔵され、他方「不純なゾーン」では動物は待機用囲いに入れられ、それから屠畜される。その日の屠畜が終わると、区画はほとんど空になる。「ふたつの群の雌牛が大きな暗い目で私たちを見つめていました」。ブランケは血の流れが皮膚を伝い落ちている豚たちを見る。その豚は翌朝四時に屠畜が再開されるまで餌も水ももらえないだろう。

ツアーの一行が「純粋なゾーン」――そこには肉のマーケティング部門と冷蔵庫がある――に入ったあと、獣医師はその日の仕事が終わったと言う。彼が誇らしげに「私はしてくれと言われたときにはいつでも義務を果たしますよ」と言うとき、ブランケは考える。「ここにある多くのことは、あまりにも馴染みがある。「傾斜路」や「選別」のような言葉。「適合する動物」は区画に入れられるが、「適合しない動物」は特別な棟で直ちに殺される」。技術的な言語が犠牲者と加害者を非人格化する――「商品の配送」「輸送」、病気の動物の「特殊処理」、屠畜の「手順」、毛、骨、皮膚の「活用」といったようなフレーズだ。

ブランケは、屠畜場を離れる前に胸がむかついてきた。「私たちは屠畜そのものを見ることさえない。私たちは雌牛の恐怖に満ちた叫びや、豚の金切り声を聞くことはない。私たちは機械がブンブンうなるところや、［家畜の額への］ボルトガンの発射音を聞くことはない」。彼女が見て、書いているものは、「殺害が常に進行するときの犠牲者の地位低下」であった。

私たちは動物たち――草や木が生える、風が彼らを愛撫する、太陽が彼らを暖める、彼らの感覚と生存本能が元気づけられる屋外に属している――が、ぎゅうぎゅう詰めに押し込められ、糞便で汚れ、大きなホールのセメントの床にある鉄の棒のうしろで恐怖に満ちて立っているのを見る。隠れる場所も、保護もなく、危険から逃れる場所もない。

これらの動物は「教会の宗教会議が開かれているのと同じ街で、生涯の最後の時間を生きている。ユダヤ人とキリスト者の関係に関する教会の規約変更についての議論をまだ終えることができない宗教会議だ」。ブランケは宗教会議のメンバーの誰かが一度でも屠畜場を見たことがあるのだろうかと思案する。「彼らの誰かがこの毎日のホロコーストの犠牲者が叫ぶのを一度でも聞いたことがあるのだろうか？　想像できない。でも結局すべてのスピーチがなされ、あらゆる立場について論争されたあと、宗教会議のメンバーは昼食に行き、ビーフソーセージの入ったレンティル豆（訳注　レンティルの種［実］、平豆、レンズ豆。インドでの呼称はダル。平らな豆は食用。肉料理に使われる。葉と茎は飼料用）のスープを飲むところは想像できる」。

その晩家庭で動物に餌をやっているとき、ブランケは考えた。一三〇年前に彼らは黒人にすぎないからというので、奴隷貿易について教会が沈黙を守ったことを。五〇年前に彼らはユダヤ人にすぎないからというので、教会が沈黙を守ったことを。現在、彼らは動物にすぎないからというので、教会が沈黙を守っていることを。「教会が神は羽毛、毛皮、爪、角、羽柄を持った被造物も愛されるということを発見するまでに、何百万の動物が、ごくわずかな役に立つグループ［種牛など］だけ残しておいて、屠畜され、絶滅されねばならないのか？」

ブランケは「ホロコーストとの比較がドイツでもどこでもあまり人気がないことに」気づいているが、「自分にとってはその比較が、生きた動物の残酷な取引についての洞察が深まるにつれて、ますます強い説得力を持つようになると感じている」。彼女は「残酷と貪欲がいつも優勢であるように見えるので」自分ひとりでできることは限られていることも知っている。それでも、彼女はできることは何でもやるだろうと言う。「私はできるだけ力を尽くして、動物に対する現代のホロコーストと戦うために、完全に身をささげているのです」。

訳注12　ＣＡＲＥは一九四五年設立の国際協力ＮＧＯ。一九四五年十一月当時、ＣＡＲＥとは、The Cooperative for American Remitance to Europe（対欧送金組合）の略で、もともと戦後のヨーロッパを支援するために、アメリカの二二の団体が協力して設立したのが始まりだった。http://www.careintjp.org/を参照。

訳注13　なお、歴史上の事実としては、ルター派の創始者マルティン・ルターは、一六世紀のドイツ農民戦争（エンゲルスの著書で有名）のとき、領主に味方して、「農民たちを殺せ」と言ったことがある。

訳注14　『ハーレツ』はイスラエルの代表的なリベラル派新聞。米国の『ニューヨークタイムズ』やフランスの『ルモンド』に対応するであろう。

訳注15　第五章の終わり近くの訳注で述べたように、ソ連（当時）のスターリンが一九四四年にチェチェン人全体に対独協力のぬれぎぬを着せて強制移住させたときも、家畜用貨車が使われた。

奴隷制と、大陸の先住民族の大半の根絶が歴史の消せない一部となっている米国で、弱くて無防備なものに対する制度化された残酷さは、アップルパイ(訳注)と同じくらいアメリカ的なものとなっている。米国は最終的には、ヒトラーとの戦争に乗り出し、彼を打ち負かすのに貢献したのであるが、ヒトラーの世界観は勝者の国土でまだ生きている。

ヒトラーは「力を持たない者は生存権を失う」と宣言した。現代のアメリカ以上にこの信念が発展の土壌を見いだしたところは他にない。ここでは、毎日何百万もの子羊、仔牛、豚、鶏、雌牛、馬、その他の動物——そのほとんどはとても若く、すべてが罪なきものである——が、支配者たる種の食卓用に屠畜されるために、殺害センターに輸送される。なぜ？　彼らは、自分たちを殺して食べようとする相手に反撃し、自己を防衛することができないから、そして彼らのためにその闘いをする意志と能力がある人びとがわずかしかいないからだ。われわれの初期の起源までさかのぼる、否認、無関心、容赦しない習慣によって強化されているので、われわれの社会の動物に対する虐待と搾取は、どうしようもなく永久であるように見える。

朗報は、ますます多くの人びとが、屠畜場と、それがあらわすすべてのものに対して「いやだ」と言うようになっているので、いつかはこれらの残虐行為が終止符を打つ希望があることだ。しかしそれまでのあいだ、毎日われわれのあいだで無慈悲に行われている罪なきものの殺害についてはどうなのか？　どれだけ長く抗議の声をあげることなく、この社会的に大目に見られている大量屠畜が続くのを許しておくのだろうか？　結論を言えば、われわれの残酷で暴力的な生活様式に終止符を打つのが早いほど、われわれすべてにとって――加害者、傍観者、犠牲者にとって――事態はよくなるだろうということだ。

訳注　『アメリカの国家犯罪全書』（益岡賢訳、作品社、二〇〇三年）の著者として知られるウイリアム、ブルムは、「拷問はアップルパイと同じくらいアメリカ的だ」と述べたことがある。

cows have their guardian angels too," *Ha'aretz* (August 2, 2000).

28. Animals' Angels, Bismarckallee 22, D-79098 Freiburg, Germany; AnimalsAngels@ t-online.de; www.animals-angels.de
29. Animals' Angels Newsletter, May 2000.
30. Rinat, "Sheep and cows."
31. During the fascist rebellion in Bucharest in January 1941, Romanian Iron Guard militants brought Jews to the slaughterhouse in the Bucharestii Noi District, not to transport them to their deaths elsewhere, but to kill them there. After they dismembered and disemboweled the bodies of their victims, they hung their intestines "like neckties on other corpses, which were displayed on meat hooks and labeled 'Kosher meat.'" Ioanid Radu, *The Holocaust in Romania: The Destruction of Jews and Gypsies Under the Antonescu Regime, 1940–1944* (Chicago: Ivan R. Dee, 2000), 57–8.
32. Marion Kaplan, *Between Dignity and Despair: Jewish Life in Nazi Germany* (New York: Oxford University Press, 1998), 187. In Dortmund, a *Mischling* daughter who went into a large hall to say a last good-bye to her mother wrote: "They were in the 'Exchange,' which was at the cattle market by the slaughterhouse, they were brought to the slaughterhouse(!).... There lay the Schacher family....He was half dead." Ibid.
33. Eric A. Johnson, *Nazi Terror: The Gestapo, Jews, and Ordinary Germans* (New York: Basic Books, 1999), 402. The Nazis also treated the Germans accused of being behind the July 20, 1944 bomb plot to assassinate Hitler like animals slaughtered for food. Hitler ordered that each of the accused be hung on a meathook and strangled to death slowly with piano wire. Hitler had photographs and color film made of the scene, which he is reported to have looked at repeatedly. The film became "one of his favorite entertainments." Robert G. L. Waite, *The Psychopathic God Adolf Hitler* (New York: Basic Books, 1977), 23; Ian Kershaw, *Hitler: 1936–45 Nemesis* (New York: Norton, 2000), 693.『ヒトラー権力の本質』
34. On Sunday, August 30, 1991, a Commemorative Walk retraced the last journey of Wiesbaden's murdered Jews. Starting in front of city hall, the walk ended at the site of the former slaughterhouse where some of the cattle grids are still visible. "Selbstmord war für viele der letzte Ausweg" by Christoph Zehler, a serialization of the *TAGBLATT* (last segment) in the "Wiesbaden" section of the *Rhein-Main-Presse*, June 1, 1992.
35. The Soviet secret police (NKVD) used a slaughterhouse in the city of Smolensk as one of the sites where they murdered Polish officers and then transported the corpses in trucks to the Katyn forest for burial in mass graves. "The pre-existence of an animal slaughterhouse made the job easy for the NKVD." I am indebted to Waclaw Godziemba-Maliszewski for this information.
36. After numerous church publications, including the progressive Catholic newspaper *Publik- Forum*, declined to publish Blanke's article, it was finally published by the animal rights/environmental magazine *Gaia*. Most of the material in the article is included in her book, *Da krähte der Hahn: Kirche für Tiere? Eine Streitschrift* (*Then the Rooster Crowed: Church for Animals? A Critical Plea*) (Eschbach, Germany: Verlag am Eschbach, 1995).

Vintage, 1983). 『人間の暗闇　ナチ絶滅収容所長との対話』

11. Ibid, 201.
12. Ibid, 344.
13. Bar-On, *Legacy*, 25.
14. Robert Jay Lifton, *The Nazi Doctors: Medical Killing and the Psychology of Genocide* (New York: Basic Books, 1986), 197.
15. Bar-On, *Legacy*, 31.
16. Ibid, 40.
17. Ibid, 331.
18. Ibid, 244.
19. Thanks to Peter Muller and Dietrich von Haugwitz for providing information about Edgar Kupfer-Koberwitz before and after his Dachau years.
20. Edgar Kupfer-Koberwitz, *Animal Brothers: Reflections on an Ethical Way of Life* (*Die Tierbrüder*), fourth edition (Mannheim, Germany: Warland-Verlagsgenossenschaft eG Mannheim, no date). Translated by Ruth Mossner for Vegetarian Press, Denver, CO. A carbon copy of this 38-page essay is preserved with the original Dachau Diaries—*Die Mächtigen und die Hilflosen: als Häftling in Dachau* (*The Mighty and the Helpless as Prisoners in Dachau*)—in the Special Collection of the Library of the University of Chicago. Excerpts from the essay were reprinted in the Postscript of Mark Mathew Braunstein's *Radical Vegetarianism* (Los Angeles: Panjandrum Books, 1981).
21. Gandhi had a similar thought: "I hold that, the more helpless a creature, the more entitled it is to protection by man from the cruelty of man." Mohandas K. Gandhi, *An Autobiography: The Story of My Experiments with Truth* (Boston: Beacon Press, 1957), 235. 『ガンジー自伝』
22. Albert Schweitzer also cared about the safety of worms. Once in England when he was on his way to catch a train with a friend, each carrying one end of a stick on which Schweitzer's knapsack was slung, Schweitzer suddenly stopped and, putting down his end of the stick, "tenderly picked up from a rut in the road a poor, half-frozen worm, which he carefully placed in the hedge-row." When he came back and picked up his end of the stick, he explained with a gentle smile that if it had remained there a few minutes longer it would certainly have been crushed by some auto traveling along the road. They hurried on to the station, where Schweitzer barely caught his train. Albert Schweitzer, *The Animal World of Albert Schweitzer: Jungle Insights into Reverence for Life* (Boston: Beacon Press, 1950), 26. 『生への畏敬』
23. After the war Kupfer-Koberwitz lived in Ascona in the Italian-speaking part of Switzerland, the United States (Chicago), San Teodoro on the island of Sardinia, and Germany, where he died in 1991 at the age of 85. According to the author E. Garbani Nerini, Kupfer-Koberwitz never wore or used leather; even the leashes he used to take care of stray dogs on Sardinia were made of fabric.
24. personal communication to author.
25. Helmut Kaplan, *Tierrechte: Die Philosophie einer Befreiungsbewegung* (Göttingen: Echo Verlag, 2000).
26. personal communication to author.
27. In July 2000, Blanke told an Israeli journalist her church had demonstrated total indifference toward the concept of animal rights which she is committed to advancing. "They consider animals inferior beings that exist for the use of humans. They are not even willing to discuss the ideas I support. I consider animals my brothers and sisters in the world from a spiritual and religious aspect." Zafrir Rinat, "Sheep and

animals is also evident in his children's stories, which he did not start writing until he was sixty-two and already a world-famous author. His first—"Zlateh the Goat"—is about a boy named Aaron and how he saves the family goat, Zlateh, from being sold for slaughter. Other Singer animal stories for children include "Naftali the Storyteller and His Horse, Sus," "A Parakeet Named Dreidel," "The Cat Who Thought She Was a Dog and the Dog Who Thought He Was a Cat," "Hershele and Hanukkah," and "Topiel and Tekla."

63. "Pigeons" is in *A Friend of Kafka and Other Stories* (New York: Farrar, Straus and Giroux, 1970).「鳩」『カフカの友と20の物語』所収。
64. Breger and Barnhart, "Conversation," 27–43.
65. *Newsweek*, October 16, 1978. Quoted in *CHAI Lights* (Spring 1992), 5.
66. Singer and Burgin, *Conversations*, 116, 151–2, 161, 175–8.
67. Foreword to Dudley Giehl, *Vegetarianism: A Way of Life* (New York: Harper and Row, 1979), vii–ix.
68. "The Man Who Talked Back to God: Isaac Bashevis Singer, 1904–91," *New York Times Book Review* (August 11, 1991). CHAI (Concern for Helping Animals in Israel), an organization which American activist Nina Natelson established in 1984, built an "Isaac Bashevis Singer Humane Education Center" at the SPCA in Tel Aviv. The center contains an extensive library of books and videos about animals and animal issues and conducts educational programs, including CHAI's "Living Together" program that brings together Jewish and Arab children to learn about and help animals. In 1986 the Jewish Vegetarians of North America presented Singer with its first "Jewish Vegetarian of the Year Award."

第８章　ホロコーストのもうひとつの側面

1. personal communication to author.
2. Tom Regan, *The Case for Animal Rights* (Berkeley: University of California Press, 1983).「動物の権利の擁護論」
3. personal communication to author. Peter is married to Anne Muller (see Chapter 6).
4. "I Was Born as a Gift to Hitler: Liesel Appel's Unlikely Journey to Judaism," *Palm Beach Jewish Times*, June 30, 1995.
5. Alan L. Berger and Naomi Berger, eds., *Second Generation Voices: Reflections by Children of Holocaust Survivors and Perpetrators*. (Syracuse, NY: Syracuse University Press, 2001), 306.
6. Robert Wistrich, *Who's Who in Nazi Germany* (London: Weidenfeld and Nicolson, 1982), 175–6.『ナチス時代ドイツ人名事典』Due to an article in the Polish penal code which prevented the execution of bedridden persons, Koch's sentence was later commuted to life imprisonment.
7. personal communication to author.
8. Dan Bar-On, *Legacy of Silence: Encounters with Children of the Third Reich* (Cambridge, MA: Harvard University Press, 1989).『沈黙という名の遺産』See also Gerald L. Posner, *Hitler's Children: Sons and Daughters of Leaders of the Third Reich Talk About Their Fathers and Themselves* (New York: Random House, 1991)『ヒトラーの子供たち』; Peter Sichrovsky, *Born Guilty: Children of Nazi Families* (New York: Basic Books, 1988); and Martin S. Bergmann and Milton E. Jucovy, eds., *Generations of the Holocaust* (New York: Basic Books, 1982), 159–244.
9. Bar-On, *Legacy*, 25.
10. Gitta Sereny, *Into That Darkness: An Examination of Conscience* (New York:

too; but since I've been treated as if I were a beetle myself, I've come to accept things one doesn't want to accept." *Shosha*, 275. 『ショーシャ』

38. Singer wrote in his memoir: "On my long walks through New York I passed fish stores and butcher shops. The huge fish that yesterday was swimming in the Atlantic now lay stretched out on the ice with a bloody mouth and blank eyes, fare for millions of microbes and for a glutton to stuff his potbelly with." Singer, *Love and Exile*, 348.
39. The custom, not mentioned in the Torah or Talmud, is first discussed by Jewish scholars in the Middle Ages. Richard H. Schwartz, "The Custom of Kapparot in the Jewish Tradition"; see also Rabbi Chaim Dovid Halevy (late Sephardic Chief Rabbi of Tel Aviv), "The Custom of Kapparot Customarily Practiced Between Rosh Hashanah and Yom Kippur."
40. *Enemies*, 145. 『敵、ある愛の物語』 A similar situation occurs in *Shosha* when Shosha's mother buys two hens for Yom Kippur, one for herself and the other for Shosha. "She wanted to buy a rooster for me," says the narrator, "but I refused to let a rooster die for my sins." Still, "from all the apartments on Krochmalna Street one could hear the clucking of hens and the crowing of roosters." *Shosha*, 141. 『ショーシャ』
41. *Shadows on the Hudson* (New York: Farrar, Straus and Giroux, 1997). Quotations are from the paperback edition (1999).
42. For more about the massacre of Jews in a Romanian slaughterhouse, see note #31 in Chapter 8.
43. Kresh, *Story*, 80.
44. *Family Moskat*, 260.
45. "The Yearning Heifer" is in *Passions and Other Stories* (New York: Farrar, Straus and Giroux, 1976) and *The Collected Stories* (New York: Farrar, Straus and Giroux, 1982).
46. "Brother Beetle" is in *Old Love* (New York: Farrar, Straus and Giroux, 1979) and *The Collected Stories* (New York: Farrar, Straus and Giroux, 1982).
47. "Cockadoodledoo" is in *The Seance and Other Stories* (New York: Farrar, Straus and Giroux, 1968).「コケッコッコッココー」『短かい金曜日』所収。
48. *The Certificate*, 172–3.
49. "The Parrot" is in *The Seance and Other Stories* (1968).
50. *Shosha*, 14. 『ショーシャ』
51. Dorthea Straus, *Under the Canopy: The Story of a Friendship with Isaac Bashevis Singer That Chronicles a Reawakening of Jewish Identity* (New York: George Braziller, 1982), 20.
52. Kresh, *Story*, 111.
53. Quotations from *Enemies: A Love Story* are from the paperback edition (1998). 『敵、ある愛の物語』
54. Marshall Breger and Bob Barnhart, "A Conversation with Isaac Bashevis Singer" in Irving Malin, ed., *Critical Views of Isaac Bashevis Singer* (New York: New York University Press, 1969), 27–43.
55. Paul Kresh, *Isaac Bashevis Singer: The Magician of West 86th Street* (New York: Dial Press, 1979), 243–4.
56. Straus, *Under the Canopy*, 19.
57. Kresh, *Magician*, 271.
58. Straus, *Under the Canopy*, 141.
59. Dvorah Telushkin, *Master of Dreams: A Memoir of Isaac Bashevis Singer* (New York: Morrow, 1997), 40. I have kept Singer's conversation consistent with the rest of the chapter rather than using Telushkin's practice of rendering the sound of Singer's Yiddish accent with phonetic spellings ("vone" for "one," "vhich" for "which," etc.).
60. Ibid, 40–1.
61. Ibid, 179.
62. *Enemies*, 205. Singer's affection for

Yiddish section of the PEN Club in Warsaw published it as a novel in Yiddish in 1935. Because Singer left Poland in April of 1935, before the book's publication, he did not see it until after he arrived in America. In the United States, *Satan in Goray*, together with several of Singer's stories, was published in Yiddish in 1943. The Noonday Press published an English edition in 1955. Quotations are from the Noonday paperback edition (1996).

27. *Satan in Goray*, 55–6.
28. Clive Sinclair, *The Brothers Singer* (London: Allison and Busby, 1983), 8.
『ユダヤ人の兄弟』
29. "Blood" is in *Short Friday and Other Stories* (New York: Farrar, Straus and Giroux, 1964).「血」『短かい金曜日』所収。
30. "The Slaughterer" is in *The Seance and Other Stories* (New York: Farrar, Straus and Giroux, 1968) and *The Collected Stories* (New York: Farrar, Straus and Giroux, 1982).
31. "The Letter Writer" is in *The Seance and Other Stories* (New York: Farrar, Straus and Giroux, 1968) and *The Collected Stories* (New York: Farrar, Straus and Giroux, 1982).
32. Kresh, *Story*, 112.
33. *The Penitent* was serialized in the *Forward* in 1973 and published in English in 1983.
34. In Singer's short story "Tanhum," a young yeshiva student is similarly troubled by "questions and doubts [that] wouldn't let him rest." While he believes there's mercy in Heaven, he wants to know "why did little children or even dumb animals have to suffer? Why did man have to end up dying, and a steer under the slaughterer's knife?" Like Joseph Shapiro, Tanhum feels "an aversion to meat." At the table of his prospective father-in-law when he is asked which he prefers—beef or chicken, the words stick in his throat. "No doubt everything here was strictly kosher, but it seemed to him that the meat smelled of blood and that he could hear the bellowing of the cow writhing beneath the slaughterer's knife." "Tanhum" is in the short story collection *Old Love* (New York: Farrar, Straus and Giroux, 1979).
35. "Author's Note" at end of *The Penitent* (New York: Farrar, Straus and Giroux, 1983), 168–9. 『悔悟者』 Singer told Richard Burgin in an interview that since he was born in a home where his parents thought like Joseph Shapiro, he knows exactly how he thinks. Although Joseph Shapiro expresses a number of opinions that are Singer's own, Singer denies a close identification. "He represents the extreme Orthodox Jew for whom the Torah is everything, and everything besides the Torah is nothing." Singer said that if he believed that, he would not have become a writer. Isaac Bashevis Singer and Richard Burgin, *Conversations with Isaac Bashevis Singer* (Garden City, NY: Doubleday, 1985), 151.
36. *Enemies, A Love Story* (New York: Farrar, Straus and Giroux, 1972). Quotations are from the paperback edition (1998). 『敵、ある愛の物語』
37. Tiny creatures fascinated Singer. In *Shadows on the Hudson*, when Boris Makaver finds a ladybug on his sleeve, he thinks, "It was needed for some purpose—of that there can be no doubt." *Shadows on the Hudson* (New York: Farrar, Straus and Giroux, 1997), 394. At the end of *Shosha*, a Holocaust survivor living in Israel explains the change in her attitude about insects: "We battle here constantly with flies, beetles, even mice. Years ago I didn't consider that insects or mice were God's creatures

"The sight of an old, limping horse being dragged along by one man while another man struck him with a stick—he was being driven to the Colmar slaughterhouse—tortured me for weeks." Albert Schweitzer, *The Animal World of Albert Schweitzer: Jungle Insights into Reverence for Life* (Boston: Beacon Press, 1950), 44. 『生への畏敬』

3. "The Beginning" in Isaac Bashevis Singer, *Love and Exile: A Memoir* (Garden City, NY: Doubleday, 1984), xxi–xxii.
4. *Shosha* was serialized in the *Forward* in 1974 and published in English in 1978.
5. *Shosha* (New York: Farrar, Straus and Giroux, 1978), 239. 『ショーシャ』
6. "The Beginning" in *Love and Exile*, xxii.
7. *The Family Moskat* (New York: Noonday Press, 1950), 158.
8. *Shosha*, 73–4. 『ショーシャ』
9. "The Beginning" in *Love and Exile*, xxiii.
10. *The Certificate* was serialized in the *Forward* in 1967, but it was not published in English until 1992.
11. *The Certificate* (New York: Farrar, Straus and Giroux, 1992), 227.
12. Ibid.
13. *Meshugah* was serialized in the *Forward* in 1981–83 and published in English in 1994.
14. *Meshugah*, (New York: Farrar, Straus and Giroux, 1994), 45.
15. Dr. Richard Schwartz points out that in Jewish tradition "Thou shalt not kill" is generally translated "Thou shalt not murder" since Jewish tradition permits killing in certain circumstances, such as for self-defense and in wartime. However, he says, some later translations use "kill" rather than "murder".
16. "A Young Man in Search of Love" in Singer, *Love and Exile*, 129. Albert Schweitzer also found the religion passed on to him as a child too limited. "It was wholly unreasonable to me—this was even before I had gone to school—that in my evening devotions I should pray only for men. So when my mother had prayed with me and kissed me goodnight, I used secretly to add another prayer which I had composed for all living creatures. It ran like this: 'Dear God, guard and bless everything that breathes; keep it from all evil and give it a quiet sleep.'" Schweitzer, *Animal World*, 44. 『生への畏敬』
17. "Lost in America" in *Love and Exile*, 234–7.
18. Ibid, 246–7.
19. Ibid, 345.
20. Ibid, 299.
21. *The Estate* (New York: Farrar, Straus and Giroux, 1968), 233–4.
22. *The Slave* (New York: Farrar, Straus and Giroux, 1962), 193. 『奴隷』
23. *Shadows on the Hudson*, 548.
24. Foreword to Dudley Giehl, *Vegetarianism: A Way of Life* (New York: Harper and Row, 1979), viii.
25. "Lost in America" in *Love and Exile*, 350–1. Judaism condemns hunting for "sport" as wanton destruction, and the Talmud prohibits association with hunters (*Yorah Deah*, Second Series, 10). When a man asked Rabbi Ezekiel Landau (1713–93) if he could hunt in the forests and fields on his large estate, the rabbi answered: "In the Torah the sport of hunting is imputed only to fierce characters like Nimrod and Esau, never to any of the patriarchs and their descendents....I cannot comprehend how a Jew could ever dream of killing animals merely for the pleasure of hunting." Richard Schwartz, *Judaism and Vegetarianism*, revised edition (New York: Lantern Books, 2001), 25.
26. The Warsaw literary monthly *Globus* serialized *Satan in Goray* between January and September 1933, and the

Eating, second edition (Ithaca, NY: McBooks Press, 2000), 186.『もう肉も卵も牛乳もいらない』
34. personal communication to author.
35. "Princeton's New Philosopher Draws a Stir," *New York Times*, April 10, 1999, A1, B11. Young Albert Schweitzer had an aversion to fishing. "Twice, in the company of other boys, I went fishing with a rod," he wrote. "But then my horror at the mistreatment of the impaled worms—and at the tearing of the mouths of the fishes when they were caught— made it impossible for me to continue. Indeed, I even found the courage to dissuade others from fishing." Albert Schweitzer, *The Animal World of Albert Schweitzer: Jungle Insights into Reverence for Life*, (Boston: Beacon Press, 1950), 46.『生への畏敬』
36. Peter Singer, *Ethics Into Action: Henry Spira and the Animal Rights Movement* (Lanham, MD: Rowman and Littlefield, 1998), 47.
37. Ibid, 49.
38. "Living and Dying with Peter Singer," *Psychology Today* (January/February 1999), 58. "Since the Exodus, freedom has always spoken with a Hebrew accent" is a quotation that has been attributed to the German Jewish poet Heinrich Heine (1797–1856).
39. Singer, *Ethics Into Action*, 50.
40. Ibid, 1–3.
41. personal communication from Peter Singer (January 10, 2001).
42. Quoted in Singer, *Ethics Into Action*, 50.
43. From Spira's obituary in *Animals' Agenda* (November/December 1998).
44. Talk in church basement on West 40th Street in New York City on April 28, 1996.
45. *Ms.* (August 1983), 27.
46. personal communication to author.
47. Aviva Cantor, *Jewish Women, Jewish Men: The Legacy of Patriarchy in Jewish Life* (San Francisco: Harper and Row, 1995), 84.
48. Ibid.
49. Ibid, 406.
50. After reading an article in the international edition of the *Jerusalem Post* (May 5, 2001) about the resignation of the chairman of the Israeli Council on Animal Experimentation after he received death threats, Kaplan wrote: "I am all in favor of vivisecting vivisectors. I propose a vivisection laboratory for vivisectors. The vivisectors will be kept in cages, of course, in circumstances and conditions with which they are quite familiar. And they will be experimented on, laboratory models that they are. All kinds of experiments whose purpose is the betterment of non-human animals." personal communication to author.
51. personal communication to author.

第７章　この境界なき屠畜場

1. Singer was the first winner of the Nobel Prize for Literature who wrote in a language for which there was no country (Yiddish), and he was the second vegetarian to win the award (the first was George Bernard Shaw, who won the prize in 1925). According to Rynn Berry, Singer also had the distinction of being "the first American male to win the Nobel Prize for Literature who was not an alcoholic (Steinbeck, Hemingway, Sinclair Lewis, Faulkner, and Eugene O'Neill were among world literature's most bibulous scribes)." Rynn Berry, "Humankind's True Moral Test" in *Satya* (June 1994), 3.
2. Paul Kresh, *Isaac Bashevis Singer: The Story of a Storyteller* (New York: Dutton, 1984), 5. Another Nobel Laureate, Albert Schweitzer (winner of the Nobel Peace Prize in 1952), wrote that the suffering of animals was painful to see.

watch@earthlink.net; www.wildwatch.org
4. personal communication to author. Anne's husband, Peter, spent his early childhood in Nazi Germany (see Chapter 8).
5. personal communication to author from Anne Muller.
6. Ingrid Newkirk, *Free the Animals!: The Untold Story of the U.S. Animal Liberation Front and Its Founder, "Valerie"* (Chicago: Noble Press, 1992), 180.
7. personal communication to author.
8. personal communication to author.
9. "Holocaust Survivor Heads State Animal Rights Group" by Loren Goloski, *Montgomery County Sentinel*, November 21, 1996.
10. FARM, P.O. Box 30654, Bethesda MD 20824; 1-888-ASK-FARM; farm@farmusa.org; www.farmusa.org Each spring, in conjunction with its Great American Meatout, FARM sponsors a vegan lunch for Congressional employees on Capitol Hill. The speaker at the 1999 lunch was Representative Tom Lantos, Democrat of California. Lantos, who with his wife Annette survived the Holocaust in Hungary, was interviewed for Stephen Spielberg's Holocaust documentary—"The Last Days." Representative Lantos is co-chair of the Congressional Friends of Animals Caucus and the only member of Congress who is a Holocaust survivor. Tom and Annette Lantos have explained their opposition to vivisection (animal research) by saying they cannot just stand by and do nothing while animals suffer the same fate Jews did during the Third Reich. Christa Blanke, *Da krähte der Hahn: Kirche für Tier? Eine Streitschrift* (Eschbach, Germany: Verlag am Eschbach, 1995), 167 #32.
11. Andrew Silow Carroll, "The Oppressive Mindset is the Issue," *Jewish World*, June 15–21, 1990, 9.
12. "Warning: This Book May Change Your Life," *FARM Report* (Summer 1998), 3.
13. personal communication to author.
14. "Freedom Tour in Context: Evil Roots of Vivisection Demand Long-Term Commitment," *Committee to End Primate Experiments (CEPE) News* (Spring 1999), 7.
15. personal communication to author.
16. personal communication to author.
17. "There Is Something I Can Do—I Can Teach People," *The AV* (January/February 1996), 2.
18. Ibid.
19. Center for Compassionate Living, P.O. Box 260, Surry, ME 04684; 207-667-1025; ccl@arcadia.net; www.compassionateliving.org
20. Humane Farming Association, P.O. Box 3577, San Rafael, CA 94912; 415-771-CALF; hfa@hfa.org; www.hfa.org
21. personal communication to author.
22. *Voice for the Voiceless*, North Carolina Network for Animals, Raleigh, NC (April-June 1994), 1.
23. personal communication to author.
24. *Voice for the Voiceless*, 1.
25. Rocky Mountain Animal Defense, 2525 Arapahoe—#E4–335, Boulder, CO 80302; 303- 449-4422; info@rmad.org; www.rmad.org
26. personal communication to author.
27. Pamela D. Frasch, Sonia S. Waisman, Bruce A. Wagman, Scott Beckstead, eds., *Animal Law* (Durham, NC: Carolina Academic Press, 2000).
28. personal communication to author.
29. personal communication to author.
30. Project Equus, P.O. Box 18030, Boulder, CO 80308-1030; 720-565-2889; equus@ projectequus.org; www.projectequus.org
31. personal communication to author.
32. personal communication to author.
33. Erik Marcus, *Vegan: The New Ethics of*

121. Kogon, *Nazi Mass Murder*, 184.
122. Ibid, 120.
123. For an overview of animal protection legislation during the Nazi era, see Sax, *Animals in the Third Reich*, Chapter 11 ("Animals, Nature, and the Law") and Appendix 2 ("Brief Chronology of Legislation on Animals and Nature in the Third Reich"). See also Arnold Arluke and Boria Sax, "Understanding Nazi Animal Protection and the Holocaust," *Anthrozoos* 5 (1992): 6–31, and Lynda Birke, Paul Bookbinder, et al, "Comment on Arluke and Sax: 'Understanding Nazi Animal Protection and the Holocaust'" *Anthrozoos* 6 (1993): 72–114. In this legislation, writes Boria Sax, "there is something ominous in the Nazi preoccupation with methods of killing animals" in that it conditioned people to think of killing in a positive light. "By desensitizing people, the killing of animals helped open the way for the mass murder of human beings." Sax, *Animals in the Third Reich*, 169.『ナチスと動物』
124. Gary Francione, *Rain Without Thunder: The Ideology of the Animal Rights Movement* (Philadelphia: Temple University Press, 1996), 95.
125. Ibid, 96.
126. Brian Klug, "Ritual Murmur: The Undercurrent of Protest Against Religious Slaughter of Animals in Britain in the 1980s" in Roberta Kalechofsky, ed., *Judaism and Animal Rights: Classical and Contemporary Reponses* (Marblehead MA: Micah Publications, 1992), 149.
127. Winthrop Jordan writes that laws which curbed some of the cruelest excesses of slavery in the American South, such as laws which prohibited the gross maltreatment of slaves, left slavery more firmly entrenched than ever. By trying to eliminate cruel treatment, "the humanitarian impulse helped make slavery more benevolent and paternal and hence more tolerable for the slaveowner and even for the abolitionist. To the extent that cruelty was inherent in slavery, humanitarian amelioration helped perpetuate cruelty." Winthrop D. Jordan, *The White Man's Burden: Historical Origins of Racism in the United States* (New York: Oxford University Press, 1974), 142–3.
128. Francione, *Rain Without Thunder*, 96–8.
129. Hilberg, *Destruction*, 276.『ヨーロッパ・ユダヤ人の絶滅』

第６章　私たちも同じだった

1. Leo Eitinger, "Auschwitz—A Psychological Perspective" in Yisrael Gutman and Michael Berenbaum, eds., *Anatomy of the Auschwitz Death Camp* (Bloomington: Indiana University Press, 1994), 480. "The Holocaust sensitizes us to the hatred of strangers, of the weak, and the persecuted," said Zevulan Hammer, former Israeli Minister of Education and Culture. "These are the universal messages of the Holocaust." Quoted in Michal Morris Kamil, "Learn to Remember: A New Year Message from The Minister of Education and Culture Zevulan Hammer," *Yad Vashem Magazine*, Vol. 3, Tishrei 5757, September 1996, 3.
2. Alan L. Berger, *Children of Job: American Second-Generation Witnesses to the Holocaust* (Albany: State University of New York Press, 1997), 16; Alan L. Berger and Naomi Berger, eds., *Second Generation Voices: Reflections by Children of Holocaust Survivors and Perpetrators* (Syracuse, NY: Syracuse University Press, 2001), 3.
3. Wildlife Watch and Committee to Abolish Sport Hunting, P.O. Box 562, New Paltz, NY 12561; 845-255-4227; wild-

98. Kershaw, *Hitler: 1936–1945*, 403, 405.『ヒトラー権力の本質』

99. Meyer, "Hitler Diet," 1.

100. Kershaw, *Hitler: 1936–1945*, 588. "The strongest asserts its will," Hitler declared, "it is the law of nature." Hugh Gregory Gallagher, *By Trust Betrayed: Patients, Physicians, and the License to Kill in the Third Reich* (New York: Henry Holt, 1990), 53.『ナチス・ドイツと障害者「安楽死」計画』

101. Peter Sichrovsky, *Born Guilty: Children of Nazi Families* (New York: Basic Books, 1988), 169. To stamp out anything weak and gentle, some members of the SS were required to rear a German shepherd for twelve weeks, then strangle the puppy under the supervision of an officer." Sax, *Animals in the Third Reich*, 169.『ナチスと動物』

102. Kershaw, *Hitler: 1936–1945*, 178.『ヒトラー権力の本質』

103. According to James Serpell, Nazi dog lovers included Göring, Goebbels, Hess, and Admiral Donitz. James Serpell, *In the Company of Animals: A Study of Human-Animal Relationships* (London: Basil Blackwell, 1986), 33.

104. Max Horkheimer and Theodor W. Adorno, *Dialectic of Enlightenment* (New York: Herder and Herder, 1972), 253.『啓蒙の弁証法』 I am indebted to Dr. Roberta Kalechofsky of Jews for Animal Rights for bringing this reference to my attention.

105. Sax, *Animals in the Third Reich*, 146–7.『ナチスと動物　ペット・スケープゴート・ホロコースト』

106. Klee, "*Good Old Days*," 164–5.

107. Ibid, 167.

108. Ibid, 168.

109. Ibid, 257–9.

110. Ibid, 261. The "feast" of eating slaughtered animals continues. When Isabel Fonesca visited Auschwitz to do research for her book about the Gypsies, she reported that inside the camp is "a tourist hotel and a cafeteria, racked with ham-and-cheese sandwiches." Isabel Fonseca, *Bury Me Standing: The Gypsies and Their Journey* (New York: Vintage, 1996),『立ったまま埋めてくれ』 254.

111. Klee, "*Good Old Days*," 263–4.

112. Ibid, 267.

113. Lifton, *Nazi Doctors*, 403.

114. Sereny, *Into That Darkness*, 170, 168.『人間の暗闇　ナチ絶滅収容所長との対話』

115. Goldhagen, *Hitler's Willing Executioners*, 304.

116. Gallagher, *By Trust Betrayed*, 52.『ナチス・ドイツと障害者「安楽死」計画』

117. Friedlander, *Origins*, 86. Hitler's interest in humane killing extended even to lobsters. A Nazi regulation, dated January 14, 1936, and approved by Hitler, decreed that lobsters should be thrown "in rapidly boiling water" rather than in cold water that was then slowly brought to a boil since abrupt immersion in boiling water would be a "more humane" way of killing the lobster. Waite, *Psychopathic God*, 45. However, according to Albert Speer, Hitler did not see lobsters as attractive creatures. "Once, when Helgoland fishermen presented him with a gigantic lobster, this delicacy was served at table, much to the satisfaction of the guests, but Hitler made disapproving remarks about the human error of consuming such ugly monstrosities." Speer, *Inside the Third Reich*, 143.『第三帝国の神殿にて』

118. Redlich, *Hitler*, 170.

119. Hilberg, *Destruction*, 136–7.『ヨーロッパ・ユダヤ人の絶滅』

120. Ervin Staub, *The Roots of Evil: The Origins of Genocide and Other Group Violence* (Cambridge: Cambridge University Press, 1989), 138.

diet would cure his stomach cramps, excessive sweating, and melancholy." Waite, *Psychopathic God*, 47.

87. Colin Spencer, *The Heretic's Feast: A History of Vegetarianism* (London: Fourth Estate, 1990), 306.
88. Waite, *Psychopathic God*, 27.
89. Kapleau, *To Cherish All Life*, 103 #71. According to Otto Wagener, Hitler became a strict vegetarian after viewing the autopsy of his young niece Angela (Geli) Raubal in 1931, but Wagener is not a reliable source since no autopsy was performed. Redlich, *Hitler*, 77, 285.
90. Redlich writes that Hitler loved to eat the Austrian meat dish *Leberknodl* (liver dumpling). Redlich, *Hitler*, 78.
91. Dione Lucas, *The Gourmet Cooking School Cookbook: Classic Recipes, Menus, and Methods as Taught in the Classes of the Gourmet Cooking School*, (New York: Bernard Geis Associates, 1964), 89. Cited in Rynn Berry, "Humankind's True Moral Test" in *Satya* (June 1994), 3.
92. Robert Payne, *The Life and Death of Adolf Hitler* (New York: Praeger, 1973), 346. Late in the war Hitler's personal physician, Dr. Theodor Morell, put him on a restricted diet that included small quantities of bacon, as well as butter, lard, egg whites, buttermilk, and heavy cream. Redlich, *Hitler*, 249.
93. Spencer, *Heretic's Feast*, 308–9.
94. Payne, *Life and Death*, 346. Ralph Meyer writes that this portrayal of Hitler as a peaceful vegetarian by Goebbels fooled even leading statesmen and biographers. "This hoax is still repeated *ad nauseum* to discredit vegetarians and animal rights advocates. How many people have been discouraged from even considering these issues because they abhor anything that might be associated with Hitler?" Ralph Meyer, "The 'Hitler Diet' for Disease and War," 1. Mr. Meyer, a vegetarian since the age of nine, left Nazi Germany in 1935. "Is it possible," he asks, "that just maybe, if humans had an inhibition about mistreating animals, they might also have an inhibition about mistreating each other?" personal communication to author.
95. Hitler also "collected rare paintings and engravings, gave expensive presents to his mistress, and surrounded himself with servants, whose trustworthiness was ensured because they were under the supervision of the SS. He had a fleet of automobiles, and airplanes were always at his disposal. Nearly every evening there were private showings of films. His table service was of the best Meissen china, each plate, saucer, and teacup engraved in gold with 'A.H.' and a swastika." Payne, *Life and Death*, 346–7.
96. In his memoir Albert Speer wrote that once Hitler discovered the taste of caviar, he ate it "by the spoonful with gusto" until he found out from Kannenberg how expensive it was. Although the expense was insignificant compared to that of the entire Chancellor's household, Hitler rejected caviar as an extravagance since "the idea of a caviar-eating Leader was incompatible with Hitler's conception of himself." Albert Speer, *Inside the Third Reich: Memoirs* (New York: Macmillan, 1970), 154.『第三帝国の神殿にて』
97. Payne, *Life and Death*, 346. In the final stages of the war, Hitler lived for his favorite meal of the day—chocolate and cakes. Robert Waite writes, "Whereas in earlier days he ate at most three pieces, he now had his plate heaped high three times. He said that he didn't eat much for supper, so that he could eat more cakes." Waite, *Psychopathic God*, 479.

65. Klee, *"Good Old Days,"* 100.
66. Goldhagen, *Hitler's Willing Executioners*, 266.
67. Hamburg Institute for Social Research, ed., *The German Army and Genocide: Crimes Against War Prisoners, Jews, and Other Civilians, 1939–1944* (New York: New Press, 1999), 104.
68. Jochen von Lang, *The Secretary: Martin Bormann—The Man Who Manipulated Hitler* (New York: Random House, 1979), 150.
69. Lifton, *Nazi Doctors*, 403.
70. Klee, *"Good Old Days,"* 120.
71. After the details of the 1944 bomb plot began to emerge, Hitler said, "Now I finally have the swine who have been sabotaging my work for years." Ian Kershaw, *Hitler: 1936–1945 Nemesis* (New York: Norton, 2000), 687; see also 208.『ヒトラー権力の本質』
72. Fritz Redlich, *Hitler: Diagnosis of a Destructive Prophet* (New York: Oxford University Press, 1999), 149.
73. Kershaw, *Hitler: 1936–1945*, 447, 470, 401.
74. Robert G. L. Waite, *The Psychopathic God Adolf Hitler* (New York: Basic Books, 1977), 90.
75. Redlich, *Hitler*, 142.
76. Waite, *Psychopathic God*, 469.
77. Ibid, 86.
78. Redlich, *Hitler*, 10.
79. Ibid, 113. Hitler insisted that only people with talent should be educated, believing it was "criminal lunacy to keep on drilling a half-born ape until people think they have made a lawyer out of him." Ibid, 119, 310.
80. Waite, *Psychopathic God*, 97. Here Hitler was echoing the view of his idol Richard Wagner, who wrote that the "lower races" traced their origin "from the apes," while the Aryans traced theirs "from the gods." Sax, *Animals in the Third Reich*, 54.『ナチスと動物』
81. Redlich, *Hitler*, 302.
82. Waite, *Psychopathic God*, 155. In 1926 Hitler beat his dog ferociously in the presence of Mimi Reiter, a 16-year-old girl who caught his fancy and whom he was apparently trying to impress: "He whipped his dog like a madman [*Irrsinniger*] with his riding whip as he held him tight on the leash. He became tremendously excited....I could not have believed that this man would beat an animal so ruthlessly—an animal about which he had said a moment previously that he could not live without. But now he whipped his most faithful companion!" Ibid, 192. In front of another girl on a different occasion, when Hitler's Alsatian didn't obey him, "he gave a demonstration of his idea of masculinity, mastery, and power by brutally whipping the animal." Ibid, 259.
83. Louis P. Lochner, ed., *The Goebbels Diaries*, 1942–1943 (Garden City, NY: Doubleday, 1948), 138, 442『ゲッベルスの日記』; Albert Speer, *Inside the Third Reich: Memoirs* (New York: Macmillan, 1970), 358, 360;『第三帝国の神殿にて』 Kershaw, *Hitler: 1936–1945*, 564. 『ヒトラー権力の本質』On April 29, 1945, the day before Hitler committed suicide, he poisoned Blondi to make sure the cyanide capsules Himmler gave him worked. Kershaw, *Hitler: 1936–1945*, 825; Waite, *Psychopathic God*, 489; Redlich, *Hitler*, 216.
84. Ian Kershaw, *Hitler: 1889–1936 Hubris* (New York: Norton, 1998), 93.『ヒトラー権力の本質』
85. Redlich, *Hitler*, 66, 77.
86. Kressel, *Mass Hate*, 133. For Kressel's discussion of Hitler's mental health, see pages 132–4. One day during the 1932 electoral campaign, according to an intimate, Hitler, feeling sorry for himself as he ate his vegetable soup, "asked plaintively for assurance that the vegetable

the Holocaust (Cambridge: Cambridge University Press, 1999), 77–8.
46. Kogon, *Nazi Mass Murder*, 216.
47. Richard Breitman, *The Architect of Genocide: Himmler and the Final Solution* (New York, Knopf, 1991), 174.
48. Rudolf Höss, *Commandant of Auschwitz: The Autobiography of Rudolf Höss* (Cleveland: World Publishing Company, 1959), 237; 『アウシュヴィッツ収容所』 Robert Jay Lifton, *The Nazi Doctors: Medical Killing and the Psychology of Genocide* (New York: Basic Books, 1986), 316.
49. Kogon, *Nazi Mass Murder*, 113, 236, 240.
50. Ibid, 133.
51. Sereny, *Into That Darkness*, 166. 『人間の暗闇　ナチ絶滅収容所長との対話』
52. Klee, *"Good Old Days,"* 227.
53. Clendinnen, *Reading the Holocaust*, 151.
54. Melissa Müller, *Anne Frank: The Biography* (New York: Henry Holt, 1998), 246.
55. Kogon, *Nazi Mass Murder*, 126.
56. Donat, *Treblinka*, 312–3. See also Sereny, *Into That Darkness*, 202. 『人間の暗闇　ナチ絶滅収容所長との対話』
57. Yisrael Gutman and Michael Berenbaum, eds., *Anatomy of the Auschwitz Death Camp* (Bloomington: Indiana University Press, 1994), 55. For the German concern about the health of their police dogs, see Goldhagen, *Hitler's Willing Executioners*, 268.
58. Charles G. Roland, *Courage Under Seige: Starvation, Disease, and Death in the Warsaw Ghetto* (New York: Oxford University Press, 1992), 174. Emmanuel Levinas befriended the dog "Bobby" at a Nazi slave labor camp and called him "the last Kantian in Nazi Germany." Emmanuel Levinas, "The Name of a Dog, or Natural Rights" in *Difficult Freedom: Essays on Judaism* (Baltimore: John Hopkins Press, 1990), 151–3. 『困難な自由』 See also David Clark, "On Being 'The Last Kantian in Nazi Germany': Dwelling with Animals after Levinas" in Jennifer Ham and Matthew Senior, eds., *Animal Acts: Configuring the Human in Western History* (New York: Routledge, 1997), 165–98.
59. Sax, *Animals in the Third Reich*, 22. Bella Fromm reported that in 1936 when a group of farmers in a small community pooled their money to buy a bull for their cows, local officials decided the bull was "Jewish" and therefore would not be allowed to reproduce. Ibid, 22–3.
60. Jeffrey Moussaieff Masson, *Dogs Never Lie About Love: Reflections on the Emotional World of Dogs* (New York: Crown, 1997), 166. 『犬の愛に嘘はない』 In the Warsaw Ghetto, when Marian Filar went to an apartment of a family he knew, he found that they had already been deported. The apartment was empty except for the family dog waiting for their return. When Filar tried to take the dog home, she snarled and refused to leave. He thinks she probably starved to death in the apartment. Marian Filar and Charles Patterson, *From Buchenwald to Carnegie Hall* (Jackson: University Press of Mississippi, 2002), 64–5. Isaiah Spiegel's short story, "A Ghetto Dog," is about an old widow in the Warsaw Ghetto who refuses to part with her dog, so the Germans shoot them both. In Saul Bellow, ed., *Great Jewish Short Stories* (New York: Dell, 1963).
61. Sax, *Animals in the Third Reich*, 87. 『ナチスと動物』
62. Ibid, 182.
63. Victor Klemperer, *I Will Bear Witness: A Diary of the Nazi Years, 1942–1945* (New York: Random House, 2000), 52. 『私は証言する』
64. Ibid, 55.

NY: The Zen Center, 1986), 12.

15. Kogon, *Nazi Mass Murder*, 113.
16. Ernst Klee, Willi Dressen, and Volker Riess, eds., *"The Good Old Days": The Holocaust as Seen by Its Perpetrators and Bystanders* (New York: Free Press, 1991), 240.
17. Alexander Donat, ed., *The Death Camp Treblinka: A Documentary* (New York: Holocaust Library, 1979), 310–1.
18. Gitta Sereny, *Into That Darkness: From Mercy-Killing to Mass Murder* (New York: McGraw- Hill, 1974), 115, 148, 165. 『人間の暗闇　ナチ絶滅収容所長との対話』
19. Kogon, *Nazi Mass Murder*, 132.
20. *New York Times*, August 5, 1997, C1, C6.
21. Donat, *Treblinka*, 309.
22. *New York Times*, June 24, 1865. Quoted in Lawrence and Susan Finsen, *The Animal Rights Movement in America* (New York: Twayne, 1994), 1.
23. Ibid.
24. Eisnitz, *Slaughterhouse*, 130.
25. Ibid, 199.
26. Ibid, 219.
27. When former Secretary of Agriculture Edward Madigan was shown a videotape of the way downed animals were treated, he was "disgusted and repelled." Gene Bauston, *Battered Birds, Crated Herds: How We Treat the Animals We Eat* (Watkins Glen, NY: Farm Sanctuary, 1996), 47.
28. Sue Coe, *Dead Meat* (New York: Four Walls Eight Windows, 1996), 116.
29. Karen Davis, "UPC's Realtor Files Lawsuit to Stop Perdue" in *Poultry Press*, (Fall/Winter 1998), 5.
30. From *Familiar Studies of Men and Books*. Quoted in Jon Wynne-Tyson, ed., *The Extended Circle: A Commonplace Book of Animal Rights* (New York: Paragon House, 1989), 355.
31. Andrew Tyler, "Getting Away With Murder" in Laura A. Moretti, ed., *All Heaven in a Rage: Essays on the Eating of Animals* (Chico, CA: MBK Publishing, 1999), 49.
32. Eisnitz, *Slaughterhouse*, 43.
33. Rynn Berry, *The New Vegetarians* (New York: Pythagorean Publishers, 1993), 116.
34. Ibid.
35. Ibid.
36. Quoted in Moretti, *All Heaven*, 43.
37. Rapp was found guilty of murder and given ten life sentences. Guenter Lewy, *The Nazi Persecution of the Gypsies* (New York: Oxford University Press, 2000), 122.
38. Klee, *"Good Old Days,"* 197; Daniel Jonah Goldhagen, *Hitler's Willing Executioners: Ordinary Germans and the Holocaust* (New York: Knopf, 1996), 401.
39. Klee, *"Good Old Days,"* 204.
40. Raul Hilberg, *The Destruction of the European Jews* (New York: Holmes and Meier, 1985), 276–7. 『ヨーロッパ・ユダヤ人の絶滅』
41. Raul Hilberg, *Perpetrators, Victims, Bystanders: The Jewish Catastrophe, 1933–1945* (New York: HarperCollins, 1992), 58–61.
42. Dan Bar-On, *Legacy of Silence: Encounters with Children of the Third Reich* (Cambridge, MA: Harvard University Press, 1989), 196.『沈黙という名の遺産』
43. James M. Glass, *"Life Unworthy of Life": Racial Phobia and Mass Murder in Hitler's Germany* (New York: Basic Books, 1997), 123–4.
44. Kogon, *Nazi Mass Murder*, 163.
45. Hilberg, *Perpetrators*, 148. Later for *Shoah*, Claude Lanzmann's documentary film about the Holocaust, Srebnik sang some of the songs he had sung at Chelmno with a voice that was "still beautiful." Inga Clendinnen, *Reading*

them right inside onto the meat bench, we'll cut them right up like calves." Horwitz, *In the Shadow*, 133.

97. Gitta Sereny, *Into That Darkness: An Examination of Conscience* (New York: Vintage, 1983), 236.『人間の暗闇　ナチ絶滅収容所長との対話』

第５章　涙の誓いなしに

1. Boria Sax, *Animals in the Third Reich: Pets, Scapegoats, and the Holocaust* (New York: Continuum, 2000), 150.『ナチスと動物　ペット・スケープゴート・ホロコースト』
2. Judy Chicago thinks there is something very modern about the Holocaust. "The medical mind, scientific method, technology, the Industrial Revolution, the assembly line, the concept of conquest—the conquest of space, of foreign lands, of cancer—these realities have shaped the world we live in, and this is the world that produced the Holocaust." She sees the industrialized slaughter which Nazi Germany implemented against the Jews as an outgrowth of modern industrial society. "The Nazis had cunningly applied the assembly-line techniques of the Industrial Revolution to the Final Solution; everything was engineered with maximum, but entirely dehumanized, efficiency." Judy Chicago, *Holocaust Project: From Darkness into Light* (New York: Viking Penguin, 1993), 58 and 60. See also Zygmunt Bauman, *Modernity and the Holocaust* (Ithaca, NY: Cornell University Press, 1989)『近代とホロコースト』and Omer Bartov, *Murder in Our Midst: The Holocaust, Industrial Killing, and Representation* (New York: Oxford University Press, 1996).
3. Eugen Kogon, Hermann Langbein, and Adalbert Ruckerl, eds., *Nazi Mass Murder: A Documentary History of the Use of Poison Gas* (New Haven: Yale University Press, 1993), 110.
4. Henry Friedlander, *The Origins of Nazi Genocide: From Euthanasia to the Final Solution* (Chapel Hill: University of North Carolina Press, 1995), 93.
5. Neil J. Kressel, *Mass Hate: The Global Rise of Genocide and Terror* (New York: Perseus Books, 1996), 199.
6. Upton Sinclair, *The Jungle* (New York: Signet, 1990), 40.『ジャングル』
7. Kogon, *Nazi Mass Murder*, 170.
8. Gail Eisnitz, *Slaughterhouse: The Shocking Story of Greed, Neglect, and Inhumane Treatment Inside the U.S. Meat Industry* (Amherst, NY: Prometheus, 1997), 181.
9. Ibid, 44.
10. Ibid, 82.
11. Ibid.
12. Ibid, 119.
13. Jimmy M. Skaggs, *Prime Cut: Livestock Raising and Meatpacking in the United States, 1607–1983* (College Station: Texas A&M University Press, 1986), 191.
14. Donald D. Stull, "Knock 'em Dead: Work on the Killfloor of a Modern Beefpacking Plant" in Louise Lamphere, Alex Stepick, and Guillermo Grenier, eds., *Newcomers in the Workplace: Immigrants and the Restructuring of the U.S. Economy* (Philadelphia: Temple University Press, 1994), 57. Richard Rhodes found that watching pigs being driven down a pen which "narrows like a funnel" to a moving ramp was "a frightening experience; seeing their fear, seeing so many of them go by, it had to remind me of things no one wants to be reminded of anymore, all mobs, all death marches, all mass murders and extinctions." Richard Rhodes, "Watching the Animals," *Harper's*, March 1970. Quoted in Philip Kapleau, *To Cherish All Life: A Buddhist Case for Becoming Vegetarian*, second edition (Rochester,

in Silesia and Czechoslovakia. Gutman and Berenbaum, *Anatomy*, 407.

78. Gutman and Berenbaum, *Anatomy*, 269.

79. Hugh Gregory Gallagher, *By Trust Betrayed: Patients, Physicians, and the License to Kill in the Third Reich* (New York: Henry Holt, 1990), 52.『ナチスドイツと障害者「安楽死」計画』

80. Friedlander, *Origins*, 39.

81. Burleigh, *Death and Deliverance*, 98.

82. Friedlander, *Origins*, 62.

83. Ibid, 49–59.

84. Ibid, 62. When T4 asked Dr. Albert Widmann, acting head of the chemistry department of the Reich Criminal Police Office, if he could manufacture large amounts of poison, he asked "For what? To kill people?" "No." "To kill animals?" "No" "What for, then?" "To kill animals in human form." Burleigh, *Death and Deliverance*, 119.

85. Friedlander, *Origins*, 68.

86. Ibid, 209. The gas chamber at the Mauthausen concentration camp in Austria underwent a trial run in April 1942, first on rats, then on more than 200 Soviet prisoners of war. Gordon J. Horwitz, *In the Shadow of Death: Living Outside the Gates of Mauthausen* (New York: Free Press, 1990), 18.

87. Kershaw, *Hitler 1936–1945*, 261, 430.『ヒトラー権力の本質』 See also Burleigh, *Death and Deliverance*, 144; Proctor, "Nazi Biomedical Policies," 34; and Friedlander, *Origins*, 109.

88. Proctor, "Nazi Biomedical Policies," 34.

89. Friedlander, *Origins*, 300. Omer Bartov, who believes the Great War (1914–18) was the birthplace of the industrial killing that culminated in the Holocaust, writes about the discontinuity between T4 and the extermination camps in Poland in Omer Bartov, *Murder in Our Midst: The Holocaust, Industrial Killing, and Representation* (New York: Oxford University Press, 1996).

90. John K. Roth, "On Losing Trust in the World" in Roth and Berenbaum, *Holocaust*, 244.

91. Friedlander, *Origins*, 22. Gordon Horwitz makes a similar point: "The operations demonstrated the effectiveness of assembly-line procedures for mass murder, and established the technical feasibility of the gas chamber as an instrument of mass killing. The integrated killing unit containing gas chamber, corpse-storage area, and crematorium first was used in the euthanasia centers. By 1942 the experience of the euthanasia killing centers had been applied on a monumental scale in the extermination centers: Treblinka, Sobibor, Belzec, Lublin-Maidanek, Auschwitz. In that year, too, Mauthausen established its own gas chamber." Horwitz, *In the Shadow*, 200 #5.

92. Friedlander, *Origins*, 68, 41; Robert Jay Lifton, *The Nazi Doctors: Medical Killing and the Psychology of Genocide* (New York: Basic Books, 1986), 52.

93. Friedlander, *Origins*, 71, 206–8.

94. Horwitz, *In the Shadow*, 79, 204 #96.

95. Friedlander, *Origins*, 243, 241, 238, 232.

96. Ibid, 239, 241. Hitler's personal body guard, Ulrich Graf, was also a former butcher. John Toland, *Adolf Hitler* (Garden City, NY: Doubleday, 1976), 107.『アドルフ・ヒトラー　ある精神の形成』 The head of the Krefeld Gestapo, Ludwig Jung, was the son of a master butcher. Eric A. Johnson, *Nazi Terror: The Gestapo, Jews, and Ordinary Germans* (New York: Basic Books, 1999), 52. An Austrian woman recalled that after two escaped prisoners were captured in her town seven miles from the Mauthausen concentration camp, the butcher's daughter shouted, "Drive

ichparteitag that the goal of National Socialism was the preservation of Germans by keeping their blood pure and uncontaminated. He invited them to see for themselves how the German human being was faring under National Socialist leadership. "Measure not only the increased numbers of births, but most of all the appearance of our youth.... How beautiful are our boys and our girls, bright their eyes, how healthy and vigorous their posture, how wonderful the bodies of hundreds of thousands and millions that have been trained and cared for by our organizations....Where are better men than you see here? It is really the rebirth of a nation as the result of conscious breeding of a new man." Fritz Redlich, *Hitler: Diagnosis of a Destructive Prophet* (New York: Oxford University Press, 1999), 125.

66. Ibid, 107.

67. John K. Roth and Michael Berenbaum, eds., *Holocaust: Religious and Philosophical Implications* (St. Paul, MN: Paragon House, 1989), 197.

68. Jochen von Lang, *The Secretary: Martin Bormann—The Man Who Manipulated Hitler* (New York: Random House, 1979), 200.

69. Bradley F. Smith, *Heinrich Himmler: A Nazi in the Making, 1900–1926* (Stanford, CA: Hoover Institution Press, 1971), 67–165.

70. von Lang, *Secretary*, 84. The *Lebensborn* program, responsible for the Germanization of children from the East, placed children with foster families and special institutions, arranged adoptions, issued testimonials and false birth certificates, changed first and family names, and ran its own registration office. Yisrael Gutman and Michael Berenbaum, eds., *Anatomy of the Auschwitz Death Camp* (Bloomington: Indiana University Press, 1994), 421, 426 #25. About slave breeding farms in the antebellum American South, see Richard Sutch, "The Breeding of Slaves for Sale and the Westward Expansion of Slavery, 1850–1860" in Stanley L. Engerman and Eugene D. Genovese, eds., *Race and Slavery in the Western Hemisphere: Quantitative Studies* (Princeton: Princeton University Press, 1975), 173–210.

71. Quoted in Ervin Staub, *The Roots of Evil: The Origins of Genocide and Other Group Violence* (Cambridge: Cambridge University Press, 1989), 97.

72. Richard Breitman, *The Architect of Genocide: Himmler and the Final Solution* (New York, Knopf, 1991), 249–50.

73. Zygmunt Bauman, *Modernity and the Holocaust* (Ithaca, NY: Cornell University Press, 1989), 114.『近代とホロコースト』

74. Breitman, *Architect of Genocide*, 34.

75. John Weiss, *Ideology of Death: Why the Holocaust Happened in Germany* (Chicago: Ivan R. Dee, 1996), 272. Darré's successor, Herbert Backe, was a tenant farmer who, after he joined the Nazi Party, became head of the farmers' political organization in his district in 1931. He served as Reich Minister for Food and Agriculture during the last year of the Nazi regime. On April 6, 1947, he committed suicide in his cell at Nuremberg. Robert Wistrich, *Who's Who in Nazi Germany* (London: Weidenfeld and Nicolson, 1982), 10.『ナチス時代ドイツ人名事典』

76. Breitman, *Architect of Genocide*, 188.

77. Rudolf Höss, *Commandant of Auschwitz: The Autobiography of Rudolf Höss* (Cleveland: World Publishing Company, 1959), 230.『アウシュヴィッツ収容所』According to Irena Strzelecka, more than 1,000 women prisoners were placed in agricultural and cattle-breeding satellite camps created near Auschwitz, and over 2,000 more were put in similar camps

想』

50. Kevles, *In the Name*, 116.『優生学の名のもとに 「人類改良」の悪夢の百年』 On February 2, 2001, Virginia's House of Delegates, the state's lower house, passed a resolution by an 85–10 vote that expressed "profound regret over the Commonwealth's role in the eugenics movement in this country." It is estimated that Virginia forcibly sterilized about 8,000 people after state lawmakers passed a law that targeted people they considered "feebleminded" in 1924. Although eugenics was eventually discredited, the last eugenics language was not removed from the Virginia law until 1979. The bill's sponsor, Mitchell Van Yahres, said it was important to face up to the past now because of recent advances in genetic engineering. "We don't want to go down that road again," he said, "when we were compared with the Nazis and the Holocaust." Chris Kahn, "Virginia Lower House OKs Bill on Eugenics" Associated Press, Feb. 2, 2001.
51. Kühl, *Nazi Connection*, 37.『ナチ・コネクション アメリカの優生学とナチ優生思想』
52. Ibid, 53.
53. Ian Kershaw, *Hitler 1936–45: Nemesis* (New York: Norton, 2000), 257.『ヒトラー権力の本質』
54. Michael Burleigh, *Death and Deliverance: "Euthanasia" in Germany c.1900–1945* (Cambridge: Cambridge University Press, 1994), 194. Nazi propaganda films praised thoroughbred animals but disapproved of the affection single women showed toward their pets. "What You Have Inherited" (*Was du ererbt*) accused female dog owners of misdirecting their affection and maternal instincts. "An exaggerated love for an animal is degenerate," it declares. "It doesn't raise the animal, but rather degrades the human being!"
55. Kühl, *Nazi Connection*, 48.『ナチ・コネクション アメリカの優生学とナチ優生思想』
56. Ibid, 48–9.
57. Ibid, 86.
58. Ibid.
59. Laughlin expressed his appreciation in his letter of acceptance to Schneider: "I stand ready to accept this very high honor. Its bestowal will give me gratification, coming as it will from a university deeply rooted in the life history of the German people, and a university which has been both a reservoir and a fountain of learning for more than a half a millennium. To me this honor will be doubly valued because it will come from a nation which for many centuries nurtured the human seed-stock which later founded my own country and thus gave basic character to our present lives and institutions." Ibid, 87.
60. Friedlander, *Origins*, 66.
61. Kühl, *Nazi Connection*, 59–60.『ナチ・コネクション アメリカの優生学とナチ優生思想』
62. Ibid, 61.
63. Stanley Cohen, "The Failure of the Melting Pot" in Gary B. Nash and Richard Weiss, *The Great Fear: Race in the Mind of America* (New York: Holt, Rinehart and Winston, 1970), 154.
64. Kühl, *Nazi Connection*, 61–3.『ナチ・コネクション アメリカの優生学とナチ優生思想』 For American eugenic developments in the later part of the 20th century, see Barry Mehler, "Foundation for Fascism: The New Eugenics Movement in the United States" in *Patterns of Prejudice*, Vol. 23, No. 4 (1989), 17–25.
65. Hitler also saw the Nazi eugenic goal as one of breeding a better race. On September 7, 1937, he told the faithful gathered for the opening of the Re-

(New York: Oxford University Press, 1991), 44.
21. Ibid, 45.
22. Ibid.
23. Ibid.
24. Ibid, 46.
25. Ibid, 47.
26. Quoted in Friedlander, *Origins*, 8–9.
27. Stefan Kühl, *The Nazi Connection: Eugenics, American Racism, and German National Socialism* (New York: Oxford University Press, 1994), 13.『ナチ・コネクション　アメリカの優生学とナチ優生思想』
28. Friedlander, *Origins*, 14–16.
29. Eugen Kogon, Hermann Langbein, and Adalbert Ruckerl, eds., *Nazi Mass Murder: A Documentary History of the Use of Poison Gas* (New Haven: Yale University Press, 1993), 13.
30. Kühl, *Nazi Connection*, 19.『ナチ・コネクション　アメリカの優生学とナチ優生思想』For more about the eugenics movement in America after World War I, see Barry Mehler, "A History of the American Eugenics Movement,1921–1940," Doctoral dissertation, University of Illinois, 1988.
31. Kühl, *Nazi Connection*, 20.『ナチ・コネクション　アメリカの優生学とナチ優生思想』
32. Ibid, 22.
33. Edwin Black, *IBM and the Holocaust: The Strategic Alliance Between Nazi Germany and America's Most Powerful Corporation* (New York: Crown, 2001), 49.『IBMとホロコースト』
34. Proctor, "Nazi Biomedical Policies," 27.
35. Friedlander, *Origins*, 25–6.
36. Marion Kaplan, *Between Dignity and Despair: Jewish Life in Nazi Germany* (New York: Oxford University Press, 1998), 82. In 1940 the Nazi public prosecutor in Graz recommended the univeral sterilization of all Gypsies as "the only effective way I can see of relieving the population of the Burgenland from this nuisance....These wandering work-shy beings of an alien race will never become faithful to the Reich and will always endanger the moral level of the German population." Donald Kenrick and Grattan Puxon, *The Destiny of Europe's Gypsies* (New York: Basic Books, 1972), 97.『ナチス時代の「ジプシー」』
37. Proctor, "Nazi Biomedical Policies," 29–30.
38. Kühl, *Nazi Connection*, 37.『ナチ・コネクション　アメリカの優生学とナチ優生思想』
39. Ibid, 85.
40. In 1937, in accordance with secret orders from Hitler, about 500 *Rheinland-bastarde* children, the offspring of black French occupation troops and German women, were sterilized. The action was carried out by the Gestapo working in conjunction with the genetic health courts. Guenter Lewy, *The Nazi Persecution of the Gypsies* (New York: Oxford University Press, 2000), 40.
41. Kühl, *Nazi Connection*, 38–9.『ナチ・コネクション　アメリカの優生学とナチ優生思想』
42. Ibid, 42–3.
43. Ibid, 43–5.
44. Reliable estimates put the total number of sterilizations performed before the onset of the war in 1939 at 290,000–300,000. Lewy, *Nazi Persecution of Gypsies*, 40.
45. Proctor, "Nazi Biomedical Policies," 30.
46. Kühl, *Nazi Connection*, 39–42.『ナチ・コネクション　アメリカの優生学とナチ優生思想』
47. Ibid, 38–9.
48. Proctor, "Nazi Biomedical Policies," 33–4.
49. Kühl, *Nazi Connection*, 46.『ナチ・コネクション　アメリカの優生学とナチ優生思

cal Center, a gift of $1,000,000 to the National Conference of Christians and Jews for a national headquarters building in New York, and contributions to various national Jewish organizations and causes, such as the United Jewish Appeal, the Israel Emergency Fund, the Jewish Welfare Federation, and the Anti-Defamation League of B'nai B'rith. Henry Ford II also built a Ford assembly plant in Israel, even though it meant a boycott of all Ford products in Egypt, Syria, Lebanon, Iraq, and Saudi Arabia. Lewis, *Public Image*, 154–9; Albert Lee, *Henry Ford and the Jews*, iii.

第4章　群れの改良

1. Keith Thomas writes that in the early modern period in England animal breeding was "ruthlessly eugenic." A seventeeth-century handbook declared, "As soon as the bitch hath littered, it is requisite to choose them you intend to preserve, and throw away the rest." Keith Thomas, *Man and the Natural World: A History of the Modern Sensibility* (New York: Pantheon Books, 1983), 60.『人間と自然界』
2. Henry Friedlander, *The Origins of Nazi Genocide: From Euthanasia to the Final Solution* (Chapel Hill: University of North Carolina Press, 1995), 4.
3. Ibid, 2–3.
4. Robert N. Proctor, "Nazi Biomedical Policies" in Arthur L. Caplan, ed., *When Medicine Went Mad: Bioethics and the Holocaust* (Totowa, NJ: Humana Press, 1992), 27.
5. Barbara A. Kimmelman, "The American Breeders' Association: Genetics and Eugenics in an Agricultural Context, 1903–13" in *Social Studies of Science* 13 (1983), 164.
6. Quoted in Garland E. Allen, *Life Science in the Twentieth Century* (Cambridge: Cambridge University Press, 1978), 52.
7. Alexandra Oleson and John Voss, eds., *The Organization of Knowledge in Modern America, 1860–1920* (Baltimore: John Hopkins University Press, 1979), 226–7.
8. Richard Weiss, "Racism and Industrialization" in Gary B. Nash and Richard Weiss, eds., *The Great Fear: Race in the Mind of America* (New York: Holt, Rinehart and Winston, 1970), 136–7.
9. Friedlander, *Origins*, 4.
10. Daniel J. Kevles, *In the Name of Eugenics: Genetics and the Uses of Human Heredity* (Berkeley: University of California Press, 1985), 47.『優生学の名のもとに　「人類改良」の悪夢の百年』
11. Friedlander, *Origins*, 7.
12. Kevles, *In the Name*, 48.『優生学の名のもとに　「人類改良」の悪夢の百年』
13. Weiss, "Racism and Industrialization," 137.
14. Aviva Cantor, *Jewish Women, Jewish Men: The Legacy of Patriarchy in Jewish Life* (San Francisco: Harper and Row, 1995), 316.
15. Stephen Jay Gould, *The Mismeasure of Man*, revised edition (New York: Norton, 1981), 263.『人間の測りまちがい』Assuming that immigration could have continued at its pre-1924 rate, the U.S. quotas kept out an estimated six million southern, central, and eastern Europeans between 1924 and the outbreak of World War II. Ibid.
16. Kevles, *In the Name*, 102–3, 108.『優生学の名のもとに　「人類改良」の悪夢の百年』
17. Nicole Hahn Rafter, ed., *White Trash: The Eugenic Family Studies, 1877–1919* (Boston, Northeastern University Press, 1988), 3–11.
18. Ibid, 27.
19. Ibid, 26.
20. Carl N. Degler, *In Search of Human Nature: The Decline and Revival of Darwinism in American Social Thought*

into booklets and distributed to libraries and YMCAs throughout the country. Edwin Black, *The Transfer Agreement: The Untold Story of the Secret Agreement Between the Third Reich and Jewish Palestine* (New York: Macmillan, 1984), 27.

57. Norman Cohn, *Warrant for Genocide: The Myth of the Jewish World Conspiracy and the "Protocols of the Elders of Zion"* (London: Serif, 1996), 176–7.『シオン賢者の議定書』
58. Keith Sward, *The Legend of Henry Ford* (New York: Rinehart, 1948), 149.
59. Lewis, *Public Image*, 142–3.
60. Robert Waite writes that some three million copies were sold or given away as a public service to high school, municipal, and college libraries. Robert G. L. Waite, *The Psychopathic God Adolf Hitler* (New York: Basic Books, 1977), 138.
61. Albert Lee, *Henry Ford and the Jews* (New York: Stein and Day, 1980), 51.
62. Robert Wistrich, *Who's Who in Nazi Germany* (London: Weidenfeld and Nicolson, 1982), 271.『ナチス時代ドイツ人名事典』
63. Lewis, *Public Image*, 143.
64. Lee, *Ford and the Jews*, 45. After discussing the question of Ford's alleged financial support of Hitler, Lee concludes that while the issue may never be resolved completely, "enough credible sources express belief and cite plausible reasons to indicate that such contributions were highly likely." Ibid, 52–7.
65. Cohn, *Warrant*, 178.『シオン賢者の議定書』
66. Adolf Hitler, *Mein Kampf* (Boston: Houghton Mifflin, 1971), 639.『わが闘争』
67. Lee, *Ford and the Jews*, 46.
68. Nathan C. Belth, *A Promise to Keep: A Narrative of the American Encounter with Anti- Semitism* (New York: Times Books, 1979), 76.
69. Lewis, *Public Image*, 140.
70. Charles Patterson, *Anti-Semitism: The Road to the Holocaust and Beyond* (New York: Walker, 1989), 52.
71. Lewis, *Public Image*, 148–9.
72. Ibid, 148.
73. A photo showing Ford in his office in 1938, receiving the medal from the German counsuls can be found in Belth, *Promise*, 86 (World Wide Photos) and Lewis, *Public Image*, 171 (Detroit Free Press photo). The previous year in Wannsee, just outside Berlin, American businessman, Thomas Watson, president of International Business Machines, received the Merit Cross of the German Eagle with Star, specially created by Hitler. Edwin Black, *IBM and the Holocaust: The Strategic Alliance Between Nazi Germany and America's Most Powerful Corporation* (New York: Crown, 2001), 131–4, 217.『IBMとホロコースト』
74. Lewis, *Public Image*, 149.
75. Cohn, *Warrant*, 86.
76. Yisrael Gutman and Michael Berenbaum, eds., *Anatomy of the Auschwitz Death Camp* (Bloomington: Indiana University Press, 1994), 6.
77. For a full account of the close ties between another large American company and Nazi Germany, see Black, *IBM and the Holocaust*.『IBMとホロコースト』
78. Ken Silverstein, "Ford and the Führer: New Documents Reveal the Close Ties Between Dearborn and the Nazis" in *The Nation* (January 24, 2000), 11–16. My thanks to Allen Bergson for bringing this article to my attention. It should be noted that subsequent efforts by Henry Ford II, the Ford family, and company to improve relations with the Jewish community have included substantial donations to Yeshiva University and the Albert Einstein Medi-

31. Gail Eisnitz, *Slaughterhouse: The Shocking Story of Greed, Neglect, and Inhumane Treatment Inside the U.S. Meat Industry* (Amherst, NY: Prometheus, 1997), 182.
32. Ibid, 183–4.
33. Sue Coe, *Dead Meat* (New York: Four Walls Eight Windows, 1996), 111.
34. Ibid, 111–2.
35. Ibid, 112.
36. Ibid, 112–3.
37. For the story of how IBM's Hollerith punch card technology expedited Nazi Germany's industrialized killing of Jews and others, see Chapter 13 ("Extermination") of Edwin Black, *IBM and the Holocaust: The Strategic Alliance Between Nazi Germany and America's Most Powerful Corporation* (New York: Crown, 2001), 351–74.『IBMとホロコースト　ナチスと手を結んだ大企業』
38. Coe, *Dead Meat*, 118.
39. Ibid, 119.
40. Gitta Sereny, *Into That Darkness: An Examination of Conscience* (New York: Vantage, 1983), 157.『人間の暗闇　ナチ絶滅収容所長との対話』When Karen Davis read the description of the scene, she said it reminded her of the atmosphere at the annual Hegins pigeon shoot in Pennsylvania where people used to eat, drink, and enjoy themselves while shooters spent the day killing and wounding pigeons released from boxes. personal communication to author.
41. Coe, *Dead Meat*, 120. For a description of how chickens are slaughtered, see Karen Davis, *Prisoned Chickens, Poisoned Eggs: An Inside Look at the Modern Poultry Industry* (Summertown, TN: Book Publishing Company, 1996), 105–24.
42. Coe, *Dead Meat*, 72.
43. Betsy Swart, "Interview with Gail Eisnitz" in Friends of Animals, *ActionLine* (Fall 1998), 29.
44. Ibid.
45. Farm Animal Reform Movement (FARM), *FARM Report* (Winter 1999), 7.
46. See David J. Wolfson, *Beyond the Law: Agribusiness and the Systemic Abuse of Animals Raised for Food or Food Production* (New York: Archimedian Press, 1996).
47. Gene Bauston, "Farm Sanctuary Government Affairs and Legislative Campaigns" letter to Farm Sanctuary members, July 17, 2000.
48. Henry Ford, *My Life and Work*, in collaboration with Samuel Crowther (Garden City, NY: Doubleday, Page & Company, 1922), 81.『ヘンリー・フォード自叙伝』The slaughterhouse Ford visited was most likely located in the Union Stock Yards, although he did not specify which slaughterhouse it was.
49. Carol Adams, *The Sexual Politics of Meat* (New York: Continuum, 1991), 52.『肉食という性の政治学』
50. Rifkin, *Beyond Beef*, 120.『脱牛肉文明への挑戦　繁栄と健康の神話を撃つ』
51. J. M. Coetzee, *The Lives of Animals* (Princeton, NJ: Princeton University Press, 1999), 53.『動物のいのち』
52. Rifkin, *Beyond Beef*, 119–20.『脱牛肉文明への挑戦　繁栄と健康の神話を撃つ』
53. Ibid, 120–1.
54. Barrett, *Work*, 20.
55. From 1923 to 1927 the magazine's circulation exceeded 500,000. David L. Lewis, *The Public Image of Henry Ford: An American Folk Hero and His Company* (Detroit: Wayne State University Press, 1976), 135.
56. Dealers who filled their subscription quotas received Ford cars as prizes, while dealers reluctant to sell subscriptions received threatening legalistic letters insisting they sell the newspaper. Reprints of the newspaper were bound

slaughter of animals to the development of modern assembly-line production is discussed in the next chapter.
119. Ibid, 58–9.
120. Ibid, 59.
121. Ibid, 59–60.

第３章　屠畜の工業化

1. David Stannard, *American Holocaust: The Conquest of the New World* (New York: Oxford University Press, 1992), 184.
2. Ibid, 246.
3. Translation of "Auschwitz beginnt da, wo jemand auf Schlachthof steht und denkt: Es sind ja nur Tiere." Quoted in Christa Blanke, *Da krähte der Hahn: Kirche für Tier? Eine Streitschrift* (Eschbach, Germany: Verlag am Eschbach, 1995), 48.
4. Jeremy Rifkin, *Beyond Beef: The Rise and Fall of the Cattle Culture* (New York: Penguin, 1992), 45–6.『脱牛肉文明への挑戦　繁栄と健康の神話を撃つ』
5. Keith Thomas, *Man and the Natural World: A History of the Modern Sensibility* (New York: Pantheon Books, 1983), 25–6.『人間と自然界　近代イギリスにおける自然観の変遷』
6. Ibid, 26.
7. Jimmy M. Skaggs, *Prime Cut: Livestock Raising and Meatpacking in the United States, 1607–1983* (College Station: Texas A & M University Press, 1986), 34.
8. Ibid, 34–8.
9. Robert P. Swierenga, *Faith and Family: Dutch Immigration and Settlement in the United States, 1820–1920* (New York: Holmes and Meier, 2000), 286 #19.
10. Skaggs, *Prime Cut*, 38–9.
11. Ibid, 39.
12. Ibid.
13. Ibid, 39–41. In the South, where pork was the mainstay on plantations, most planters raised their own pigs and grew the corn they needed to feed both their pigs and slaves. They gave the job of killing the animals to the slaves. Kenneth M. Stampp, *The Peculiar Institution: Slavery in the Ante-Bellum South* (New York: Vintage, 1956), 45, 50–1.『アメリカ南部の奴隷制』
14. Rifkin, *Beyond Beef*, 119.『脱牛肉文明への挑戦　繁栄と健康の神話を撃つ』
15. James R. Barrett, *Work and Community in the Jungle: Chicago's Packinghouse Workers, 1894–1922* (Urbana: University of Illinois Press, 1987), 15, 19.
16. Quoted in Rifkin, *Beyond Beef*, 245.『脱牛肉文明への挑戦　繁栄と健康の神話を撃つ』
17. Ibid, 246.
18. Ibid, 245.
19. Quoted in Ibid, 246.
20. Philip Kapleau, *To Cherish All Life: A Buddhist Case for Becoming Vegetarian*, second edition (Rochester, NY: The Zen Center, 1986), 46.
21. Skaggs, *Prime Cut*, 119.
22. Barrett, *Work*, 57.
23. Quotations are from Chapter 3 of Upton Sinclair, *The Jungle* (New York: Signet, 1990), 35–45.『ジャングル』
24. Ibid, 311.
25. Ibid, 312.
26. Ibid, 136.
27. Afterword by Emory Elliott in Ibid, 344.
28. Upton Sinclair, *The Autobiography of Upton Sinclair* (New York: Harcourt, Brace and World, 1962), 126.
29. personal communication to author from David Cantor.
30. Donald D. Stull and Michael J. Broadway, "Killing Them Softly: Work in Meatpacking Plants and What It Does to Workers" in Donald D. Stull, Michael J. Broadway, and David Griffith, eds., *Any Way You Cut It: Meat-Processing and Small-Town America* (Lawrence: University Press of Kansas, 1995), 62.

ghetto diarist. Lawrence L. Langer, *Admitting the Holocaust: Collected Essays* (New York: Oxford University Press, 1995), 43.

104. Horwitz, *In the Shadow of Death*, 159.

105. Indictment of Gustav Laabs, Alois Haefele, and others at a court in Bonn, July 25, 1962. Raul Hilberg, *Perpetrators, Victims, Bystanders: The Jewish Catastrophe, 1933–1945* (New York: HarperCollins, 1992), 34.

106. James Serpell, *In the Company of Animals: A Study of Human-Animal Relationships* (London: Basil Blackwell, 1986), 229–30.

107. Robert Jay Lifton, *The Nazi Doctors: Medical Killing and the Psychology of Genocide* (New York: Basic Books, 1986), 378. The official German report on the destruction of the Warsaw Ghetto described the last ghetto residents as *Kreaturen* (creatures), *Untermenschen* (subhumans), *Banden* (gangs), *Banditen* (bandits), *Gesindel* (rabble), and *niedrigste Elemente* (lowest elements). Sybil Milton, trans., *The Stroop Report: The Jewish Quarter of Warsaw Is No More!* (New York: Pantheon, 1979). Introduction by Andrzej Wirth, 4.

108. Lifton, *Nazi Doctors*, 373.

109. Kressel, *Mass Hate*, 200.

110. Terrence Des Pres, "Excremental Assault" in Roth and Berenbaum, *Holocaust*, 210.

111. Daniel Jonah Goldhagen, *Hitler's Willing Executioners: Ordinary Germans and the Holocaust* (New York: Knopf, 1996), 387. For examples of the Germans' mockery and degradation of their victims, see Ibid, 256–61.

112. Gitta Sereny, *Into That Darkness: An Examination of Conscience* (New York: Vintage, 1983), 101.『人間の暗闇　ナチ絶滅収容所長との対話』The denigration of animals serves the same function—to make killing them easier. "Taunting the victim before sacrifice is a widespread ritual observance in many societies. It probably helps to distance the killers both emotionally and symbolically from the animal." Serpell, *In the Company*, 184–5. "Just as we slander people we have wronged by attaching to them such labels as "congenitally lazy," "stupid," "dirty," or "barbarous" to justify our oppression and/or exploitation of them, in the same way we denigrate animals we want to slaughter in order to eat them with an untroubled conscience." Philip Kapleau, *To Cherish All Life: A Buddhist Case for Becoming Vegetarian*, second edition (Rochester, NY: The Zen Center, 1986), 39.

113. Quoted in letter from Simon Wiesenthal Center, June 1999.

114. Quoted in the National Christian Leadership Conference for Israel Background Paper, January 1998. Dr. Hanan Ashrawi, a member of the Palestinian Legislative Council, claims that Israelis also use animal epithets to reduce the humanity of the Palestinians. "The historical and familiar slurs used by Israeli officials and public figures (including cockroaches, two-legged vermin, dogs) have been expanded to include 'snakes' and 'crocodiles.' " *Satya* (November/December 2000), 16.

115. *Response* (Simon Wiesenthal Center World Report), Summer/Fall 1999, 11. At a rally in Montenegro during his final days in power, Yugoslav strongman Slobodan Milosovic called his opponents "rats and hyenas." Dusan Strojanovic, "Milosevic's Emotional Final Days" (Associated Press, October 7, 2000). 244

116. Judy Chicago, *Holocaust Project: From Darkness into Light* (New York: Viking Penguin, 1993), 8.

117. Ibid, 58.

118. The contribution of the industrialized

92. Fritz Redlich, *Hitler: Diagnosis of a Destructive Prophet* (New York: Oxford University Press, 1999), 172. On another occasion Hitler said, "there is nothing else open to modern peoples than to terminate the Jews." Ian Kershaw, *Hitler: 1936–1945 Nemesis* (New York: Norton, 2000), 589.
93. John K. Roth and Michael Berenbaum, eds., *Holocaust: Religious and Philosophical Implications* (St. Paul, MN: Paragon House, 1989), xvii.
94. Weiss, *Ideology of Death*, 301.
95. Boria Sax, *Animals in the Third Reich: Pets, Scapegoats, and the Holocaust* (New York: Continuum, 2000), 159. 『ナチスと動物　ペット·スケープゴート·ホロコースト』*Der Ewige Jude* was the German title of Henry Ford's *The International Jew*, which had been circulating widely in Germany for years (see next chapter).I saw "The Eternal Jew" at the Yad Vashem Summer Institute for Holocaust Education in Jerusalem, which I attended in 1983.
96. Weiss, *Ideology of Death*, 343.
97. Kershaw, *Hitler: 1936–1945*, 249.『ヒトラー権力の本質』Goebbels did not like what he saw of the Poles, either: "More animals than human beings....The filth of the Poles is unimaginable." Ibid, 245. Goebbels recorded in his diary that the Russians "are not a people, but a conglomeration of animals." Louis P. Lochner, ed., *The Goebbels Diaries*, 1942–1943 (Garden City, NY: Doubleday, 1948), 52.『ゲッベルスの日記』
98. Ernst Klee, Willi Dressen, and Volker Riess, eds., *"The Good Old Days": The Holocaust as Seen by Its Perpetrators and Bystanders* (New York: Free Press, 1991), 159. Some prisoners at labor camps near Auschwitz were harnessed to ploughshares to replace horses requisitioned by the army, while in the men's camp in Birkenau boys were harnessed to heavy wagons, called *Rolwagen*, as a replacement for horses. The first prisoners of war marched to Auschwitz in its early days were not fed along the way, but instead were led into nearby fields and told to "graze" like cattle on everything that was edible. Yisrael Gutman and Michael Berenbaum, eds., *Anatomy of the Auschwitz Death Camp* (Bloomington: Indiana University Press, 1994), 207, 221–2, 119.
99. Konnilyn G. Feig, *Hitler's Death Camps* (New York: Holmes and Meier, 1981), 11.
100. Richard Breitman, *The Architect of Genocide: Himmler and the Final Solution* (New York, Knopf, 1991), 177.
101. In the trenches in World War I, Hitler liked to stay up at night and shoot rats. Redlich, *Hitler*, 39, 266.
102. Marion Kaplan, *Between Dignity and Despair: Jewish Life in Nazi Germany* (New York: Oxford University Press, 1998), 53, 108, 160; Eric A. Johnson, *Nazi Terror: The Gestapo, Jews, and Ordinary Germans* (New York: Basic Books, 1999), 102, 103, 159, 168, 387; Edwin Black, *IBM and the Holocaust: The Strategic Alliance Between Nazi Germany and America's Most Powerful Corporation* (New York: Crown, 2001), 139, 363; 『IBMとホロコースト　ナチスと手を結んだ大企業』Wolfgang W. E.Samuel, *German Boy: A Refugee's Story* (Jackson: University Press of Mississippi, 2000), 75.Nazis also insulted each other with porcine epithets. Ernst Röhm told Hitler's onetime friend Hermann Rauschning, "Adolf is a swine." Johnson, *Nazi Terror*, 170. In his diary (October 26, 1925) Joseph Goebbels wrote, "Streicher spoke. Like a pig." Lochner, ed.,*Goebbels Diaries*, 6.『ゲッベルスの日記』
103. Klee, *"Good Old Days,"* 204. "We are treated worse than pigs," wrote one

cedure. When a U.S. Senate committee asked General Arthur MacArthur why there was such a high ratio of killed to wounded, his answer was that "inferior races succumbed to wounds more readily than Anglo-Saxons." Dower, *War Without Mercy*, 152.

62. Drinnon, *Facing West*, 325–6. Drinnon writes that the apathy of these "little brown rats" resembled that of the walking corpses (*Muselmänner*) of the kind Bruno Bettelheim encountered in Dachau and Buchenwald. Ibid, 326 (footnote).
63. Ibid, 314.
64. Dower, *War Without Mercy*, 81.『容赦なき戦争　太平洋戦争における人種差別』
65. Ibid, 78.
66. Ibid, 82. A Russian visitor to a Spanish mission in California in 1818 wrote that the Indians there lived in "specially constructed cattle-pens" in what he said can only be described as a "barnyard for domestic cattle and fowl." Stannard, *American Holocaust*, 138. At Auschwitz-Birkenau Anne Frank lived with more than 1,000 women in a barrack which had originally be designed as a barn for fifty-two horses. Melissa Müller, *Anne Frank: The Biography* (New York: Henry Holt, 1998), 250.
67. Dower, *War Without Mercy*, 82–4.『容赦なき戦争　太平洋戦争における人種差別』
68. Ibid, 84–6.
69. Ibid, 90–2.
70. Iris Chang, *The Rape of Nanking: The Forgotten Holocaust of World War II.* (New York: Basic Books, 1997), 44.
71. Ibid, 94.
72. Ibid, 56.
73. Ibid, 30.
74. Ibid, 218. The Japanese were not alone in calling the Chinese "pigs." In the nineteenth and early twentieth centuries European labor merchants, who recruited and seized thousands of Chinese "coolies" in port cities and shipped them off as "indentured laborers" to distant places like Malaya, Peru, and the West Indies, called their business the "pig trade." V. G. Kiernan, *The Lords of Human Kind: Black Man, Yellow Man, and White Man in an Age of Empire* (Boston: Little, Brown, 1969), 163.
75. Karl A. Menninger, "Totemic Aspects of Contemporary Attitudes Toward Animals," in George B. Wilbur and Warner Muensterberger, eds., *Psychoanalysis and Culture: Essays in Honor of Géza Róheim* (New York: International Universities Press, 1951), 50.
76. Ibid.
77. Drinnon, *Facing West*, 449.
78. Quoted in Stannard, *American Holocaust*, 252–3, and Drinnon, *Facing West*, 448–9.
79. Stannard, *American Holocaust*, 254.
80. Staub, *Roots of Evil*, 101.
81. John Weiss, *Ideology of Death: Why the Holocaust Happened in Germany* (Chicago: Ivan R. Dee, 1996), 22–4.
82. Gossett, *Race*, 12.
83. Weiss, *Ideology of Death*, 67.
84. Ibid, 118.
85. Ibid, 138.
86. Ibid, 125
87. Ibid, 140–1
88. Ian Kershaw, *Hitler: 1889–1936 Hubris* (New York: Norton, 1998), 152.『ヒトラー権力の本質』
89. Charles Patterson, *Anti-Semitism: The Road to the Holocaust and Beyond* (New York: Walker, 1982), 65.
90. Eugen Kogon, Hermann Langbein, and Adalbert Ruckerl, eds., *Nazi Mass Murder: A Documentary History of the Use of Poison Gas* (New Haven: Yale University Press, 1993), 213.
91. Kershaw, *Hitler: 1889–1936*, 244.『ヒトラー権力の本質』

る自然観の変遷』

38. Richard Drinnon, *Facing West: The Metaphysics of Indian-Hating and Empire-Building* (Norman: University of Oklahoma Press, 1997), 53.
39. Thomas F. Gossett, *Race: The History of an Idea in America*, second edition (New York: Oxford University Press, 1997), 229–30.
40. Jennings, *Invasion of America*, 60.
41. Ibid, 12.
42. Ibid, 244; Gossett, *Race*, 243–4.
43. Stannard, *American Holocaust*, 145.
44. Ibid, 243.
45. Ibid.
46. Ibid, 245.
47. Quoted in Ibid, 126.
48. Ibid, 127. General William Colby took possession of an infant who survived the massacre to display her for profit as a "war curio." When he first put Lost Bird, as she came to be called, on display, his hometown newspaper reported, "not less than 500 persons called at his house to see it [sic]." Lost Bird, who was later put on display in Buffalo Bill's Wild West Show, died in Los Angeles at the age of 29.
49. Ibid.
50. Mason, *Unnatural Order*, 241.
51. *California Christian Advocate* (July 31, 1895). Quoted in Charles Patterson, "Social Perspectives of Protestant Journals During the Depression of 1893–97" (Doctoral dissertation, Columbia University, 1970), 228. For the story of Ishi, the last "wild Indian," see Theodora Kroeber, *Ishi in Two Worlds: A Biography of the Last Wild Indian in North America* (Berkeley: University of California Press, 1961).『イシ　北米最後の野生インディアン』
52. John Toland, *Adolf Hitler* (Garden City, NY: Doubleday, 1976), 702.『アドルフ·ヒトラー　ある精神の形成』　The camps the British built for the captured Boers in South Africa during the Boer War (1899–1902) convinced Hitler of the usefulness of concentration camps. Ibid.
53. John W. Dower, *War Without Mercy: Race and Power in the Pacific War* (New York: Pantheon, 1986), 89.『容赦なき戦争　太平洋戦争における人種差別』 For most people in America, a nation full of hunters to begin with,　writes Dower, killing animals was much easier than killing people since hunters are accustomed　to closing their minds to the fact that the animals they kill "are sentient beings that know fear and feel pain." Ibid.
54. Drinnon, *Facing West*, 287.
55. Ibid, 287, 315.
56. Ibid, 321.
57. Ibid, 325.
58. Dower, *War Without Mercy*, 152.『容赦なき戦争　太平洋戦争における人種差別』
59. Stuart Creighton Miller, *"Benevolent Assimilation": The American Conquest of the Philippines, 1899–1903* (New Haven: Yale University Press, 1982), 188.
60. Quoted in Ibid, 188–9. In Austria during World War II, after some prisoners escaped from the Mauthausen concentration camp, the police commander noted that the local people who gathered with their guns, knives, and pitchforks to hunt down the prey "were arrayed as if for a chase." After they tracked down and brutally killed the prisoners, the local people referred to the bloodletting as the "rabbit hunt." Gordon J. Horwitz, *In the Shadow of Death: Living Outside the Gates of Mauthausen* (New York: Free Press, 1990), 134.
61. Quoted in Miller, *"Benevolent Assimilation"*, 189. The fact that fifteen Filipinos were killed for every one wounded suggested that the massacre of civilians was standard operating pro-

gins of Genocide and Other Group Violence (Cambridge: Cambridge University Press, 1989), 175. The precedent was reassuring to Adolf Hitler, who asked, "Who remembers now the massacres of the Armenians?" Ibid, 187.
4. Neil J. Kressel, *Mass Hate: The Global Rise of Genocide and Terror* (New York: Perseus Books, 1996), 250.
5. Margaret T. Hodgen, *Early Anthropology in the Sixteenth and Seventeenth Centuries* (Philadelphia: University of Pennsylvania Press, 1964), 410–11.
6. Ibid, 411–12, 417.
7. Ibid, 422.
8. Keith Thomas, *Man and the Natural World: A History of the Modern Sensibility* (New York: Pantheon Books, 1983), 42. 『人間と自然界　近代イギリスにおける自然観の変遷』
9. Ibid, 136.
10. Quoted in Stephen Jay Gould, *The Mismeasure of Man*, revised edition (New York: Norton, 1981), 69.『人間の測りまちがい』
11. Quoted in Ibid.
12. Quoted in Ibid, 118.
13. Henry Friedlander, *The Origins of Nazi Genocide: From Euthanasia to the Final Solution* (Chapel Hill: University of North Carolina Press, 1995), 1.
14. Quoted in Gould, *Mismeasure*, 133.『人間の測りまちがい』
15. Ibid, 135.
16. Friedlander, *Origins*, 2.
17. Gould, *Mismeasure*, 88.『人間の測りまちがい』
18. Gould, *Mismeasure*, 85–6.『人間の測りまちがい』
19. Jim Mason, *An Unnatural Order: Why We Are Destroying the Planet and Each Other* (New York: Continuum, 1997), 241.
20. Philip P. Hallie, *The Paradox of Cruelty* (Middletown, CT: Wesleyan University Press, 1969), 110.
21. *Southwestern Christian Advocate* (April 27, 1893). Quoted in Charles Patterson, "Social Perspectives of Protestant Journals During the Depression of 1893–97" (Doctoral dissertation, Columbia University, 1970), 209.
22. Quoted in Gould, *Mismeasure*, 111.『人間の測りまちがい』
23. Quoted in Ibid, 112.
24. Stannard, *American Holocaust*, 246.
25. Ibid, 248.
26. The first book about America published in the English language in 1511 described the Indians as "lyke bestes without any reasonablenes." Ibid,225–6.
27. Ibid, 67.
28. Bartolomé de Las Casas, *The Devastation of the Indies: A Brief Account* (New York: Seabury Press, 1974), 43.『インディアスの破壊についての簡潔な報告』
29. Tzvetan Todorov, *The Conquest of America: The Question of the Other* (New York: Harper and Row, 1984), 141.『他者の記号学　アメリカ大陸の征服』
30. Las Casas, *Devastation of the Indies*, 52, 70.『インディアスの破壊についての簡潔な報告』
31. Quoted in Stannard, *American Holocaust*, 220.
32. Quoted in Mason, *Unnatural Order*, 231.
33. Thomas, *Man and the Natural World*, 42. 『人間と自然界　近代イギリスにおける自然観の変遷』
34. Robert F. Berkhofer, Jr., *The White Man's Indian: Images of the American Indian from Columbus to the Present* (New York: Vintage Books, 1979), 21.
35. Francis Jennings, *The Invasion of America: Indians, Colonialism, and the Cant of Conquest* (Chapel Hill: University of North Carolina, 1975), 78.
36. Hodgen, *Early Anthropology*, 22.
37. Thomas, *Man and the Natural World*, 42. 『人間と自然界　近代イギリスにおけ

101. Thomas, *Man and the Natural World*, 18. 『人間と自然界　近代イギリスにおける自然観の変遷』
102. Ibid, 19.
103. Ibid, 33.
104. Ibid, 34.
105. Ibid.
106. Serpell, *In the Company of Animals*, 170.
107. Thomas, *Man and the Natural World*, 34–6. 『人間と自然界　近代イギリスにおける自然観の変遷』
108. Ibid, 40–1.
109. Sagan and Druyan, *Shadows*, 365. 『はるかな記憶』Albert Schweitzer criticized western philosophy for not taking "the decisive step of making kindness to animals an ethical demand, on exactly the same footing as kindness to human beings." He wrote: "Ethics in our western world has hitherto been largely limited to the relation of man to man. But that is a limited ethics. We need a boundless ethic which will include the animals also." Albert Schweitzer, *The Animal World of Albert Schweitzer: Jungle Insights into Reverence for Life* (Boston: Beacon Press, 1950), 30, 183.『生への畏敬』
110. Thomas, *Man and the Natural World*, 41, 46–7.『人間と自然界　近代イギリスにおける自然観の変遷』
111. Robert Jay Lifton, *The Nazi Doctors: Medical Killing and the Psychology of Genocide* (New York: Basic Books, 1986), 441–2 (emphasis added by Lifton). German anthropologists trained in the Haeckelian tradition became enthusiastic advocates of Nazi "race hygiene" in the 1930s.
112. Cartmill, *View*, 135. 『人はなぜ殺すか』According to Nick Fiddes, author of *Meat: A Natural Symbol*, meat eating is the quintessential symbol of human supremacy, in that it "represents human control of the natural world. Consuming the muscle flesh of other highly evolved animals is a potent statement of our supreme power." Quoted in Salisbury, *Beast Within*, 55.
113. Cartmill, *View*, 135–6.『人はなぜ殺すか』 See also Part III ("Animals and Empire") of Harriet Ritvo, *The Animal Estate: The English and Other Creatures in the Victorian Age* (Cambridge, MA: Harvard University Press, 1987), 205–88.『階級としての動物』
114. Leo Kuper, *Genocide: Its Political Use in the Twentieth Century* (New Haven: Yale University Press, 1981), 88.『ジェノサイド　20世紀におけるその現実』

第２章　狼、類人猿、豚、ネズミ、害虫

1. Sigmund Freud, "A Difficulty in the Path of Psycho-Analysis" (1917) in *The Standard Edition of the Complete Psychological Works of Sigmund Freud*, James Strachey, trans. (London: Hogarth Press, 1955), Vol. XVII, 140. シグムント・フロイト（高田淑訳）「精神分析に関わるある困難」『フロイト著作集』第10巻（人文書院、1983年）Donald C. Peattie made a similar point in 1942 while writing about the appeal of the Walt Disney movie *Bambi* to children: "To a child, in his simplicity, the life of an innocent, harmless, and beautiful animal is just as precious as that of a human being, so many of whom do not appear altogether innocent and harmless and beautiful." Donald C. Peattie, "The Nature of Things" in *Audubon Magazine*, 44: 266–71 (July 1942). Quoted in Matt Cartmill, *A View to a Death in the Morning: Hunting and Nature Through History* (Cambridge, MA: Harvard University Press, 1993), 180.『人はなぜ殺すか』
2. David Stannard, *American Holocaust: The Conquest of the New World* (New York: Oxford University Press, 1992), 242.
3. Ervin Staub, *The Roots of Evil: The Ori-*

78. Anthony Pagden, *The Fall of Natural Man: The American Indian and the Origins of Comparative Ethnology* (Cambridge: Cambridge University Press, 1982), 43.
79. Quoted in Wise, *Rattling the Cage*, 15.
80. Quoted in Ibid, 16.
81. Quoted in Mason, *Unnatural Order*, 34.
82. Wise, *Rattling the Cage*, 32.
83. Cartmill, *View*, 41.『人はなぜ殺すか』See also Serpell, *In the Company*, 219–20. J. M. C. Toynbee writes about the pleasure the Roman mind took "in the often hideous sufferings and agonizing deaths of quantities of magnificent and noble creatures." J. M. C. Toynbee, *Animals in Roman Life and Art* (Ithaca, NY: Cornell University Press, 1973), 21.
84. Dio Cassius, 39.38.2. Quoted in Cartmill, *View*, 41.『人はなぜ殺すか』
85. Cicero, *Ad familiares* 7.1.3. Quoted in Ibid, 42.
86. Quoted in Ascione and Arkow, *Child Abuse*, 45. Joyce Salisbury writes that during the Middle Ages the use of animals as models for human behavior in fables and bestiary literature, as well as folk beliefs in half-human creatures, was blurring the line that separated people from animals even as Aquinas and other Christian thinkers were asserting the absolute difference between the species. See Salisbury, *Beast Within*, especially Chapters 4 and 5.
87. Quoted in Salisbury, *Beast Within*, 16–17.
88. Ascione and Arkow, *Child Abuse*, 45–6.
89. Other Christian writers addressing the issue of respect and justice for animals include John Baker, Stephen Webb, Gary Kowalski, J. R. Hyland, and Jay McDaniel. For a good overview of the attempt of contemporary Christianity to transcend its human-centered tradition, see Roger S. Gottlieb, ed., *This Sacred Earth: Religion, Nature, Environment* (New York: Routledge, 1996).
90. *Satya* (January 2000), 3–4.
91. Plato, *Timaeus*, 40–1; プラトン（種山恭子訳）「ティマイオス」田中美知太郎・藤沢令夫編『プラトン全集』第12巻（岩波書店、1987年）Arthur O. Lovejoy, *The Great Chain of Being* (Cambridge, MA: Harvard University Press, 1936), 46ff.『存在の大いなる連鎖』
92. Mason, *Unnatural Order*, 211.
93. Thomas, *Man and the Natural World*, 18.『人間と自然界　近代イギリスにおける自然観の変遷』
94. E. M. W. Tillyard, *The Elizabethan World Picture* (New York: Random House, 1959), 27.『エリザベス朝の世界像』
95. John Weiss, *Ideology of Death: Why the Holocaust Happened in Germany* (Chicago: Ivan R. Dee, 1996), 45.
96. Lovejoy, *Great Chain*, 80.『存在の大いなる連鎖』
97. Pagden, *Fall of Natural Man*, 22.
98. Hayden White, "The Forms of Wildness: Archaeology of an Idea," in Edward Dudley and Maximillian E. Novak, ed., *The Wild Man Within: An Image of Western Thought from the Renaissance to Romanticism* (Pittsburgh: University of Pittsburgh Press, 1972), 14. Quoted in David Stannard, *American Holocaust: The Conquest of the New World* (New York: Oxford University Press, 1992), 173.
99. Thomas, *Man and the Natural World*, 134.『人間と自然界　近代イギリスにおける自然観の変遷』
100. The Jesuit Joseph Francois Lafitan's highly regarded "Customs of the American Indians Compared with the Customs of Primitive Times" included an illustration of a headless native American whose face was embedded in his chest. Stannard, *American Holocaust*, 227.

54. Stampp, *Peculiar Institution*, 188.『アメリカ南部の奴隷制』In Jamaica it was legal to cut off the foot of a runaway. Jordan, *White Man's Burden*, 81.
55. Patterson, *Slavery and Social Death*, 59.『世界の奴隷制の歴史』
56. Stampp, *Peculiar Institution*, 188.『アメリカ南部の奴隷制』
57. Ibid, 210, 188.
58. Herbert Aptheker, *Abolitionism: A Revolutionary Movement* (Boston: Twayne, 1989), 111.
59. Stampp, *Peculiar Institution*, 174.『アメリカ南部の奴隷制』See also Marjorie Spiegel, *The Dreaded Comparison:Human and Animal Slavery*, revised edition (New York: Mirror Books, 1996).
60. Steven M. Wise, *Rattling the Cage: Toward Legal Rights for Animals* (Cambridge, MA: Perseus Books, 2000), 52.
61. "Neither the ancient Greeks nor Hebrews nor Christians had difficulty accepting that the end of everything in the universe was themselves," writes Wise. "But no scientific evidence today exists that other animals, or anything, were made for us." Wise recommends that those who hold such views "should put these childish things away." Ibid, 264–5.
62. Genesis 1:25–6.
63. Kapleau, *To Cherish All Life*, 21.
64. Quoted in Ibid, 21, 23.
65. Ibid, 1.
66. A single copy of the Gutenberg Bible, printed in the 1400s, required the skins of 170 baby calves, slaughtered while they were still milk-fed so that their hides could be turned into fine vellum. The initial 35 vellum copies of the Gutenberg Bible required the slaughter of close to 6,000 baby calves. Joyce E. Salisbury, *The Beast Within: Animals in the Middle Ages* (New York: Routledge, 1994), 23.
67. Milan Kundera, *The Unbearable Lightness of Being* (New York: HarperPerennial, 1999), 286.『存在の耐えられない軽さ』Albert Kaplan writes, "The suggestion that God gave the Jews, or anybody else, permission to murder animals and eat them is rubbish." Personal communication to author.
68. Andrew Linzey and Dan Cohn-Sherbok, *After Noah: Animals and the Liberation of Theology* (New York: Cassell, 1997), 23.
69. Isaiah 66:3.
70. Aviva Cantor, *Jewish Women, Jewish Men: The Legacy of Patriarchy in Jewish Life* (San Francisco: Harper and Row, 1995), 84.
71. Quoted in Richard Schwartz, "Tsa'ar Ba'alei Chayim—Judaism and Compassion for Animals" in Roberta Kalechofsky, ed. *Judaism and Animal Rights: Classical and Contemporary Responses* (Marblehead, MA: Micah Publications, 1992), 61. See also Richard Schwartz, *Judaism and Vegetarianism*, revised edition (New York: Lantern, 2001).
72. Genesis 1:29.
73. Quoted in Cartmill, *View*, 255 #38.『人はなぜ殺すか』
74. Quoted in Wise, *Rattling the Cage*, 13.
75. Thomas, *Man and the Natural World*, 17;『人間と自然界　近代イギリスにおける自然観の変遷』Wise, *Rattling the Cage*, 14–5. Today this deeply entrenched view of western culture is being increasingly challenged. "The animals of the world exist for their own reasons," writes Alice Walker. "They were not made for humans any more than black people were made for whites or women for men." Foreword in Spiegel, *Dreaded Comparison*, 14.
76. Quoted in Cartmill, *View*, 40–1.『人はなぜ殺すか』
77. Aristotle, *Politics*. Quoted in Mason, *Unnatural Order*, 228.アリストテレス(山本光雄訳)『政治学』岩波文庫1961年

by the creation of new forms of domination over animals and fellow human beings?" Jacoby, "Slaves by Nature?" 97.

36. Aviva Cantor, "The Club, the Yoke, and the Leash: What We Can Learn from the Way a Culture Treats Animals," *Ms.* (August 1983), 27.

37. Jeremy Bentham, *Introduction to the Principles of Morals and Legislation* (1789). ジェレミー・ベンサム(山下重一訳)「道徳および立法の諸原理序説」『世界の名著』第49巻(ベンサム,J.S.ミル)(中央公論社中公バックス、1979年) Quoted in Jon Wynne-Tyson, ed., *The Extended Circle: A Commonplace Book of Animal Rights* (New York: Paragon House, 1989), 16.

38. Jacoby, "Slaves by Nature?" 94.

39. Ibid, 92.

40. Elizabeth Fisher, *Women's Creation: Sexual Evolution and the Shaping of Society* (New York: Doubleday, 1979), 190, 197; Stanley and Roslind Godlovitch and John Harris, eds., *Animals, Men and Morals: An Enquiry into the Maltreatment of Non-humans* (New York: Taplinger, 1972), 228; Mason, *Unnatural Order*, 199, 275; Jacoby, "Slaves by Nature?"

41. Fisher, *Women's Creation*, 190.

42. Ibid, 197.

43. Of all the animals exploited and killed in food production today, female animals—hens, pigs, dairy cows—fare the worst, with the egg industry "the most acute example of highly centralized, corporate exploitation of female animals." Lori Gruen, "Dismantling Oppression: An Analysis of the Connection Between Women and Animals" in Greta Gaard, ed., *Ecofeminism: Women, Animals, Nature* (Philadelphia: Temple University Press, 1993), 72–4.

44. Gerda Lerner, *The Creation of Patriarchy* (New York: Oxford University Press, 1986), 46. 『男性支配の起源と歴史』

45. Mason, *Unnatural Order*, 199.

46. Thomas, *Man and the Natural World*, 44. 『人間と自然界　近代イギリスにおける自然観の変遷』

47. Ibid.

48. Ibid, 44–5.

49. Winthrop D. Jordan, *The White Man's Burden: Historical Origins of Racism in the United States* (New York: Oxford University Press, 1974), 81.

50. Ibid, 82.

51. On one estate in the Caribbean the same letters are used to brand cattle today that were used to brand its slaves in the 1700s. Orlando Patterson, *Slavery and Social Death: A Comparative Study* (Cambridge, MA: Harvard University Press, 1982), 59.『世界の奴隷制の歴史』

52. Tzvetan Todorov, *The Conquest of America: The Question of the Other* (New York: Harper and Row, 1984), 137. 『他者の記号学　アメリカ大陸の征服』

53. Kenneth M. Stampp, *The Peculiar Institution: Slavery in the Ante-Bellum South* (New York: Knopf, 1956), 210.『アメリカ南部の奴隷制』 In Europe local authorities subjected Gypsies to branding and mutilation and put iron rings around their necks. Donald Kenrick and Grattan Puxon, *The Destiny of Europe's Gypsies* (New York: Basic Books, 1972), 43, 54.『ナチス時代の「ジプシー」』 In the France of Louis XIV Gypsies were branded and their heads were shaved; in Moravia and Bohemia the authorities cut off the ears of Gypsy women. Isabel Fonseca, *Bury Me Standing: The Gypsies and Their Journey* (New York: Vintage, 1996), 229.『立ったまま埋めてくれ　ジプシーの旅と暮らし』 During World War II, Germans tatooed and shaved Gypsies upon their arrival at Auschwitz-Birkenau. Kenrick and Puxon,*Destiny*, 155. 『ナチス時代の「ジプシー」』

gins and History of the Passions of War (New York: Holt, 1997), 22.

15. Diamond, *Third Chimpanzee*, 55.『人間はどこまでチンパンジーか』
16. Sagan and Druyan, *Shadows*, 352.『はるかな記憶』
17. Sagan, *Dragons of Eden*, 120.『エデンの恐竜　知能の源流をたずねて』
18. Diamond, *Third Chimpanzee*, 32–3;『人間はどこまでチンパンジーか』 see also Frederick E. Zeuner, *A History of Domesticated Animals* (London: Hutchinson, 1963), 15.『家畜の歴史』
19. Karl Jacoby, "Slaves by Nature? Domestic Animals and Human Slaves" in *Slavery & Abolition: A Journal of Slave and Post-Slave Studies*, Vol. 15, No. 1 (April 1994), 90.
20. James A. Serpell, "Working Out the Beast: An Alternative History of Western Humaneness" in Frank R. Ascione and Phil Arkow, eds., *Child Abuse, Domestic Violence, and Animal Abuse: Linking the Circles of Compassion for Prevention and Intervention* (West Lafayette, IN: Purdue University Press, 1999), 40.
21. Jim Mason, *An Unnatural Order: Why We Are Destroying the Planet and Each Other* (New York: Continuum, 1997), 122; Jacoby, "Slaves by Nature?", 92.
22. Quoted in Peter J. Ucko and G. W. Dimbleby, eds., *The Domestication and Exploitation of Plants and Animals* (Chicago: Aldine Publishing Company, 1969), 107.
23. Ibid, 122–3. Castrating all males except those specially selected for breeding was the principle behind the Nazi sterilization and *Lebensborn* programs discussed in Chapter 4.
24. Sagan, *Dragons of Eden*, 230.『エデンの恐竜　知能の源流をたずねて』
25. B. A. L. Cranstone, "Animal Husbandry: The Evidence from Ethnography" in Ucko and Dimbleby, *Domestication and Exploitation*, 254–6.
26. Ibid, 256–8.
27. Ibid, 259–60.
28. Philip Kapleau, *To Cherish All Life: A Buddhist Case for Becoming Vegetarian*, second edition (Rochester NY: The Zen Center, 1986), 11.
29. From Veg-NYC@waste.org email list (March 16, 1997).
30. For a critique of modern hunting, see Marti Kheel, "License to Kill: An Ecofeminist Critique of Hunters' Discourse" in Carol Adams and Josephine Donovan, eds., *Animals and Women: Feminist Theoretical Explorations* (Durham, N.C.: Duke University Press, 1995), 85–125.
31. For a discussion of the "distancing devices" of detachment, concealment, misrepresentation, and shifting the blame, see James Serpell, *In the Company of Animals: A Study of Human-Animal Relationships* (London: Basil Blackwell, 1986), 186–211.
32. Quoted in Serpell, "Working," 43.
33. Keith Thomas, *Man and the Natural World: A History of the Modern Sensibility* (New York: Pantheon Books, 1983), 46.『人間と自然界　近代イギリスにおける自然観の変遷』
34. Mason, *Unnatural Order*, 176. Mason sees modern civilization's domination and exploitation of animals and nature manifest in two especially violent forms—animal experimentation and industrial animal confinement and production, known as "factory farming." Jim Mason, "All Heaven in a Rage," in Laura A. Moretti, *All Heaven in a Rage: Essays on the Eating of Animals* (Chico, CA: MBK Publishing, 1999), 19.
35. At the end of Karl Jacoby's essay about the similar fates of domestic animals and human slaves, he asks, "Were the advances in civilization that the rise of agriculture made possible outweighed

原 注

第1章　大いなる分断

1. Sigmund Freud, "A Difficulty in the Path of Psycho-Analysis" (1917) in *The Standard Edition of the Complete Psychological Works of Sigmund Freud*, James Strachey, trans. (London: Hogarth Press, 1955), Vol. XVII, 140. シグムント・フロイト（高田淑訳）「精神分析に関わるある困難」『フロイト著作集』第10巻（人文書院、1983年）
2. Freud, "Fixation to Traumas—The Unconscious" in Introductory Lectures on Psychoanalysis—Part III (1916–17), Lecture XVIII, *Complete Works*, Vol. XVI, 285.「第18講　外傷への固着　無意識」シグムント・フロイト（高橋義孝，下坂幸三訳）『精神分析入門』改版（新潮文庫、1999年）
3. Quoted in Colin Spencer, *The Heretic's Feast: A History of Vegetarianism* (London: Fourth Estate, 1990), 189.
4. Quoted in Matt Cartmill, *A View to a Death in the Morning: Hunting and Nature Through History* (Cambridge, MA: Harvard University Press, 1993), 88.『人はなぜ殺すか』
5. Carl Sagan, *The Dragons of Eden: Speculations on the Evolution of Human Intelligence* (New York: Random House, 1977), 13–17.『エデンの恐竜　知能の源流をたずねて』
6. Richard E. Leakey and Roger Lewin, *Origins: What Discoveries Reveal About the Emergence of Our Species and Its Possible Future* (London: Futura, MacDonald and Company, 1982),12–14.『オリジン　人はどこから来てどこへ行くか』
7. Carl Sagan and Ann Druyan, *Shadows of Forgotten Ancestors: A Search for Who We Are* (New York: Ballantine, 1992), 363.『はるかな記憶』
8. Ibid.
9. Edward O. Wilson, "Is Humanity Suicidal?" *New York Times Magazine* (May 30, 1993).
10. Jared Diamond, *The Third Chimpanzee: The Evolution and Future of the Human Animal* (New York: HarperCollins, 1992), 32.『人間はどこまでチンパンジーか』Montaigne pointed out that animals communicate by sounds and gestures little understood by people. "This defect that hinders communication between them and us, why is it not just as much ours as theirs? We have some mediocre understanding of their meaning; so do they of ours, in about the same degree." Quoted in Cartmill, *View*, 87.『人はなぜ殺すか』
11. Diamond, *Third Chimpanzee*, 364.『人間はどこまでチンパンジーか』
12. Allen W. Johnson and Timothy Earle, *The Evolution of Human Societies: From Foraging Group to Agrarian State* (Stanford, CA: Stanford University Press, 1987), 27.
13. Sherwood L. Washburn and C. S. Lancaster, "The Evolution of Hunting" in Richard B. Lee and Irven DeVore, eds., *Man the Hunter* (Chicago: Aldine Publishing Company, 1968), 303.
14. Barbara Ehrenreich, *Blood Rites: Ori-*

York: Morrow, 1997.

Thomas, Keith. *Man and the Natural World: A History of the Modern Sensibility*. New York: Pantheon Books, 1983.（キース・トマス（山内昶監訳）『人間と自然界　近代イギリスにおける自然観の変遷』法政大学出版局、1989年）

Tillyard, E. M. W. *The Elizabethan World Picture*. New York: Random House, 1959.（E・M・W・ティリヤード（磯田光一ほか訳）『エリザベス朝の世界像』筑摩書房、1992年）

Todorov, Tzvetan. *The Conquest of America: The Question of the Other*. New York: Harper and Row, 1984.（ツヴェタン・トドロフ（及川馥ほか訳）『他者の記号学　アメリカ大陸の征服』法政大学出版局、1986年）

Toland, John. *Adolf Hitler*. Garden City, NY: Doubleday, 1976.（ジョン・トーランド（永井淳訳）『アドルフ・ヒトラー　ある精神の形成』集英社文庫、1990年）

Toynbee, J. M. C. *Animals in Roman Life and Art*. Ithaca, NY: Cornell University Press, 1973.

Ucko, Peter J. and G. W. Dimbleby, eds. *The Domestication and Exploitation of Plants and Animals*. Chicago: Aldine Publishing Company, 1969.

Waite, Robert G. L. *The Psychopathic God Adolf Hitler*. New York: Basic Books, 1977.

Weiss, John. *Ideology of Death: Why the Holocaust Happened in Germany*. Chicago: Ivan R. Dee, 1996.

Wilbur, George B. and Warner Muensterberger, eds. *Psychoanalysis and Culture: Essays in Honor of Géza Róheim*. New York: International Universities Press, 1951.

Wise, Steven M. *Rattling the Cage: Toward Legal Rights for Animals*. Cambridge, MA: Perseus Books, 2000.

Wistrich, Robert. *Who's Who in Nazi Germany*. London: Weidenfeld and Nicolson, 1982.（ロベルト・S．ヴィストリヒ（滝川義人訳）『ナチス時代　ドイツ人名事典』東洋書林、2002年）

Wolfson, David J. *Beyond the Law: Agribusiness and the Systemic Abuse of Animals Rasied for Food or Food Production*. New York: Archimedian Press, 1996.

Wynne-Tyson, Jon, ed. *The Extended Circle: A Commonplace Book of Animal Rights*. New York: Paragon House, 1989.

Zeuner, Frederick E. *A History of Domesticated Animals*. London: Hutchinson, 1963.（F.E.ゾイナー（国分直一・木村伸義訳）『家畜の歴史』法政大学出版局、1983年）

——. *The Penitent*. New York: Farrar, Straus and Giroux, 1983.（アイザック・バシェヴィス・シンガー（大崎ふみ子訳）『悔悟者』吉夏社、2003年）
——. *Satan in Goray*. New York: Noonday Press, 1955.
——. *The Seance and Other Stories*. New York: Farrar, Straus and and Giroux, 1968.（そのうち４編の邦訳は『短かい金曜日』（晶文社）に収録。）
——. *Shadows on the Hudson*. New York: Farrar, Straus and Giroux, 1997.
——. *Short Friday and Other Stories*. New York: Farrar, Straus and Giroux, 1964（抄訳 .アイザック・バシェヴィス・シンガー（邦高忠二訳）『短かい金曜日』晶文社、1971年）
——. *Shosha*. New York: Farrar, Straus and Giroux, 1978. （アイザック・バシェヴィス・シンガー（大崎ふみ子訳）『ショーシャ』吉夏社、2002年）
——. *The Slave*. New York: Farrar, Straus and Giroux,1962.（アイザック・バシェヴィス・シンガー（井上謙治訳）『奴隷』河出書房新社、1975年）
——. *The Spinoza of Market Street*. New York: Farrar, Straus and Giroux, 1961.
Singer, Isaac Bashevis and Richard Burgin. *Conversations with Isaac Bashevis Singer*. Garden City, NY: Doubleday, 1985.
Singer, Peter. *Animal Liberation*, second edition. New York: Avon Books, 1990.（初版（1975）の邦訳：ピーター・シンガー（戸田清訳）『動物の解放』技術と人間、1988年）
Skaggs, Jimmy M. *Prime Cut: Livestock Raising and Meatpacking in the United States,1607–1983*. College Station: Texas A&M University Press, 1986.
Smith, Bradley F. *Heinrich Himmler: A Nazi in the Making, 1900–1926*. Stanford, CA: Hoover Institution Press, 1971.
Speer, Albert. *Inside the Third Reich: Memoirs*. New York: Macmillan, 1970.（アルベルト・シュペーア（品田豊治訳）『第三帝国の神殿にて　ナチス軍需相の証言』上下、中公文庫、2001年）
Spencer, Colin. *The Heretic's Feast: A History of Vegetarianism*. London: Fourth Estate, 1990.
Spiegel, Marjorie. *The Dreaded Comparison: Human and Animal Slavery*, revised edition. New York: Mirror Books, 1996.
Stampp, Kenneth M. *The Peculiar Institution: Slavery in the Ante-Bellum South*. New York: Knopf, 1956.（ケネス・M・スタンプ（疋田三良訳）『アメリカ南部の奴隷制』彩流社、1988年）
Stannard, David E. *American Holocaust: Columbus and the Conquest of the New World*. New York: Oxford University Press, 1992.
Staub, Ervin. *The Roots of Evil: The Origins of Genocide and Other Group Violence*. Cambridge: Cambridge University Press, 1989.
Stoltfus, Nathan. *Resistance of the Heart: Intermarriage and the Rosenstrasse Protest in Nazi Germany*. New York: Norton, 1996.
Straus, Dorthea. *Under the Canopy: The Story of a Friendship with Isaac Bashevis Singer That Chronicles a Reawakening of Jewish Identity*. New York: George Braziller, 1982.
Stull, Donald D., Michael J. Broadway, and David Griffith, eds. *Any Way You Cut It: Meat-processing and Small-town America*. Lawrence: University Press of Kansas, 1995.
Sward, Keith. *The Legend of Henry Ford*. New York: Rinehart, 1948.
Swierenga, Robert P. *Faith and Family: Dutch Immigration and Settlement in the United States, 1820–1920*. New York: Holmes and Meier, 2000.
Telushkin, Dvorah. *Master of Dreams: A Memoir of Isaac Bashevis Singer*. New

lations on the Evolution of Human Intelligence. New York:Random House, 1977.（カール・セーガン（長野敬訳）『エデンの恐竜　知能の源流をたずねて』秀潤社、1978年）
Sagan, Carl and Ann Druyan. *Shadows of Forgotten Ancestors: A Search for Who We Are*. New York: Ballantine, 1992.（カール・セーガン、アン・ドルーヤン（柏原精一訳）『はるかな記憶』朝日文庫、1997年）
Salisbury, Joyce E. *The Beast Within: Animals in the Middle Ages*. New York: Routledge, 1994.
Samuel, W. E. Wolfgang. *German Boy: A Refugee's Story*. Jackson: University Press of Mississippi,2000.
Sax, Boria. *Animals in the Third Reich: Pets, Scapegoats, and the Holocaust*. New York: Continuum, 2000.（ボリア・サックス（関口篤訳）『ナチスと動物　ペット・スケープゴート・ホロコースト』青土社、2002年）
Schwartz, Richard. *Judaism and Vegetarianism*, revised editon. New York: Lantern Books, 2001.
Schweitzer, Albert, *The Animal World of Albert Schweitzer: Jungle Insights into Reverence for Life*, edited by Charles R. Joy. Boston: Beacon Press, 1950.（アルベルト・シュヴァイツァー（酒井滋編）『生への畏敬』第33版　郁文堂、1994年）
Sereny, Gitta. *Into That Darkness: An Examination of Conscience*. New York: Vintage,1983.（ギッタ・セレニー（小俣和一郎訳）『人間の暗闇　ナチ絶滅収容所長との対話』岩波書店、2005年）
Serpell, James. *In the Company of Animals: A Study of Human-Animal Relationships*. London: Basil Blackwell, 1986.
Sichrovsky, Peter. *Born Guilty: Children of Nazi Families* New York: Basic Books, 1988.
Sinclair, Clive. *The Brothers Singer*. London: Allison and Busby, 1983.（クライブ・シンクレア（井上謙治訳）『ユダヤ人の兄弟　アイザック・B・シンガーとその兄』（晶文社、1986年）
Sinclair, Upton. *The Autobiography of Upton Sinclair*. New York: Harcourt, Brace　and World, 1962.
——. *The Jungle*. New York: Signet, 1990.（アプトン・シンクレア（木村生死訳）『ジャングル』（三笠書房、1950年）シンクレア（前田河廣一郎訳）『ジャングル』前篇・後篇　オンデマンド版（ゆまに書房、2004年、底本は春陽堂、1932年）
Singer, Isaac Bashevis. *The Certificate*. New York: Farrar, Straus and Giroux, 1992.
——. *The Collected Stories*. New York: Farrar, Straus and Giroux, 1982.
——. *The Death of Methuselah and Other Stories*. New York: Farrar, Straus and Giroux, 1972.
——. *Enemies, A Love Story*. New York: Farrar, Straus and Giroux, 1972.（アイザック・バシェヴィス・シンガー（田内初義訳）『愛の迷路』（角川書店、1974年）改題して『敵、ある愛の物語』角川文庫、1990年）
——. *The Estate*. New York: Farrar, Straus and Giroux, 1968.
——. *The Family Moskat*. New York: Noonday Press, 1950.
——. *A Friend of Kafka and Other Stories*. New York: Farrar, Straus and Giroux, 1970.（アイザック・バシェヴィス・シンガー（村川武彦訳）『カフカの友と20の物語』彩流社、2006年）
——. *In My Father's Court*. New York: Farrar, Straus and Giroux, 1966.
——. *Love and Exile: A Memoir*. Garden City, NY: Doubleday, 1984.
——. *Meshugah*. New York: Farrar, Straus and Giroux, 1994.
——. *Old Love*. New York: Farrar, Straus and Giroux, 1979.
——. *Passions and Other Stories*. New York: Farrar, Straus and Giroux, 1976.

Moretti, Laura A. *All Heaven in a Rage: Essays on the Eating of Animals*. Chico, CA: MBK Publishing, 1999.

Müller, Melissa. *Anne Frank: The Biography*. New York: Henry Holt, 1998.

Muller-Hill, Benno. *Murderous Science: Elimination by Scientific Selection of Jews, Gypsies, and Others, Germany 1933–1945*. New York: Oxford University Press, 1988. （ベンノ・ミュラー=ヒル（南光進一郎監訳）『ホロコーストの科学　ナチの精神科医たち』（岩波書店、1993年）

Nash, Gary B. and Richard Weiss. *The Great Fear: Race in the Mind of America*. New York: Holt, Rinehart and Winston, 1970.

Noske, Barbara. *Beyond Boundaries: Human and Animals*. Montreal: Black Rose Books, 1997.

Oleson, Alexandra and John Voss, eds. *The Organization of Knowledge in Modern America, 1860–1920*. Baltimore: Johns Hopkins University Press, 1979.

Pagden, Anthony. *The Fall of Natural Man: The American Indian and the Origins of Comparative Ethnology*. Cambridge: Cambridge University Press, 1982.

Patterson, Charles. *Anti-Semitism: The Road to the Holocaust and Beyond*. New York: Walker, 1982.

Patterson, Orlando. *Slavery and Social Death: A Comparative Study*. Cambridge, MA: Harvard University Press, 1982. （オルランド・パターソン（奥田暁子訳）『世界の奴隷制の歴史』明石書店、2001年）

Payne, Robert. *The Life and Death of Adolf Hitler*. New York: Praeger, 1973.

Pearce, Roy Harvey. *The Savages of America: A Study of the Indian and the Idea of Civilization*, revised edition. Baltimore: Johns Hopkins University Press, 1965.

Posner, Gerald L. *Hitler's Children: Sons and Daughters of Leaders of the Third Reich Talk About Their Fathers and Themselves*. New York: Random House, 1991.（ジェラルド・L・ポスナー（新庄哲夫訳）『ヒトラーの子供たち』ほるぷ出版、1993年）

Radu, Ioanid. *The Holocaust in Romania: The Destruction of Jews and Gypsies Under the Antonescu Regime, 1940–1944*. Chicago: Ian R. Dee, 2000.

Rafter, Nicole Hahn, ed. *White Trash: The Eugenic Family Studies 1877–1919*. Boston: Northeastern University Press, 1988.

Redlich, Fritz, *Hitler: Diagnosis of a Destructive Prophet*. New York: Oxford University Press, 1999.

Regan, Tom. *The Case for Animal Rights*. Berkeley: University of California Press, 1983.（トム・レーガン（青木玲訳）「動物の権利の擁護論」（抄訳）小原秀雄監修『環境思想の系譜』第３巻　東海大学出版会、1995年）

Rifkin, Jeremy. *Beyond Beef: The Rise and Fall of the Cattle Culture*. New York: Dutton, 1992.（ジェレミー・リフキン（北濃秋子訳）『脱牛肉文明への挑戦　繁栄と健康の神話を撃つ』ダイヤモンド社、1993年）

Ritvo, Harriet. *The Animal Estate: The English and Other Creatures in the Victorian Age*.Cambridge, MA: Harvard University Press, 1987. （ハリエット・リトヴォ（三好みゆき訳）『階級としての動物:ヴィクトリア時代の英国人と動物たち』国文社、2001年）

Roland, Charles G. *Courage Under Seige: Starvation, Disease, and Death in the Warsaw Ghetto*. New York: Oxford University Press, 1992.

Roth, John K. and Michael Berenbaum, eds. *Holocaust: Religious and Philosophical Implications*.St. Paul, MN: Paragon House, 1989.

Ryder, Richard. *Animal Revolution: Changing Attitudes Towards Speciesism*. Oxford: Basil Blackwell, 1989.

Sagan, Carl. *The Dragons of Eden: Specu-*

Lee, Albert. *Henry Ford and the Jews*. New York: Stein and Day, 1980.
Lee, Richard B. and Irven DeVore, eds. *Man the Hunter*. Chicago: Aldine Publishing Company, 1968.
Lerner, Gerda. *The Creation of Patriarchy*. New York: Oxford University Press, 1986.（ゲルダ・ラーナー（奥田暁子訳）『男性支配の起源と歴史』三一書房、1996年）
Lerner, Richard M. *Final Solutions: Biology, Prejudice, and Genocide*. University Park: Pennsylvania State University Press, 1992.
Levinas, Emmanuel. *Difficult Freedom: Essays on Judaism*. Baltimore: John Hopkins Press, 1990.（エマニュエル・レヴィナス（内田樹訳）『困難な自由　ユダヤ教についての試論』国文社、1985年）
Lewis, David L. *The Public Image of Henry Ford: An American Folk Hero and His Company* Detroit: Wayne State University Press, 1976.
Lewy, Guenter. *The Nazi Persecution of the Gypsies*. New York: Oxford University Press, 2000.
Lifton, Robert Jay. *The Nazi Doctors: Medical Killing and the Psychology of Genocide*. New York: Basic Books, 1986.
Lifton, Robert Jay and Eric Markusen. *The Genocidal Mentality: Nazi Holocaust and Nuclear Threat*. New York: Basic Books, 1990.
Linzey, Andrew and Dan Cohn-Sherbok. *After Noah: Animals and the Liberation of Theology*. New York: Cassell, 1997.
Lochner, Louis P., ed. *The Goebbels Diaries, 1942–1943*. Garden City, NY: Doubleday, 1948.（ヨセフ・ゲッベルス（西城信訳）『ゲッベルス日記　第三帝国の演出者』番町書房、1974年）
Lovejoy, Arthur O. *The Great Chain of Being*. Cambridge, MA: Harvard University Press, 1936.（アーサー・ラヴジョイ（内藤健二訳）『存在の大いなる連鎖』晶文社、1975年）
Lucas, Dione. *The Gourmet Cooking School Cookbook: Classic Recipes, Menus, and Methods as Taught in the Classes of the Gourmet Cooking School*. New York: Bernard Geis Associates, 1964.
Malin, Irving, ed. *Critical Views of Isaac Bashevis Singer*. New York: New York University Press, 1969.
Marcus, Erik. *Vegan: The New Ethics of Eating*, second edition. Ithaca, NY: McBooks Press, 2000.（エリック・マーカス（酒井泰介訳）『もう肉も卵も牛乳もいらない!：完全菜食主義「ヴィーガニズム」のすすめ』早川書房、2004年）
Marrus, Michael R. *The Holocaust in History*. Hanover, NH: University Press of New England, 1989.（マイケル・R・マラス（長田浩彰訳）『ホロコースト　歴史的考察』（時事通信社、1996年）
Mason, Jim. *An Unnatural Order: Why We Are Destroying the Planet and Each Other*. New York: Continuum, 1997.
Mason, Jim and Peter Singer, *Animal Factories: What Agribusiness Is Doing to the Family Farm, the Environment and Your Health*, revised edition. New York: Crown, 1990.（ジム・メイソン、ピーター・シンガー（高松修訳）『アニマル・ファクトリー　飼育工場の動物たちの今』現代書館、1982年）
Masson, Jeffrey Moussaieff. *Dogs Never Lie About Love: Reflections on the Emotional World of Dogs*.New York: Crown Publishers, 1997.（ジェフリー・M・マッソン（古草秀子訳）『犬の愛に嘘はない：犬たちの豊かな感情世界』河出書房新社、1999年）
Miller, Stuart Creighton. *"Benevolent Assimilation": The American Conquest of the Philippines, 1899–1903*. New Haven: Yale University Press, 1982.
Milton, Sybil, trans. *The Stroop Report: The Jewish Quarter of Warsaw is No More!* New York: Pantheon, 1979.

Kiernan, V. G. *The Lords of Human Kind: Black Man, Yellow Man, and White Man in an Age of Empire*. Boston: Little, Brown, 1969.

Klee, Ernst, Willi Dressen, and Volker Riess, eds. *"The Good Old Days": The Holocaust as Seen by Its Perpetrators and Bystanders*. New York: Free Press, 1991.

Klemperer, Victor. *I Will Bear Witness: A Diary of the Nazi Years, 1933–45*, 2 vols. New York: Random House, 1998, 2000.（ヴィクトール・クレンペラー（小川-フンケ里美、宮崎登訳）『私は証言する　ナチ時代の日記1933-1945年』大月書店、1999年）

Kogan, Eugen, Hermann Langbein, and Adalbert Ruckerl, eds. *Nazi Mass Murder: A Documentary History of the Use of Poison Gas*. New Haven, CT: Yale University Press,1993.

Krausnick, Helmut and Martin Broszat. *Anatomy of the SS State*. New York: Walker, 1968.

Kresh, Paul. *Isaac Bashevis Singer: The Magician of West 86th Street*. New York: Dial Press, 1979.

——. *Isaac Bashevis Singer: The Story of a Storyteller*. New York: Dutton, 1984.

Kressel, Neil J. *Mass Hate: The Global Rise of Genocide and Terror*. New York: Perseus Books, 1996.

Kroeber, Theodora. *Ishi in Two Worlds: A Biography of the Last Wild Indian in North America*. Berkeley: University of California Press, 1961.（シオドラ・クローバー（行方昭夫訳）『イシ　北米最後の野生インディアン』岩波書店、1991年）

Kühl, Stefan. *The Nazi Connection: Eugenics, American Racism, and German National Socialism*.New York: Oxford University Press, 1994.（シュテファン・キュール（麻生九美訳）『ナチ・コネクション　アメリカの優生学とナチ優生思想』明石書店、1999年）

Kundera, Milan. *The Unbearable Lightness of Being*. New York: Harper and Row, 1984.（ミラン・クンデラ（千野栄一訳）『存在の耐えられない軽さ』集英社、1993年、集英社文庫、1998年）

Kuper, Leo. *Genocide: Its Political Use in the Twentieth Century*. New Haven: Yale University Press, 1981.（レオ・クーパー（高尾利数訳）『ジェノサイド　20世紀におけるその現実』法政大学出版局、1986年）

Kupfer-Koberwitz, Edgar. *Animal Brothers* (*Die Tierbrüder*), fourth edition, translated by Ruth Mossner. Mannheim, Germany: Warland-Verlagsgenossenschaft eG Mannheim, 1988.

Lamphere, Louise, Alex Stepick, and Guillermo Grenier, eds. *Newcomers in the Workplace: Immigrants and the Restructuring of the U.S. Economy*. Philadelphia: Temple University Press, 1994.

Lang, Jochen von. *The Secretary: Martin Bormann—The Man Who Manipulated Hitler*. New York: Random House, 1979.

Langer, Lawrence L. *Admitting the Holocaust: Collected Essays*. New York: Oxford University Press, 1995.

Las Casas, Bartolomé de. *The Devastation of the Indies: A Brief Account*. New York: Seabury Press,1974.（バルトロメ・デ・ラス・カサス（染田秀藤訳）『インディアスの破壊についての簡潔な報告』（岩波文庫1976年）および同（石原保徳訳）『インディアス破壊を弾劾する簡略なる陳述』現代企画室、1987年）

Leakey, Richard E. and Roger Lewin. *Origins: What Discoveries Reveal About the Emergence of Our Species and Its Possible Future*. London: Futura, MacDonald and Company, 1982.（リチャード・リーキー、ロジャー・レーウィン（岩本光雄訳）『オリジン　人はどこから来てどこへ行くか』平凡社、1980年）

ed. *The German Army and Genocide: Crimes Against War Prisoners, Jews, and Other Civilians, 1939–1944*. New York: New Press, 1999.

Higham, John. *Strangers in the Land: Patterns of American Nativism, 1860–1925*. New York: Atheneum, 1969.

Hilberg, Raul. *The Destruction of the European Jews*, revised edition. New York: Holmes and Meier, 1985.（ラウル・ヒルバーグ（望田幸男ほか訳）『ヨーロッパ・ユダヤ人の絶滅』柏書房、1997年）

Hilberg, Raul. *Perpetrators, Victims, Bystanders: The Jewish Catastrophe, 1933–1945*. New York: HarperCollins, 1992.

Hitler, Adolf. *Mein Kampf*. Boston: Houghton Mifflin, 1971.（アドルフ・ヒトラー（平野一郎ほか訳）『わが闘争』角川文庫、2001年）

Hodgen, Margaret T. *Early Anthropology in the Sixteenth and Seventeenth Centuries*. Philadelphia: University of Pennsylvania Press, 1964.

Horkheimer, Max, and Theodor W. Adorno. *Dialectic of Enlightenment*. New York: Herder and Herder, 1972.（マックス・ホルクハイマー、テオドール・アドルノ（徳永恂訳）『啓蒙の弁証法』岩波書店、1990年、岩波文庫、2007年）

Horwitz, Gordon J. *In the Shadow of Death: Living Outside the Gates of Mauthausen*. New York: Free Press, 1990.

Höss, Rudolf. *Commandant of Auschwitz: The Autobiography of Rudolf Höss*. Cleveland: World Publishing Company, 1959.（ルドルフ・ヘス（片岡啓治訳）『アウシュヴィッツ収容所』講談社学術文庫、1999年）

Jacobs, Wilbur R. *Dispossessing the American Indian: Indians and Whites on the Colonial Frontier*. Norman: University of Oklahoma Press, 1984.

Jennings, Francis. *The Invasion of America: Indians, Colonialism, and the Cant of Conquest*. Chapel Hill: University of North Carolina, 1975.

Johnson, Allen W. and Timothy Earle. *The Evolution of Human Societies: From Foraging Group to Agrarian State*. Stanford, CA: Stanford University Press, 1987.

Johnson, Eric A. *Nazi Terror: The Gestapo, Jews, and Ordinary Germans*. New York: Basic Books, 1999.

Jordan, Winthrop D. *The White Man's Burden: Historical Origins of Racism in the United States*. New York: Oxford University Press, 1974.

Kalechofsky, Roberta, ed. *Judaism and Animal Rights: Classical and Contemporary Responses*. Marblehead, MA: Micah Publications, 1992.

Kaplan, Helmut F. *Tierrechte: Die Philosophie einer Befreiungsbewegung*. Göttingen, Germany: Echo Verlag, 2000.

Kaplan, Marion. *Between Dignity and Despair: Jewish Life in Nazi Germany*. New York: Oxford University Press, 1998.

Kapleau, Philip. *To Cherish All Life: A Buddhist Case for Becoming Vegetarian*, second edition. Rochester, NY: The Zen Center, 1986.

Kenrick, Donald, and Grattan Puxon. *The Destiny of Europe's Gypsies*. New York: Basic Books, 1972.（ドナルド・ケンリック（小川悟訳）『ナチス時代の「ジプシー」』明石書店、1984年）

Kershaw, Ian. *Hitler: 1889–1936 Hubris*. New York: Norton, 1998.（イアン・カーショー（ケルショー）（石田勇治訳）『ヒトラー権力の本質』白水社1999年）

——. *Hitler: 1936–45 Nemesis*. New York: Norton, 2000.

Kevles, Daniel J. *In the Name of Eugenics: Genetics and the Uses of Human Heredity*. Berkeley: University of California Press, 1985.（ダニエル・ケヴルス（西俣総平訳）『優生学の名のもとに「人類改良」の悪夢の百年』朝日新聞社、1993年）

City, NY: Doubleday, Page and Company, 1922.（ヘンリー・フォード（加藤三郎編訳）『ヘンリー・フォード自叙伝』編理堂、1927年）

Francione, Gary. *Rain Without Thunder: The Ideology of the Animal Rights Movement*.Philadelphia: Temple University Press, 1996.

Frasch, Pamela D., Sonia S. Waisman, Bruce A. Wagman, Scott Beckstead, eds. *Animal Law*. Durham, NC: Carolina Academic Press, 2000.

Freud, Sigmund. *The Standard Edition of the Complete Psychological Works of Sigmund Freud*, trans. by James Strachey. London: Hogarth Press, 1955.（シグムント・フロイト（懸田克躬ほか訳）『フロイト著作集』全11巻、人文書院1968～1984年。『フロイト全集』全23巻（岩波書店、2007年～　）

Friedlander, Henry. *The Origins of Nazi Genocide: From Euthanasia to the Final Solution*. Chapel Hill: University of North Carolina Press, 1995.

Friedman, Lawrence S. *Understanding Isaac Bashevis Singer*. Columbia: University of SouthCarolina Press, 1988.

Gaard, Greta, ed. *Ecofeminism: Women, Animals, Nature*. Philadelphia: Temple University Press,1993.

Gallagher, Hugh Gregory. *By Trust Betrayed: Patients, Physicians, and the License to Kill in the Third Reich*. New York: Henry Holt, 1990.（ヒュー・G.ギャラファー（長瀬修訳）『ナチスドイツと障害者「安楽死」計画』現代書館、1996年）

Gandhi, Mohandas K. *An Autobiography: The Story of My Experiments with Truth*. Boston: Beacon Press, 1957.（モハンダス・ガンジー（蝋山芳郎訳）『ガンジー自伝』中公文庫、2004年）

Giehl, Dudley. *Vegetarianism: A Way of Life*. New York: Harper and Row, 1979.

Glacken, Clarence J. *Traces on the Rhodian Shore: Nature and Culture in Western Thought fromAncient Times to the End of the Eighteenth Century*. Berkeley: University of California Press, 1967.

Glass, James M. *"Life Unworthy of Life": Racial Phobia and Mass Murder in Hitler's Germany*. New York: Basic Books, 1997.

Godlovitch, Stanley and Roslind, and John Harris, eds. *Animals, Men and Morals: An Enquiry into the Maltreatment of Non-humans*. New York: Taplinger, 1972.

Goldhagen, Daniel Jonah. *Hitler's Willing Executioners: Ordinary Germans and the Holocaust*.New York: Knopf, 1996.

Gossett, Thomas F. *Race: The History of an Idea in America*, second edition. New York: Oxford University Press, 1997.

Gottlieb, Roger S., ed. *This Sacred Earth: Religion, Nature, Environment*. New York: Routledge, 1996.

Gould, Stephen Jay. *The Mismeasure of Man*. New York: Norton, 1981.（スティーヴン・ジェイ・グールド（鈴木善次・森脇靖子訳）『人間の測りまちがい　差別の科学史　増補改訂版』河出書房新社、1998年）

Grandin, Temple. *Thinking in Pictures and Other Reports of My Life with Autism*. New York: Doubleday, 1995.（テンプル・グランディン（カニングハム久子訳）『自閉症の才能開発：自閉症と天才をつなぐ環』学習研究社、1997年）

Gutman, Yisrael, and Michael Berenbaum, eds. *Anatomy of the Auschwitz Death Camp*. Bloomington: Indiana University Press, 1994.

Hallie, Philip P. *The Paradox of Cruelty*. Middletown, CT: Wesleyan University Press, 1969.

Ham, Jennifer and Matthew Senior. *Animal Acts: Configuring the Human in Western History*. New York: Routledge, 1997.

Hamburg Institute for Social Research,

子・尾関周二訳）『動物のいのち』大月書店、2003年）
Cohn, Norman. *Warrant for Genocide: The Myth of the Jewish World Conspiracy and the Protocols of the Elders of Zion.* London: Serif, 1996.（ノーマン・コーン（内田樹訳）『シオン賢者の議定書：ユダヤ人世界征服陰謀の神話』ダイナミックセラーズ、1986年）
Davis, Karen. *Prisoned Chickens, Poisoned Eggs: An Inside Look at the Modern Poultry Industry.* Summertown, TN: Book Publishing Company, 1996.
Degler, Carl N. *In Search of Human Nature: The Decline and Revival of Darwinism in American Social Thought.* New York: Oxford University Press, 1991.
Des Pres, Terrence. *The Survivor: An Anatomy of Life in the Death Camps.* New York: Oxford University Press, 1976.
Diamond, Jared. *Guns, Germs, and Steel: The Fates of Human Societies.* New York: Norton, 1997.（ジャレッド・ダイアモンド（倉骨彰訳）『銃・病原菌・鉄』草思社、2000年）
——. *The Third Chimpanzee: The Evolution and Future of the Human Animal.* New York: HarperCollins, 1992.（ジャレッド・ダイアモンド（長谷川真理子・長谷川寿一訳）『人間はどこまでチンパンジーか』新曜社、1993年）
Donat, Alexander, ed. *The Death Camp Treblinka: A Documentary.* New York: Holocaust Library,1979.
Donovan, Josephine and Carol Adams, eds. *Animals and Women: Feminist Theoretical Explorations.* Durham, NC: Duke University Press, 1995.
——. eds. *Beyond Animal Rights: A Feminist Caring Ethic for the Treatment of Animals.* New York: Continuum, 1996.
Dower, John W. *War Without Mercy: Race and Power in the Pacific War.* New York: Pantheon, 1986.（ジョン・ダワー（斉藤元一訳）『容赦なき戦争　太平洋戦争における人種差別』平凡社ライブラリー、2001年）
Drinnon, Richard. *Facing West: The Metaphysics of Indian-Hating and Empire-Building.* Norman: University of Oklahoma Press, 1997.
Dudley, Edward and Maximillian E. Novak, eds. *The Wild Man Within: An Image in Western Thought from the Renaissance to Romanticism.* Pittsburgh: University of Pittsburgh Press, 1972.
Ehrenreich, Barbara. *Blood Rites: Origins and History of the Passions of War.* New York: Henry Holt, 1997.
Eisnitz, Gail. *Slaughterhouse: The Shocking Story of Greed, Neglect, and Inhumane Treatment Inside the U.S. Meat Industry.* Amherst, NY: Prometheus Books, 1997.
Engerman, Stanley L. and Eugene D. Genovese, eds. *Race and Slavery in the Western Hemisphere: Quantitative Studies.* Princeton: Princeton University Press, 1975.
Feig, Konnilyn G. *Hitler's Death Camps.* New York: Holmes and Meier, 1981.
Fein, Helen. *Accounting for Genocide: National Responses and Jewish Victimization During the Holocaust.* New York: Free Press, 1979.
Filar, Marian and Charles Patterson. *From Buchenwald to Carnegie Hall.* Jackson: University Press　of Mississippi, 2002.
Finsen, Lawrence and Susan. *The Animal Rights Movement in America.* New York: Twayne, 1994.
Fisher, Elizabeth. *Woman's Creation: Sexual Evolution and the Shaping of Society.* New York: Doubleday, 1979.
Fonseca, Isabel. *Bury Me Standing: The Gypsies and Their Journey.* New York: Vintage,　1996.（イザベル・フォンセーカ（くぼたのぞみ訳）『立ったまま埋めてくれ　ジプシーの旅と暮らし』青土社、1998年）
Ford, Henry. *My Life and Work.* Garden

Bauston, Gene. *Battered Birds, Crated Herds: How We Treat the Animals We Eat.* Watkins Glen, NY: Farm Sanctuary, 1996.

Bellow, Saul, ed. *Great Jewish Short Stories.* New York: Dell, 1963.（ソール・ベロー編（滝沢寿三訳）『ユダヤ作家選集』篠崎書林、1974年）

Belth, Nathan. *A Promise to Keep: A Narrative of the American Encounter with Anti-Semitism.* New York: Schocken, 1981.

Berger, Alan L. *Children of Job: American Second-Generation Witnesses to the Holocaust.* Albany: State University of New York Press, 1997.

Berger, Alan L. and Naomi Berger, eds. *Second Generation Voices: Reflections by Children of Holocaust Survivors and Perpetrators.* Syracuse, NY: Syracuse University Press, 2001.

Bergmann, Martin S. and Milton E. Jucovy, eds. *Generations of the Holocaust.* New York: Basic Books, 1982.

Berkhofer, Robert F., Jr. *The White Man's Indian: Images of the American Indian from Columbus to the Present.* New York: Knopf, 1978.

Berry, Rynn. *Famous Vegetarians and Their Favorite Recipes: Lives and Lore from Buddha to Beatles.*New York: Pythagorean Publishers, 1995.

Black, Edwin. *IBM and the Holocaust: The Strategic Alliance Between Nazi Germany and America'sMost Powerful Corporation.* New York: Crown, 2001.（エドウィン・ブラック（小川京子訳）『IBMとホロコースト　ナチスと手を結んだ大企業』柏書房、2001年）

——. *The Transfer Agreement: The Untold Story of the Secret Agreement Between the Third Reich and Jewish Palestine.* New York: Macmillan, 1984.

Blanke, Christa. *Da krähte der Hahn: Kirche für Tier? Eine Streitschrift.* Eschbach, Germany:Verlag am Eschbach, 1995.

Braunstein, Mark Mathew. *Radical Vegetarianism.* Los Angeles: Panjandrum Books, 1981.

Breitman, Richard. *The Architect of Genocide: Himmler and the Final Solution.* New York: Knopf,1991.

Buchen, Irving. *Isaac Bashevis Singer and the Eternal Past.* New York: New York University Press,1968.

Burleigh, Michael. *Death and Deliverance: "Euthanasia" in Germany c.1900–1945.* Cambridge: Cambridge University Press, 1994.

Cantor, Aviva. *Jewish Women, Jewish Men: The Legacy of Patriarchy in Jewish Life.* San Francisco:Harper and Row, 1995.

Caplan, Arthur L., ed. *When Medicine Went Mad: Bioethics and the Holocaust.* Totowa, NJ:Humana Press, 1992.

Cartmill, Matt. *A View to a Death in the Morning: Hunting and Nature Through History.*Cambridge, MA: Harvard University Press, 1993.（マット・カートミル（内田良子訳）『人はなぜ殺すか　狩猟仮説と動物観の文明史』新曜社、1995年）

Chang, Iris. *The Rape of Nanking: The Forgotten Holocaust of World War II.* New York: Basic Books, 1997.

Chicago, Judy. *Holocaust Project: From Darkness into Light.* New York: Viking Penguin, 1993.

Clendinnen, Inga. *Reading the Holocaust.* Cambridge: Cambridge University Press, 1999.

Clutton-Brock, Juliet. *Domesticated Animals from Early Times.* Austin: University of Texas Press,1981.（J．クラットン＝ブラック（増井久代訳）『図説・動物文化史事典：人間と家畜の歴史』原書房、1989年）

Coe, Sue. *Dead Meat.* New York: Four Walls Eight Windows, 1995.

Coetzee, J. M. *The Lives of Animals.* Princeton, NJ: Princeton University Press, 1999.（J・M・クッツェー（森祐希

引用および参考文献

Adams, Carol. *The Sexual Politics of Meat: A Feminist-Vegetarian Critical Theory.* New York: Continuum, 1991.（キャロル・アダムス（鶴田静訳）『肉食という性の政治学　フェミニズム・ベジタリアニズム批評』新宿書房、1994年）

Adams, Carol and Josephine Donovan, eds. *Animals and Women: Feminist Theoretical Explorations*. Durham, NC: Duke University Press, 1995.

Adorno, Theodor W., Else Frenkel-Brunswik, Daniel J. Levinson, and R. Nevitt Sanford. *The Authoritarian Personality*. New York: Harper and Row, 1950.（テオドール・アドルノほか（田中義久ほか訳）『権威主義的パーソナリティ（現代社会学大系12）』青木書店、1980年）

Allen, Garland E. *Life Science in the Twentieth Century*. Cambridge: Cambridge University Press,1978.

Allison, Alida. *Isaac Bashevis Singer: Children's Stories and Childhood Memoirs*. New York: Twayne,1996.

Aly, Gotz, Peter Chroust, and Christian Pross. *Cleansing the Fatherland: Nazi Medicine and Racial Hygiene*. Baltimore: John Hopkins University Press, 1994.

Aptheker, Herbert. *Abolitionism: A Revolutionary Movement*. Boston: Twayne, 1989.

Arendt, Hannah. *Eichmann in Jerusalem: A Report on the Banality of Evil*. New York: Viking, 1965.（ハンナ・アーレント（大久保和郎訳）『イエルサレムのアイヒマン　悪の陳腐さについての報告』みすず書房、1994年）

Ascione, Frank R. and Phil Arkow, eds. *Child Abuse, Domestic Violence, and Animal Abuse: Linking the Circles of Compassion for Prevention and Intervention*. West Lafayette, IN: Purdue University Press, 1999.

Barnes, Jonathan, ed. *The Complete Works of Aristotle*, 2 vols. Princeton: Princeton University Press, 1984.『アリストテレス全集』全17巻、岩波書店、1968～1973年

Bar-On, Dan. *Legacy of Silence: Encounters with Children of the Third Reich*. Cambridge, MA: Harvard University Press, 1989.（ダン・バルオン（姫岡とし子訳）『沈黙という名の遺産　第三帝国の子どもたちと戦後責任』時事通信社、1993年）

Barrett, James R. *Work and Community in the Jungle: Chicago's Packinghouse Workers, 1894–1922.*Urbana: University of Illinois Press, 1987.

Bartov, Omer, ed. *The Holocaust: Origins, Implementation and Aftermath*. New York: Routledge,2000.

Bartov, Omer. *Murder in Our Midst: The Holocaust, Industrial Killing, and Representation*. New York: Oxford University Press, 1996.

Bauman, Zygmunt. *Modernity and the Holocaust*. Ithaca, NY: Cornell University Press, 1989.（ジークムント・バウマン（森田典正訳）『近代とホロコースト』大月書店、2006年）

訳者あとがき

本書は、Charles Patterson, *Eternal Treblinka : Our Treatment of Animals and the Holocaust*, New York : Lantern Books, 2002. の全訳である。本書はすでにヘブライ語、ドイツ語、イタリア語、ポーランド語、クロアチア語、チェコ語に訳されている。ポルトガル語、フランス語、スペイン語版は年内に刊行される予定である。セルビア語は翻訳が完了し、スロベニア語、ロシア語、アラビア語への翻訳は進行中である。

著者チャールズ・パターソンはコネティカット州ニューブリテン生まれ。パターソンの父は第二次大戦のヨーロッパ戦線（ナチスドイツとの戦い）で戦死した。パターソンはアマースト・カレッジ卒業、一九七〇年に「一八九三〜九七年不況時のプロテスタント雑誌の社会的展望」によりコロンビア大学大学院で博士号取得。歴史学専攻。エルサレムのヤッド・ヴァシェム・ホロコースト教育研究所（記念館）のために十七年間、ヤッド・ヴァシェム国際協会が発行する『殉教と抵抗（*Martyrdom and Resistance*）』のために文献資料と映像資料の批評を担当した。現在は著述業、ニューヨーク在住。著書は次の通りである。

Anti-Semitism：The Road to the Holocauste and Beyond（Walker,1982）
Thomas Jefferson（Franklin Watts,1987）
Marian Anderson（Franklin Watts,1988）
Hafiz al Asad of Syria（Simon and Schuster,1991）
Animal Rights（Enslow,1993）
A Legacy Recorded：An Anthology of Martyrdom and Resistance（Martyrdom and Resistance,1994）分担執筆。
Oxford 50th Anniversary Book of the United Nations（Oxford University Press,1995）
The Civil Rights Movement（Facts On File,1995）
Eating Disorders（Steck-Vaughn,1995）
The Middle Ages：An Encyclopedia for Students. 4vols（Scribner,1996）分担執筆。
The Encyclopedia of the Middle Ages, Norman F.Cantorc. ed.(Viking,1999) 一四〇項目を分担執筆。
Ancient Greece and Rome：An Encyclopedia for Students. 4vols,（Scribner,1999）分担執筆。
From Buchenwald to Carnegie Hall（University Press of Mississippi,2002）Marian Filar と共著
Eternal Treblinka：Our Treatment of Animals and the Holocaust（Lantern Books, 2002）本書
本書の書評その他のニュースについては（http://www.eternaltreblinka.com/author.html を参照）

動物虐待が人間にもはね返ってくるのではないか、家畜育種が優生学をもたらし、工場畜産がホロ

コーストをもたらすのではないか、という直観を私が抱いたのは、高校から大学にかけてのことであった（一九七〇年代）。そのきっかけになった本のひとつは、マリー・ルイズ・ベルネリの名著『ユートピアの思想史』（手塚宏一・広河隆一訳、太平出版社一九七二年）である。彼女が批判する「権威主義的ユートピア」のなかで、優生政策が実践される社会の背景に家畜育種があったのである。たとえば、プラトン『国家』、トマス・モア『ユートピア』、カンパネラ『太陽の都』（現在ではいずれも岩波文庫に収録）である。本書は、誰かが書かねばならなかった待望の本であると思う。処女作が反ユダヤ主義とホロコーストについての入門書（一九八二年）であり、ホロコーストと動物問題の双方に精通するパターソン博士は、このテーマに適任の筆者といえよう。本書の存在は田辺リューディアさんにご教示いただき、一冊送っていただいた。本書の表題「永遠のトレブリンカ」は、アイザック・シンガーの作品『手紙の書き手』（邦訳なし）のなかで使われた表現に由来する。

本書のテーマはもちろん人間に対する暴力と動物に対する暴力の関連性である。暴力という言葉は通常「人間に対する暴力」を念頭に使われるので、「動物に対する暴力」という表現自体に違和感をおぼえる人もいるかもしれない。しかし、たとえば「直接的暴力」と「構造的暴力」の対比によって暴力概念を深めたノルウェーの平和学者ヨハン・ガルトゥングは、自然に対する暴力を論じている（ガルトゥング『構造的暴力と平和』高柳先男ほか訳、中央大学出版部、一九九一年、まえがき）。動物は進化的に人間に隣接しているので、「動物に対する暴力」は「自然に対する暴力」の最も重要な構成要素のひとつであると言えよう。だから、平和学、環境倫理学、生命倫理学などの観点からも本書は重要な業績であるといえる。いまだに「ヒトラーはベジタリアンだった」と言う人がときどきいるが、この俗説も本書で明快に否定されている。なお、動物虐待は人類社会が動物に対して行っている構造的な問題であるから、屠畜労働に携わる人びとをスケープゴートとして悪者視・差別することが間違いであることは言うまでもない。

また、被爆地長崎の立場から言えば、ナチス降伏のはるか以前から英米のあいだで原爆の対日投下のレールは敷かれていたのであり、その背景に人種差別があることは否定できない。そして本書で詳述されているように、「劣等人種」（有色人種やユダヤ人）は動物にたとえられるのである。

ナチスがホロコーストに至る前に工場畜産やアメリカ優生学から「学んだ」ことや、先住民大虐殺という「アメリカ版ホロコースト」（本書にもたびたび引用されているスタンナード教授の表現）があったことは、重大な事実である。「動物への虐待が人間への暴力の温床である」という命題の論証に本書がどこまで迫れたか、その判断は読者に委ねよう。

この問題（いわゆる「ホロコーストのアナロジー」がどこまで妥当なのか）はまさに本書のテーマなのだが、本書にも引用されているクッツェーの小説『動物のいのち』（邦訳は大月書店）もあわせて読んでほしい。「工場畜産は動物にとってトレブリンカのようなものだ」という「ホロコーストのアナロジー」の象徴的表現は、本書でもクッツェーの小説でも指摘されているように、アイザック・シンガーに由来する（前述）。本書の著者パターソンも自然科学者や哲学者ではなく歴史学者であるから、「文学的だ」「直観的だ」という感想を抱く人もいるかもしれない。

インドのアニル・アグラワル博士（法医学者）が主催する電子ジャーナル書評サイトで、『永遠のトレブリンカ』についてパターソンにインタビューしている。これが本書の大変わかりやすい紹介となっているので参照されたい。

http://www.geradts.com/anil/br/vol_002_no_001/reviews/f_books/interview.html

また、アメリカ共産党発行『政治問題（*Political Affaires*）』二〇〇五年三月号にも、ノーマン・マーコウィッツという人による本書の書評が出たそうである。

「トレブリンカ」という固有名詞を知らない日本人が多いと思われるので、邦題が『永遠のトレブリンカ』のままでよいかどうかについては、しばらく思案した。日本人の頭に浮かぶナチスの強制収容所といえば、やはり圧倒的にアウシュヴィッツである。ダッハウ、トレブリンカ、ビルケナウは、周知度はずっと落ちるが、戦争犯罪や国家犯罪に関心のある人はたいてい知っているだろう。ちなみに、国会図書館蔵書目録電子版でタイトルまたはサブタイトルにこれらの名称がある日本語文献を検索すると、次の通りである。

アウシュヴィッツ　一一五件、ダッハウ　五件、ビルケナウ　一件、トレブリンカ　一件

トレブリンカの一件とは、次の本だ。

ジャン＝フランソワ・ステーネル（永戸多喜雄訳）『トレブリンカ 絶滅収容所の反乱』（河出書房、一九六七年）。なおトレブリンカにおける犠牲者の総数は推定約八十万人で、有名なヤヌシュ・コルチャック先生もそのひとりである（後掲の澤田『夜の記憶』を参照）。

本書の引用文献の他に、日本語文献としてはたとえば次のようなものが参考になろう。

池上俊一『動物裁判』（講談社現代新書、一九九〇年）

内澤旬子『世界屠畜紀行』（解放出版社、二〇〇七年）日本と世界の事情を知るために必読。
内田樹『私家版・ユダヤ文化論』（文春新書、二〇〇六年）
岡倉登志『「野蛮」の発見 西欧近代のみたアフリカ』（講談社現代新書、一九九〇年）
小俣和一郎『精神医学とナチズム 裁かれるユング、ハイデガー』（講談社現代新書、一九九七年）
鎌田慧『ドキュメント屠場』（岩波新書、一九九八年）
古庄弘枝『モー革命　山地酪農で「無農薬牛乳をつくる」』（教育史料出版会、二〇〇七年）
佐藤衆介『アニマルウェルフェア 動物の幸せについての科学と倫理』（東京大学出版会、二〇〇五年）
澤田愛子『夜の記憶 日本人が聴いたホロコースト生還者の証言』（創元社、二〇〇五年）「トレブリンカ絶滅収容所跡地を訪問して」などを収録。
芝健介『武装SS ナチスもう一つの暴力装置』（講談社、一九九五年）
清水知久『増補 米国先住民の歴史 インディアンと呼ばれた人びとの苦難・抵抗・希望』（明石書店、一九九六年）
白井洋子『ベトナム戦争のアメリカ』（刀水書房、二〇〇六年）
鈴木善次『日本の優生学 その思想と運動の軌跡』（三共出版、一九八三年）
富田虎男『アメリカ・インディアンの歴史』第三版（雄山閣出版、一九九七年）
中村三郎『肉食が地球を滅ぼす』（双葉社、二〇〇三年）
日本マラマッド協会編『ホロコーストとユダヤ系文学』（大阪教育図書、二〇〇〇年）
沼正三『家畜人ヤプー』全五巻（幻冬舎アウトロー文庫、一九九九年）小説

橋本毅彦『〈標準〉の哲学 スタンダード・テクノロジーの三〇〇年』（講談社、二〇〇二年）
藤永茂『アメリカ・インディアン悲史』（朝日新聞社、一九七四年）
本田創造『アメリカ黒人の歴史』新版（岩波新書、一九九一年）
前田朗『ジェノサイド論』（青木書店、二〇〇二年）
水間豊ほか『新家畜育種学』（朝倉書店、一九九六年）
溝口敦『食肉の帝王 同和と暴力で巨富を掴んだ男』（講談社＋α文庫、二〇〇四年）
山口定『ファシズム』（岩波現代文庫、二〇〇六年）
ジョエル・アンドレアス（きくちゆみ訳）『戦争中毒』（合同出版、二〇〇二年）
カイル・オンストット（小野寺健訳）『マンディンゴ』（河出書房新社、一九七五年）小説
パオラ・カヴァリエリ、ピーター・シンガー編（山内友三郎・西田利貞監訳）『大型類人猿の権利宣言』（昭和堂、二〇〇一年）
ヘルムート・F・カプラン（ニトライ陽子、田辺リューディア、まきぼう訳）『死体の晩餐 動物の権利と菜食の理由』（同時代社、二〇〇五年）*
マーチン／ギルバート（滝沢義人訳）『ホロコースト歴史地図一九一八～一九四八』（東洋書林、一九九五年）
サティシュ・クマール（尾関修、尾関沢人訳）『君あり、故に我あり 依存の宣言』（講談社学術文庫、二〇〇五年）
エルンスト・クレー（松下正明監訳）『第三帝国と安楽死 生きるに値しない生命の抹殺』（批評社、一

九九九年）＊

ヴィクトール・クレムペラー（羽田洋〔等〕訳）『第三帝国の言語〈ＬＴＩ〉ある言語学者のノート』（法政大学出版局、一九七四年）＊

デーヴ・グロスマン（安原和見訳）『戦争における「人殺し」の心理学』（ちくま学芸文庫、二〇〇四年）

イアン・ケルショー（柴田敬二訳）『ヒトラー神話 第三帝国の虚像と実像』（刀水書房、一九九三年）＊

ピーター・コックス（浦和かおる訳）『新版 ぼくが肉を食べないわけ』（築地書館、一九九八年）

レナト・コンスタンティーノほか（鶴見良行ほか訳）『フィリピン民衆の歴史』全四巻（井村文化事業社、一九七八〜一九八〇年）

アブラハム・シュルマン（村上光彦訳）『人類学者と少女』（岩波書店、一九八一年）

ハワード・ジン（猿谷要監修）『民衆のアメリカ史』全二巻（明石書店、二〇〇五年）

ピーター・シンガー編（戸田清訳）『動物の権利』（技術と人間、一九八六年）※

ピーター・シンガー（市野川容孝・加藤秀一訳）「ドイツで沈黙させられたことについて」（『みすず』一九九二年五月号および六月号）

ドナルド・スタル＆マイケル・ブロードウェイ（中谷和男訳）『だから、アメリカの牛肉は危ない！北米精肉産業恐怖の実態』（河出書房新社、二〇〇四年）

ブラッドフォード・スネル（戸田清ほか訳）『クルマが鉄道を滅ぼした』（緑風出版、一九九五年、増補版二〇〇六年）フォード自動車のナチスへの協力について詳述。

ノーマン・ソロモン（山我哲雄訳）『ユダヤ教』（岩波書店、二〇〇三年）

クリストファー・ソーン（市川洋一訳）『太平洋戦争における人種問題』（草思社、一九九一年）
チャールズ・ダーウィン（浜中浜太郎訳）『人及び動物の表情について』（岩波文庫、一九三一年）
デヴィッド・ドゥグラツィア（戸田清訳）『動物の権利』（岩波書店、二〇〇三年）
テッド・ハワード&ジェレミー・リフキン（磯野直秀訳）『遺伝工学の時代 誰が神に代わりうるか』（岩波書店、一九七九年*）
ルイス・ハンケ（佐々木昭夫訳）『アリストテレスとアメリカ・インディアン』（岩波新書、一九七四年）
アリストテレスの自然奴隷説。
カール・ビンディング、アルフレート・ホッヘ（森下直貴、佐野誠訳・著）『「生きるに値しない命」とは誰のことかナチス安楽死思想の原典を読む』（窓社、二〇〇一年）
リチャード・ブライトマン（川上洸訳）『封印されたホロコースト ローズヴェルト、チャーチルはどこまで知っていたか』（大月書店、二〇〇〇年*）
デボラ・ブラム（寺西のぶ子訳）『なぜサルを殺すのか 動物実験とアニマルライト』（白揚社、二〇〇一年）
ヴィクトール・E・フランクル（池田香代子訳）『夜と霧』新版（みすず書房、二〇〇二年）
ウィリアム・ブルム（益岡賢訳）『アメリカの国家犯罪全書』（作品社、二〇〇三年）
ロバート・プロクター（宮崎尊訳）『健康帝国ナチス』（草思社、二〇〇三年）
レオン・ポリアコフ（アーリア主義研究会訳）『アーリア神話：ヨーロッパにおける人種主義と民主主義の源泉』（法政大学出版局、一九八五年）

レオン・ポリアコフ（菅野賢治・合田正人訳）『反ユダヤ主義の歴史』全3巻（筑摩書房、二〇〇五年）
ジェフリー・マッソン（村田綾子訳）『豚は月夜に歌う 家畜の感情世界』（バジリコ、二〇〇五年）*
ジェフリー・マッソン（小梨直訳）『ゾウがすすり泣くとき 動物たちの豊かな感情世界』（河出書房新社、一九九六年）*
ローレンス・ランガー（増谷外世嗣（ほか）訳）『ホロコーストの文学』（晶文社、一九八二年）*
フランツ・ルツィウス（山下公子訳）『灰色のバスがやってきた』（草思社、一九九一年）
ジョン・ロス（新茂之訳）『アメリカン・ドリームとホロコーストの諸問題』（同志社、二〇〇二年）*
*同じ著者の別の著書は本書の引用文献に入っている。

原著者パターソンさんに不明な点についていろいろご教示いただいた。翻訳にあたり、東さちこさん、大崎ふみ子さん（鶴見大学教授、アメリカ文学）、小俣和一郎さん（精神科医師）、後藤譲治さん（長崎大学名誉教授、歯科医師）、芝健介さん（東京女子大学教授、ドイツ史）、田辺リューディアさん（ＳＡＳＡ Ｊａｐａｎ）、原和人さん（長崎銀屋町教会牧師）、松田雅子さん（長崎大学助教授、英文学）、宮路正子さん、山我哲雄さん（北星学園大学教授、ユダヤ思想史）にご協力・ご教示いただいた。また厳しい出版事情のなか緑風出版の高須次郎さんに尽力いただいた。みなさんに深く感謝したい。

二〇〇七年三月 被爆地長崎にて

戸田清

人名索引

事項索引

[著者略歴]

チャールズ・パターソン（Charles　Patterson）

アマースト・カレッジ卒業。1970年にコロンビア大学大学院で博士号取得。歴史学専攻。エルサレムのヤッド・ヴァシェム・ホロコースト教育研究所の協力研究員などを経て、現在は著述業、ニューヨーク在住。著書は『反ユダヤ主義　ホロコーストへの道とその後』（1982年）、『アニマルライツ』（1993年）、『公民権運動』（1995年）ほか。本書『永遠のトレブリンカ』（原著2002年）が本邦初紹介となる。

[訳者略歴]

戸田　清（とだ　きよし）

1956年大阪生まれ。大阪府立大学、東京大学、一橋大学で学ぶ。日本消費者連盟職員、都留文科大学ほか非常勤講師、長崎大学環境科学部助教授を経て、2007年4月から同教授。専門は環境社会学、平和学。博士（社会学）。獣医師（資格）。著書に『環境的公正を求めて』（新曜社1994年）、『環境学と平和学』（新泉社2003年）。共著に『環境思想キーワード』（青木書店2005年）、『生命操作事典』（緑風出版1998年）ほか。訳書に『動物の権利』（技術と人間1986年）、『動物の解放』（技術と人間1988年）、『絶滅のゆくえ』（共訳、新曜社1992年）、『生物多様性の危機』（共訳、明石書店2003年）、『動物の権利』（岩波書店2003年）ほか。

永遠《えいえん》の絶滅収容所《ぜつめつしゅうようじょ》
—動物虐待とホロコースト—

2007年5月13日　初版第1刷発行　　定価3000円＋税

著　者　チャールズ・パターソン

訳　者　戸田　清

発行者　高須次郎

発行所　緑風出版 ©

〒113-0033　東京都文京区本郷2-17-5　ツイン壱岐坂

［電話］03-3812-9420　［FAX］03-3812-7262

［E-mail］info@ryokufu.com

［郵便振替］00100-9-30776

［URL］http://www.ryokufu.com/

装　幀　新藤岳史

制　作　R 企 画　　印　刷　シナノ・巣鴨美術印刷

製　本　シナノ　　用　紙　大宝紙業

E2000

ISBN978-4-8461-0706-2　C0036